"十三五"职业教育国家规划教材

"十三五"江苏省高等学校重点教材
（编号 2017-1-076）

机械设计

（第三版）

主　编　钱袁萍　陈在铁
副主编　张俊凤　刘静静　王　强
主　审　缪建成
编　委（按姓名笔划为序）
　　　　王　强　邓朝结　刘静静　缪建成
　　　　陈在铁　肖丽萍　张俊凤　钱袁萍
　　　　张　林　林　敏

复旦大学出版社

微信扫描二维码,可按页码观看丰富的电子素材

前　言

高等职业教育的根本任务是培养和造就适应生产、建设的第一线高等技术应用型人才。近年来,我国高等职业教育发展迅速,教学模式、教学方法不断改革,本书就是依据教育部制定的高职高专"机械设计课程教学基本要求"的精神,结合当前高职教育的实际情况而编写的。本书遵循"以应用为目的""必须、够用为度"的原则,突出教学内容的实用性,在教学内容的安排和取舍上,删去了一些不必要的理论推导,既缩减了篇幅,又使教材内容更具实用性,更便于教学。

本书对传统的理论力学、材料力学、机械原理、机械零件等内容进行了整合,共安排了4个学习情境(项目),主要包括机械设计概论、机构设计、零部件设计、传动装置设计。每个项目又包含若干个任务,每个任务后面都有相应的学生操作题。而且,每个项目后面还设置了思考题与习题,方便学生对所学知识的实践与巩固。

为适应"互联网＋"时代背景下碎片化移动学习、混合学习、翻转课堂等教与学的需要。以"碎片化资源、结构化课程、系统化设计"为原则,本教材在第二版的基础上对学生难以理解的知识点、技能点或教学环节制作了音频、视频动画和微课,并基于数字课程平台的支撑,通过微信移动端线上学习,实现纸质教材与数字资源互动一体化。

本书由沙洲职业工学院钱袁萍、陈在铁任主编;沙洲职业工学院张俊凤、刘静静、王强任副主编。各项目的编写分工为:项目1的文字由肖丽萍(天津滨海职业学院)、陈在铁编写;项目1的数字素材由刘静静、钱袁萍制作。任务2-3～2-5的文字由钱袁萍编写;任务2-1～2-2的文字由钱袁萍、张林(江苏沙钢集团)编写;项目2的数字素材由钱袁萍制作。项目3的文字由张俊凤编写;项目3的数字素材由钱袁萍、刘静静制作;任务4-2的文字由邓朝结(沙洲职业工学院)编写,任务4-1、4-3～4-5的文字由王强、林敏(江苏新美星包装机械股份有限公司)编写,项目4的数字素材由钱袁萍、王强制作。本书由钱袁萍老师负责统稿,沙洲职业工学院缪建成教授担任本书的主审并提出了许多宝贵的意见。

由于编者的能力水平有限和时间仓促,本书难免存在不妥及错误之处,欢迎广大读者批评指正。

编　者

2019.9

目 录

情境(项目)1　机械设计概论………… 1
　任务1-1　本课程的性质和研究对象、主要内容与任务………… 1
　　1.1.1　本课程的性质 ………… 1
　　1.1.2　本课程的研究对象 ………… 2
　　1.1.3　本课程的内容与任务 ………… 2
　任务1-2　构件的静力学分析………… 3
　　1.2.1　静力分析基本概念 ………… 3
　　1.2.2　平面力系 ………… 15
　　1.2.3　空间力系 ………… 24
　任务1-3　机械设计概述………… 31
　　1.3.1　机械概述 ………… 31
　　1.3.2　机械设计的基本内容与要求 ………… 33
　　1.3.3　零件的失效形式及设计准则 ………… 34
　　思考题与习题 ………… 36

情境(项目)2　机构设计 ………… 41
　任务2-1　机构设计概述 ………… 41
　　2.1.1　平面机构运动简图 ………… 42
　　2.1.2　机构具有确定运动的条件 ………… 45
　任务2-2　平面连杆机构的设计 ………… 48
　　2.2.1　平面连杆机构类型 ………… 48
　　2.2.2　牛头刨床横向自动进给机构的设计 ………… 53
　　2.2.3　缝纫机踏板机构的设计 ………… 56
　　2.2.4　加热炉炉门启闭机构的设计 ………… 57
　任务2-3　凸轮机构的设计 ………… 59
　　2.3.1　凸轮机构设计概述 ………… 59
　　2.3.2　绕线机构凸轮设计 ………… 65
　　2.3.3　内燃机配气机构凸轮设计 ………… 67
　　2.3.4　自动送料机构凸轮设计 ………… 67
　　2.3.5　自动车床控制刀架移动的摆动从动件凸轮设计 ………… 69
　任务2-4　间歇运动机构的设计 ………… 70
　　2.4.1　棘轮机构的设计 ………… 71
　　2.4.2　槽轮机构的设计 ………… 75
　任务2-5　平面机构设计与组装综合训练 ………… 78
　　2.5.1　实训目的 ………… 78
　　2.5.2　实训设备 ………… 78
　　2.5.3　实训步骤 ………… 78
　　2.5.4　实训内容 ………… 78
　　思考题与习题 ………… 81

情境(项目)3　零部件设计 …………… 85
　任务3-1　联结 …………………… 85
　　3.1.1　螺纹联结 ………………… 86
　　3.1.2　键、销联结 ……………… 101
　任务3-2　轴 ……………………… 106
　　3.2.1　杆件的拉、压变形与强度
　　　　　计算 ……………………… 107
　　3.2.2　汽车传动轴设计 ………… 117
　　3.2.3　火车轮轴设计 …………… 121
　　3.2.4　单级减速器从动轴设计 … 130
　任务3-3　轴承 …………………… 141
　　3.3.1　滚动轴承 ………………… 141
　　3.3.2　滑动轴承 ………………… 156
　任务3-4　联轴器和离合器 ……… 165
　　3.4.1　联轴器 …………………… 165
　　3.4.2　离合器 …………………… 170
　思考题与习题 …………………… 172

情境(项目)4　传动装置设计 …… 177
　任务4-1　齿轮及齿轮系传动 …… 178
　　4.1.1　齿轮传动概述 …………… 178
　　4.1.2　一级直齿圆柱齿轮传动
　　　　　设计 ……………………… 202
　　4.1.3　一级斜齿圆柱齿轮传动
　　　　　设计 ……………………… 204
　　4.1.4　一级圆锥齿轮传动设计 … 211
　　4.1.5　蜗杆蜗轮传动设计 ……… 216
　　4.1.6　齿轮系传动比计算 ……… 222
　任务4-2　带传动 ………………… 232
　　4.2.1　带传动概述 ……………… 232
　　4.2.2　输送机用带传动设计 …… 241
　　4.2.3　同步带传动 ……………… 246
　任务4-3　链传动 ………………… 248
　　4.3.1　链传动概述 ……………… 248
　　4.3.2　输送机用链传动设计 …… 255
　任务4-4　螺旋传动 ……………… 259
　　4.4.1　滑动螺旋传动的设计计算 … 261
　　4.4.2　滚动螺旋传动简介 ……… 263
　**任务4-5　二级减速器综合
　　　　　训练** …………………… 264
　　4.5.1　设计要求与数据 ………… 264
　　4.5.2　设计内容 ………………… 265
　　4.5.3　设计步骤 ………………… 265
　思考题与习题 …………………… 276

附录 ………………………………… 280
参考文献 …………………………… 282

情境(项目) 1

【 机 械 设 计 】

机械设计概论

能力目标	专业能力目标	能正确进行构件的静力学分析； 熟悉机械设计的一般程序
	方法能力目标	具有较好的学习新知识、新技能的能力； 具有解决问题和制定工作计划的能力； 具有获取现代机械设计各方面信息的能力
	社会能力目标	具有较强的职业道德； 具有较强的计划组织能力和团队协作能力； 具有较强的人与人沟通和交流的能力
教学要点		1. 了解本课程的研究对象、学习内容和学习任务； 2. 掌握静力学公理及基本概念，熟练运用合力矩定理，熟练掌握平面力偶系的合成与平衡； 3. 掌握工程中常见的约束特征和约束反力的画法，能正确画出物体及物体系统的受力图； 4. 掌握平面力系平衡条件及平衡方程的应用； 5. 掌握空间力系平衡条件及平衡方程的应用； 6. 掌握机器、机构和机械的概念； 7. 了解机械设计的基本要求及一般步骤

任务 1-1 本课程的性质和研究对象、主要内容与任务

1.1.1 本课程的性质

机械设计课程是机械类、机电类，以及近机类专业必修的技术基础课程。该课程是理论力学、材料力学、机械原理与机械零件 4 门课程的有机整合，机械零件的设计和计算是本课

程的基本教学内容。但本课程的最终目的在于综合运用各种机械零件、机构的知识及其他先修课程的知识，使学生具备设计机械传动装置和一般机械的能力，使学生掌握高素质劳动者和高级应用型人才所必需的机械设计基本知识和基本技术，从而具备机械设备的维护、改进和设计能力，为专业知识和职业技能的进一步学习打下必要的基础。

1.1.2 本课程的研究对象

机械设计研究的对象是机械，本课程主要介绍常用机构和通用机械零部件的工作原理、结构特点、运动和动力性能、基本设计理论及设计方法。具体研究对象如下：

（1）构件静力分析　研究对象为刚体或刚体系统，即忽略构件的变形，将构件视为在力作用下大小和形状不变的物体。

（2）构件承载能力计算　研究对象为变形固体，主要指经过力学模型化处理的杆状构件。

（3）常用机构　研究对象为常见于各种机器中的机构，如平面连杆机构、凸轮机构、间歇机构等。

（4）常用机械传动　研究对象为常见于各种机器中的机械传动，如齿轮传动、带传动、链传动等。

（5）通用机械零部件　研究对象是在各种机器中普遍使用的零部件，如轴、轴承、联轴器及离合器等。

1.1.3 本课程的内容与任务

1. 本课程的内容

本课程主要采用项目（任务）教学方法，将所有教学内容分为4个项目，每个项目又具体划分为若干个任务，每个任务完成一类零件的设计，以完成二级减速器设计为最终目的。课程具体内容如下：

（1）机械设计概论　机械设计概述、构件的静力学分析。

（2）机构设计　机构的运动简图和自由度计算，平面连杆机构、凸轮机构、间歇机构的组成原理、运动分析及轮廓设计。

（3）零部件设计　各种联结零件（螺纹联结件、键、销、联轴器、离合器等）的设计方法和标准选择，轴系零件（如轴、轴承等）的设计计算及结构类型选择。

（4）传动装置设计　齿轮传动、带传动、链传动等的设计计算和参数选择。

2. 本课程的任务

（1）培养学生运用基础理论解决简单机构和零件的设计问题，掌握通用机械零件的工作原理、特点、选用及计算方法，初步具备分析失效原因和提高改进措施的能力。

（2）培养学生建立初步的工程概念，树立正确的设计思想，具备设计简单机械传动部件和简单机械的能力。

（3）培养学生具备运用标准、规范、手册等设计资料，以及查阅相关技术资料的能力。

(4) 培养学生的创新意识及创新能力,为将来就业上岗打下坚实的基础。

任务 1–2　构件的静力学分析

静力学是研究物体在力系作用下的平衡规律的科学。力系是指作用于同一物体上的一组力。物体的平衡状态是指物体相对于地球处于静止或做匀速运动。工程中大部分机器的零件和构件是处于平衡状态的,如机床中匀速转动的主轴、悬臂吊车的横梁、铣床中夹紧工件的工作台等。因此,研究物体的平衡是有实际意义的。

构件的静力学分析主要研究构件的受力分析、力系简化、构件平衡的平衡条件等。

1.2.1　静力分析基本概念

1. 刚体的概念

静力学研究的物体主要是刚体。所谓刚体,是指在力的作用下不变形的物体。

事实上,任何物体在力的作用下总要产生一定程度的变形。但在一般情况下,工程上的构件或零件的变形都很小,这种微小的变形对构件或零件的受力平衡没有实质性的影响。这样,就可以忽略这种微小的变形,而将构件或零件抽象简化为刚体,使我们研究的问题大大简化。刚体是对物体进行抽象简化后得到的一种理想化的力学模型,静力学中所研究的对象都假设为刚体。

2. 力的概念

力是物体间的相互机械作用。它具有两种效应:一是使物体的运动状态发生改变,如奔腾的水流能推动水轮机旋转;一是使物体产生变形,如锻锤击打坯料使之产生变形,获得所需的形状。力对物体的作用效应,取决于力的三要素:力的大小、力的方向、力的作用点。

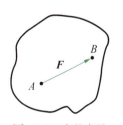

图 1–1　力的表示

力是矢量,常用一个带箭头的线段来表示力的三要素,如图 1–1 所示。线段的起点或终点表示力的作用点,用线段的方位和箭头表示力的方向,用线段的长度按一定的比例尺表示力的大小。本书中力的矢量用黑斜体字母表示,如图 1–1 中的力 $\boldsymbol{F}$,而用普通字母 F 表示力 $\boldsymbol{F}$ 的大小。

3. 静力学公理

静力学公理是对力的基本性质的概括和总结,是静力学全部理论的基础。

(1) 二力平衡公理　作用于刚体上的两个力,使刚体处于平衡状态的必要与充分条件是:这两个力大小相等、方向相反,且作用在一条直线上,如图 1–2 所示。本公理只适用于刚体,对于变形体,这个条件是不充分的。例如,软绳受两个等值、反向的拉力作用下可以平衡,而受两个等值、反向压力

图 1–2　二力平衡

作用时就不能平衡。

工程上常遇到只受两个力作用而处于平衡的构件,这种构件称为二力构件或二力杆。二力杆所受的两个力必然沿着两作用点的连线。据此,可以很方便地判定结构中某些直杆或弯杆的受力方向。如图1-3(a)所示,三铰拱中 BC 部分,当不计其自重时,它只可能通过 B、C 两点受力,是一个二力构件,故 B、C 两点的作用力必沿 BC 连线的方向,如图1-3(b)所示。

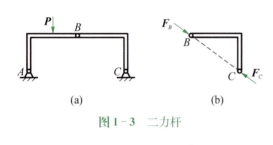

图1-3 二力杆

(2) 加减平衡力系公理 在作用于刚体的任何一个力系上,加上或减去一个任意的平衡力系,并不改变原力系对刚体的作用效应。

推论1 力的可传性原理 作用于刚体上的力,可沿其作用线任意移动,而不改变其对刚体的作用效应。

必须注意,力的可传性原理只适用于刚体,而且力只能在刚体自身上沿其作用线移动,不能移到其他刚体上。

(3) 力的平行四边形公理 作用于物体同一点的两个力可以合成为一个合力,该合力也作用于该点,其大小和方向由以这两个力为邻边所构成的平行四边形的对角线所确定,即合力矢等于这两个分力矢的矢量和。如图1-4所示,其矢量表达式为

$$\boldsymbol{F}_R = \boldsymbol{F}_1 + \boldsymbol{F}_2 。 \tag{1-1}$$

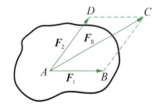
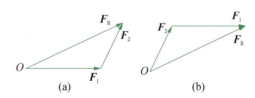

图1-4 力的平行四边形法则　　　图1-5 力的三角形法则

为方便,在利用矢量加法求合力时,可不必画出整个平行四边形,而是在物体之外的任意 O 点作力矢 $\boldsymbol{F}_1$,再由 $\boldsymbol{F}_1$ 的末端作力矢 $\boldsymbol{F}_2$,最后由 O 点至力矢 $\boldsymbol{F}_2$ 的终点作一矢量 $\boldsymbol{F}_R$,它就代表 $\boldsymbol{F}_1$、$\boldsymbol{F}_2$ 的合力。这种求合力的方法称为力的三角形法则,如图1-5(a)所示。在使用三角形法则时,必须遵循这样一个原则,即分力力矢首尾相接,但次序可变,其结果不变,如图1-5(b)所示。力的三角形法则可推广成力的多边形法则。即在刚体某平面上作用一汇交力系 $\boldsymbol{F}_1$、$\boldsymbol{F}_2$、$\cdots$、$\boldsymbol{F}_n$,力系作用线汇交于 O 点,为求合力 $\boldsymbol{F}_R$,只需将各力 $\boldsymbol{F}_1$、$\boldsymbol{F}_2$、$\cdots$、$\boldsymbol{F}_n$ 首尾相接,形成一条折线,最后连接封闭边,从首力的始端 O 点向末力的终端所形成的矢量,即为合力的大小和方向,此法称为力的多边形公理,如图1-6所示。

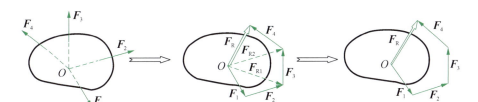

图 1-6 力的多边形法则

力的平行四边形既可以进行力的合成,也可以进行力的分解。显然,由已知力为对角线可作无穷多个平行四边形,要想得到唯一的结果,必须附加一定的条件。附加条件可能为:

① 规定两个分力的方向;

② 规定其中一个分力的大小和方向等。

在工程实际中,通常是分解为方向互相垂直的两个分力。

推论 2 三力平衡定理 刚体受 3 个共面但互不平行的力作用而平衡时,此三力必汇交于一点。

(4) 作用力与反作用力公理 两物体间的作用力与反作用力,总是大小相等、方向相反,沿同一条直线,分别作用在这两个物体上。

力是物体间的相互作用,作用与反作用的称呼是相对的,力总是以作用与反作用的形式存在,且以作用与反作用的方式传递。

特别要注意的是,必须把作用力与反作用力公理与二力平衡公理严格地区分开来。作用力与反作用力公理是表明两个物体相互作用的力学性质;而二力平衡公理则说明一个刚体在两个力作用下,处于平衡时两力满足的条件。

有时我们考察的对象是物系,物系外的物体与物系间的作用力称为外力,而物系内部物体间的相互作用力称为内力。内力与外力的划分与所取物系的范围有关,随着所取对象范围的不同,内力与外力是可以互相转化的。

4. 力对点之矩

(1) 力对点之矩的概念 人们从生产实践中获知,力不仅能够使物体沿某方向移动,还能够使物体绕某点产生转动。例如人用扳手拧紧螺母,如图 1-7 所示,施于扳手的力 F 使扳手与螺母一起绕转动中心 O 转动。转动效应的大小不仅与 F 的大小和方向有关,而且与转动中心点 O 到 F 作用线的垂直距离 d 有关。因此,力对物体的转动效应可用力对点之矩这样一个物理量来描述,简称力矩。

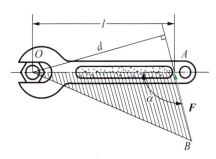

图 1-7 力对点之矩

力 F 对某点 O 的矩等于力的大小与点 O 到力的作用线距离 d 的乘积,记作

$$M_O(\boldsymbol{F}) = \pm Fd, \tag{1-2}$$

$M_O(\boldsymbol{F})$ 是一个代数量,可以用它来描述物体的转动方向。通常规定,使物体逆时针方向转动的力矩为正;反之,为负。

由力矩的定义和(1-2)式,可得到以下结论:

① 力沿其作用线移动时,不会改变力对矩心的矩;

② 力的大小为零或力的作用线通过矩心时,其力矩为零。

在国际制单位中,力矩的单位为牛顿·米(N·m)或千牛·米(kN·m)。

(2) 合力矩定理 平面汇交力系的合力对平面上任一点之矩,等于所有各分力对同一点力矩的代数和。

假设物体上作用有一个平面汇交力系 $F_1, F_2, \cdots, F_n$,其合力为 F_R,则有

$$M_O(\boldsymbol{F}_R) = M_O(\boldsymbol{F}_1) + M_O(\boldsymbol{F}_2) + \cdots + M_O(\boldsymbol{F}_n) = \sum M_O(\boldsymbol{F}_i)。 \quad (1-3)$$

上述合力矩定理不仅适用于平面汇交力系,对于其他力系,如平面任意力系、空间力系等,也都同样成立。

当力矩的力臂不易求出时,常将力正交分解为两个易确定力臂的分力,然后应用合力矩定理计算更加方便。

例 1-1 一齿轮受到与它相啮合的另一齿轮的法向压力 $F_n = 980 \text{ N}$ 的作用,如图 1-8(a)所示,已知齿轮压力角(作用在啮合点的力与啮合点的绝对速度之间所夹的锐角)$\alpha = 20°$,节圆直径 $D = 0.16 \text{ m}$,求法向压力 $\boldsymbol{F}_n$ 对齿轮轴心 O 之矩。

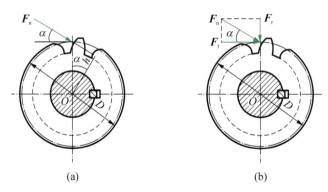

图 1-8 力对点之矩

解:用合力矩定理求解,如图 1-8(b)所示。将力 $\boldsymbol{F}_n$ 在啮合点处分解为圆周力 $\boldsymbol{F}_t$ 和径向力 $\boldsymbol{F}_r$。由合力矩定理,得

$$M_O(\boldsymbol{F}_n) = M_O(\boldsymbol{F}_t) + M_O(\boldsymbol{F}_r)。$$

因为径向力 $\boldsymbol{F}_r$ 过矩心 O,故 $M_O(\boldsymbol{F}_r) = 0$,于是

$$M_O(\boldsymbol{F}_n) = M_O(\boldsymbol{F}_t) = -F_t \frac{D}{2} = -F_n \cos\alpha \frac{D}{2} = -73.7 \text{ N·m}。$$

5. 约束与约束反力

工程中的机器或者机构,总是由许多零部件组成的。这些零部件总是以一定的形式相互联结,它的运动会因此受到一定的限制。例如,机床工作台受到床身导轨的限制,只能沿导轨移动;转轴受到轴承的限制,只能产生绕轴心的转动。

凡是限制某一物体运动的周围物体称为约束。上面所说的导轨、轴承等分别是工作台、转轴的约束。约束限制了物体本来可能产生的某种运动,故约束有力作用于被约束体,这种力称为约束力。于是,就可将物体所受的力分为两类:一类是使物体产生可能运动的力,称为主动力;另一类则是约束限制某种可能运动的力,称为约束力,又因它是由主动力引起的反作用力,故其全称应是约束反作用力,简称约束反力。

约束反力总是作用在被约束物体与约束物体的接触处,其方向也总是与该约束所能限制的运动或运动趋势的方向相反。据此可以确定约束反力的作用点和方向,而大小一般是未知的,需根据物体的受力情况和运动情况来计算。

(1) 柔性约束　绳索、链条、皮带、胶带等柔性物体所形成的约束称为柔性约束。这种柔性体只能承受拉力。其约束特征是,只能限制被约束物体沿其中心线伸长方向的运动,而无法阻止物体沿其他方向的运动。因此柔性约束产生的约束反力总是通过接触点,沿着柔性体中心线而背离被约束的物体(即使被约束物体承受拉力作用),常用符号为 F_T 表示。如图1-9(a)所示,用绳索悬挂一重物,绳索对重物的约束反力如图1-9(b)所示。

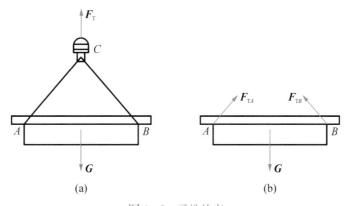

图1-9　柔性约束

(2) 光滑面约束　两物体相互接触,如果接触面非常光滑,摩擦力可以忽略不计,则这种约束称为光滑面约束。其约束特征是:约束限制被约束物体沿着接触处公法线,向约束体内部运动。故约束反力方向总是通过接触点,沿着接触点处公法线,而指向被约束物体,常用符号为 F_N 表示。如图1-10(a)所示,直杆在接触点 A,B,C 等3处所受的约束反力分别为 F_{NA},F_{NB},F_{NC},如图1-10(b)所示。

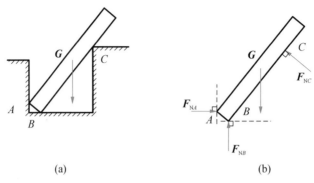

(a)   (b)

图 1-10 光滑接触面约束

工程中,常见的光滑接触表面约束很多。例如,啮合齿轮的齿面约束,如图 1-11 所示;凸轮曲面对顶杆的约束,如图 1-12 所示。

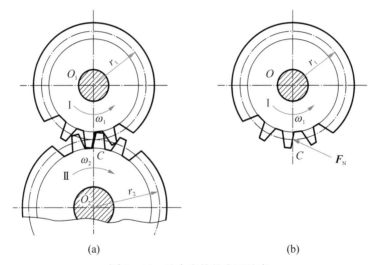

(a)   (b)

图 1-11 啮合齿轮的齿面约束

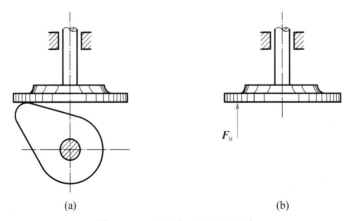

(a)   (b)

图 1-12 凸轮曲面对顶杆约束

(3) 光滑圆柱铰链约束　光滑圆柱形铰链(简称铰链)是将两个物体各钻圆柱孔,中间用圆柱形销钉联结起来所形成的结构。这种铰链应用比较广泛,如门、窗用的合页、起重机悬臂与机座之间的联结等。

这类约束的本质即为光滑面约束,因其接触点位置未定,故只能确定铰链的约束反力为一通过圆柱销中心的大小、方向均未定的力。通常,此约束反力用两个大小未知的正交分力来表示。下面是其在工程实际中的几种应用形式。

① 固定铰链支座。当用圆柱销联结的两构件中有一个构件固定时,则称为固定铰链支座,其结构如图1-13所示。通常,在两个构件联结处用一个小圆圈表示铰链,约束反力用过铰链中心的两个正交分力 F_x, F_y 来表示,如图1-14(a)所示。常用图1-14(b)所示的简图表示固定铰链支座。支承传动轴的向心轴承,就是一种固定铰支座约束,如图1-15所示。

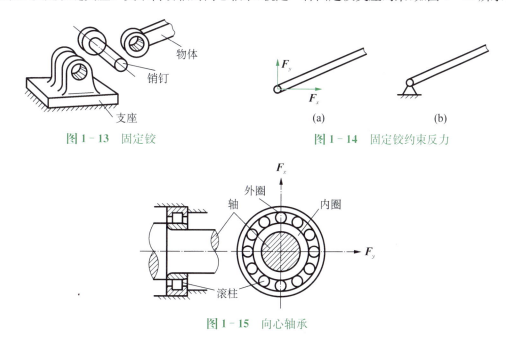

图1-13　固定铰

图1-14　固定铰约束反力

图1-15　向心轴承

② 中间铰。当用圆柱销联结的两构件均不固定时,称为中间铰,如图1-16所示。与固定铰链支座一样,其约束反力也用两个互相垂直的分力 F_x, F_y 表示,中间铰的简图如图1-17所示。曲柄连杆机构中,曲柄与连杆、连杆与滑块的联结就是中间铰。

图1-16　中间铰

图1-17　中间铰简图

③ 活动铰链支座(辊轴铰链支座)。在固定铰支座的底部安放若干滚子,并与支承联结,则构成活动铰链支座约束,又称辊轴支座,如图 1-18 所示。用图 1-19(a)表示简图。支座只能限制构件沿支撑面垂直方向的运动,故活动铰链支座的约束反力必定通过铰链中心,并垂直于支撑面,常用 F 表示,如图 1-19(b)所示。

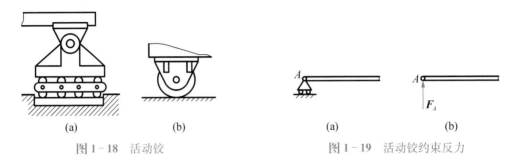

图 1-18 活动铰   图 1-19 活动铰约束反力

(4) 固定端约束   工程中还有一种常见的基本约束,如建筑物上的阳台、固定在刀架上的车刀等,可归结为一杆插入固定面的力学模型,这些约束称为固定端约束。固定端约束既限制被约束构件的垂直与水平位移,又限制了被约束构件的转动。一般情况下,固定端约束用一组正交反力和一个约束力偶表示,如图 1-20 所示。

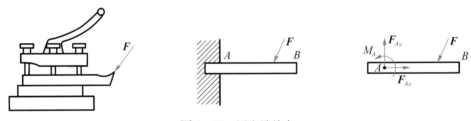

图 1-20 固定端约束

以上介绍了几种常见的约束类型,但在工程实际中联结部位的联结方式是复杂的,必须根据问题的性质将实际约束抽象为上述相应的典型约束。

6. 受力分析与受力图

在解决力学问题时,首先要根据问题的已知条件和待求量,从有关物体中选择某一物体(或有几个物体组成的系统)作为研究对象,并分析研究对象的受力情况,即进行受力分析。画研究对象时,只需显示出力的作用位置与约束类型,构件可用简单线条组成的简图来表示。

在简图上解除约束,使对象成为自由体,添上代表约束作用的约束反力,称为解除约束。解除约束后的自由体,称为分离体。在分离体上画出它所受的全部主动力和约束反力,就称为该物体的受力图。

画受力图的一般步骤为:

① 画出研究对象的分离体简图;
② 在简图上画出已知的主动力;

③ 在简图上解除约束处画上约束反力。

画受力图是解决力学问题的第一步骤,正确地画出受力图是分析、解决力学问题的前提。如果没有特别说明,则物体的重力一般不计,并认为接触面都是光滑的。

例1-2 重量为 G 的梯子 AB,放在水平地面和铅直墙壁上。在 D 点用水平绳索 DE 与墙相连,如图1-21(a)所示。若不计摩擦,画出梯子的受力图。

解:取梯子为研究对象,解除约束分离出来,作出简图。梯子受到的主动力为重力 G,作用于重心,方向铅直向下。使梯子成为分离体时,需将 A,B,D 处墙壁、地面、绳索构成的约束解除,因此在此3处需表示出相应的约束反力。根据光滑接触面约束的特点,墙壁和地面的约束反力 F_{NA} 和 F_{NB} 应分别作用在 A,B 点,并分别为垂直于墙壁和地面的压力。绳索 DE 作用于梯子的反力 F_{TD} 是沿着 DE 方向的拉力,力作用点在 D 点。梯子受力图如图1-21(b)所示。

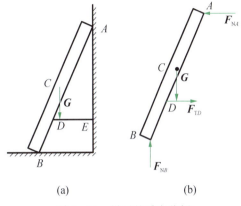

图1-21 梯子的受力分析

例1-3 如图1-22(a)所示的支架,由杆 AC,CD 与滑轮 B 铰接而成。物体的重量为 G,用绳索挂在滑轮上。如杆、滑轮及绳索的自重不计,并忽略各处的摩擦,试分别画出滑轮 B(包括绳索)、杆 AC,CD 及整个体系的受力图。

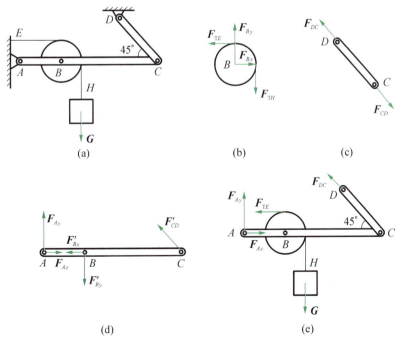

图1-22 支架的受力分析

解：(1) 滑轮及绳索的受力图。取滑轮及绳索为研究对象，画出分离体图，无主动力，只在 B, E, H 处有约束反力。在 B 处为中间铰约束，解除约束后，此处可用两个正交分力 F_{Bx}, F_{By} 来表示；E 处为柔性约束，在 E 处用沿绳索中心线背离滑轮的拉力 F_{TE} 表示；在 H 处用沿绳索中心线背离滑轮的拉力 F_{TH} 表示。滑轮及绳索的受力图如图 1-22(b) 所示。

(2) 杆 CD 的受力图。取杆 CD 为研究对象，画出分离体图，无主动力。很显然 CD 杆为一二力杆，根据二力杆的特点，C, D 两处的约束反力必沿两点的连线，且等值、反向。假设 CD 杆受拉，在 C, D 处画上拉力 F_{CD} 和 F_{DC}，且 $F_{CD} = -F_{DC}$。杆 CD 受力图如图 1-22(c) 所示。

(3) 杆 AC 的受力图。取杆 AC 为研究对象，画出分离体图，无主动力。杆在 A 处受固定铰链支座约束，解除约束后 A 处有两个正交分力 F_{Ax}, F_{Ay}；在 B 处受中间铰约束，约束反力与 F_{Bx}, F_{By} 互为作用力与反作用力，用 F'_{Bx}, F'_{By} 表示；在 C 处受到杆 CD 的约束，其约束反力为 F'_{CD}，它与 F_{CD} 互为作用力与反作用力。杆 AC 的受力图如图 1-22(d) 所示。

(4) 整个体系统的受力图。取整个系统为研究对象，画出分离体图，主动力为 G。在 A 处受固定铰链支座的约束，其约束反力同 AC 杆的 A 处画法；同理，在 E 处其约束反力的画法同滑轮 E 处的画法，在 D 处其约束反力的画法同 CD 杆的 D 处画法。该结构整体系统的受力图如图 1-22(e) 所示。

需要强调的是，在对由几个物体组成的系统进行受力分析时，必须注意区分内力和外力。系统内部各物体之间的相互作用力是该系统的内力；系统外部物体对系统内部物体的作用力是该系统的外力。但是，内力与外力的区分不是绝对的，在一定的条件下，内力与外力是可以相互转化的。例如，在图 1-22 中，若分别以杆 AC、滑轮为研究对象，则力 F'_{Bx}, F'_{By} 和 F_{Bx}, F_{By} 都是外力；如果将各部分合为一个系统来研究，即以整个结构为研究对象，则力 F'_{Bx}, F'_{By} 和 F_{Bx}, F_{By} 属于系统内两部分之间的相互作用力，为系统的内力。对整个系统来说，内力对整体的外效应没有影响。因此，在画系统整体的受力图时，只需画出全部外力，不必画出内力。

对物体进行受力分析，恰当地选取分离体，并正确地画出受力图是解决力学问题的基础，不能有任何错误，否则以后的分析计算将会得出错误的结论。为正确地画出受力图，应注意以下几点：

① 作图时，要明确所取的研究对象，把它单独取出来分析。在取整体作为研究对象时，有时为了简便起见，可以在题图上画受力图，但要明确，这时整体所受的约束实际上已被解除。

② 要注意两个构件联结处的反力的关系。当所取的研究对象是几个构件的结合体时，它们之间结合处的反力是内力不必画出。而当两个相互联结的物体被拆开时，其联结处的约束反力是一对作用力与反作用力，要等值、反向、共线地分别画在两个物体上。

③ 若机构中有二力构件，应先分析二力构件的受力，然后再分析其他构件受力。

7. 力偶及性质

(1) 力偶的概念　在日常生活及生产实践中，常见到物体受一对大小相等、方向相反，但不在同一作用线上的平行力作用。例如,图1-23所示的司机转动方向盘及钳工对丝锥的操作等。

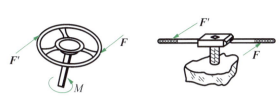 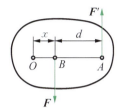

图1-23 力对点之矩实例　　　　图1-24 力对点之矩

一对等值、反向、不共线的平行力组成的力系称为力偶,力偶用符号($\boldsymbol{F}$,$\boldsymbol{F}'$)表示,此二力之间的距离称为力偶臂,如图1-24所示。由以上实例可知,力偶只能对物体产生转动效应,而不能使物体产生移动效应。力偶对物体的转动效应,可用力偶中的力与力偶臂的乘积,再冠以适当的正、负号来确定,称为力偶矩,并记作$M(\boldsymbol{F},\boldsymbol{F}')$或$M$,即

$$M(\boldsymbol{F},\boldsymbol{F}') = M = \pm Fd。 \qquad (1-4)$$

式中的正、负号表示力偶的转向,通常规定:逆时针转动的力偶取正值,顺时针取负值。力偶矩与力矩一样,都是代数量,力偶矩的单位与力矩的单位也相同,为N·m或kN·mm。

力偶矩的大小、力偶的转向和力偶的作用面,称为力偶的三要素。凡三要素相同的力偶彼此等效。

(2) 力偶的性质　具体表述如下。

性质1　力偶对其作用面内任意点的力矩恒等于此力偶的力偶矩,而与矩心的位置无关。

性质2　力偶在任意坐标轴上的投影之和为零,故力偶无合力,力偶不能与一个力等效,也不能用一个力来平衡,如图1-25所示。

力偶无合力,故力偶对物体的平移运动不会产生任何影响,力与力偶相互不能代替,不能平衡。因此,力与力偶是力系的两个基本元素。由于上述性质,所以对力偶可作如下处理:

① 力偶在它的作用面内,可以任意转移位置,其作用效应和原力偶相同。即力偶对于刚体上任意点的力矩值不因移位而改变。

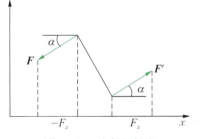

图1-25 力偶的投影

② 力偶在不改变力偶矩大小和转向的条件下,可以同时改变力偶中两反向平行力的大小、方向以及力偶臂的大小,而力偶的作用效应保持不变。

图1-26所示的各图中,力偶的作用效应都相同。力偶的力偶臂、力及其方向既然都可改变,就可简明地以一个带箭头的弧线并标出值来表示力偶,如图1-26(d)所示。

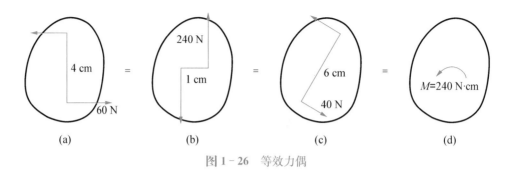

图 1-26 等效力偶

（3）平面力偶系的合成与平衡　作用在物体上同一平面内的许多力偶组成平面力偶系。力偶系的合成，就是求力偶系的合力偶矩。设在刚体某平面上有力偶 M_1，M_2，…，M_n 的作用，则合力偶矩等于平面力偶系中各分力偶矩的代数和，即

$$M = M_1 + M_2 + \cdots + M_n = \sum M_\circ \tag{1-5}$$

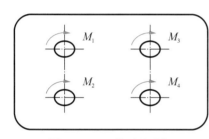

图 1-27 工件受力分析

例 1-4　用多头钻床在水平放置的工件上同时钻 4 个直径相同的孔，如图 1-27 所示，每个钻头的切削力偶矩为 $M_1 = M_2 = M_3 = M_4 = -150\,\text{N} \cdot \text{m}$。工件受到的切削力偶矩是多大？

解：取工件为研究对象，进行受力分析。作用于工件的力偶有 4 个，各力偶矩大小相等、转向相同，且在同一平面内。由 (1-5) 式可求出合力偶矩，即总切削力偶矩为

$$M = M_1 + M_2 + M_3 + M_4 = 4 \times (-150) = -600(\text{N} \cdot \text{m}),$$

负号表示总切削力偶是顺时针转向。

求出切削力偶后，才可考虑夹紧措施，设计夹具。

（4）平面力偶系的平衡　由合成结果可知，要使力偶系平衡，则合力偶的矩必须等于零，因此平面力偶系平衡的必要和充分条件是：力偶系中各力偶矩的代数和等于零，即

$$\sum M = 0_\circ \tag{1-6}$$

平面力偶系的独立平衡方程只有一个，故只能求解一个未知数。

例 1-5　在图 1-28(a) 所示的简支梁 AB 上，受作用线相距为 $d = 20\,\text{cm}$ 的两反方向力 F 与 F' 组成的力偶和力偶矩为 M 的力偶的作用。若 $F = F' = 100\,\text{N}$，$M = 40\,\text{N} \cdot \text{m}$，梁长 $l = 1\,\text{m}$，求支座 A 和 B 的约束反力。

解：(1) 受力分析。取梁 AB 为研究对象，在杆上有主动力偶作用。根据力偶的性质，力偶只与力偶平衡，所以在梁的两端点 A，B 上必形成一个力偶。现假设 F_B 的方向向上，则 F_A 与 F_B 平行且反向，如图 1-28(b) 所示。

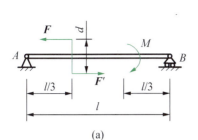
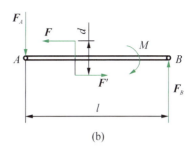

图 1-28　梁受力分析

(2) 列平衡方程。由平面力偶系的平衡条件,有

$$\sum M = 0, F_A \times l + F \times d - M = 0,$$

$$F_A = \frac{M - F \times d}{l} = 20 \text{ N}。$$

F_A 的值为正,说明 F_A 的假设方向和实际方向一致;若 F_A 的值为负,说明 F_A 的假设方向和实际方向相反。$F_B = F_A = 20$ N,方向如图 1-28(b)所示。

学生操作题 1:图 1-29(a)所示是曲柄滑块机构,图 1-29(b)所示是凸轮机构。试作出曲柄滑块机构中滑块和凸轮机构中推杆的受力图。

学生操作题 2:一单级圆柱齿轮减速器,如图 1-30 所示,在减速器的输入轴Ⅰ上作用一力偶,其力偶矩 $M_1 = 500$ N·m,输出轴Ⅱ上作用阻力偶,其力偶矩 $M_2 = 2\,000$ N·m,转向如图所示。已知 $l = 100$ cm,不计减速器自重,求螺栓 A,B 所受的力。

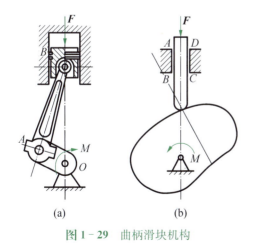

图 1-29　曲柄滑块机构

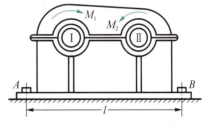

图 1-30　圆柱齿轮减速器

1.2.2　平面力系

按照力系中各力的作用线是否在同一平面内,可将力系分为平面力系和空间力系。根据力作用线的位置关系,平面力系又可分为平面汇交力系、平面平行力系、平面任意力系。

在平面力系中,若各力作用线都汇交于一点,则称为平面汇交力系。它是力系中最简单的一种。研究平面汇交力系,一方面可以解决一些简单的工程实际问题,另外也为研究更为复杂的力系打下一定的基础。

1. 平面汇交力系

(1) 力在坐标轴上的投影 已知力 $\boldsymbol{F}$ 作用于刚体平面内 A 点,且与水平线成 α 的夹角。建立平面直角坐标系 Oxy 坐标,如图 1-31 所示。过力 $\boldsymbol{F}$ 的两端点 A,B 分别向坐标轴引垂线,垂足在 x,y 轴上截下的线段 ab 和 $a_1 b_1$ 分别称为 $\boldsymbol{F}$ 在 x 轴和 y 轴上的投影,记作 F_x,F_y。

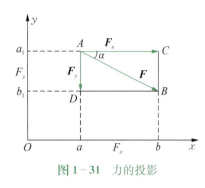

图 1-31 力的投影

力在坐标轴上的投影是代数量,正、负号规定为:从起点 a 到终点 b(或从 a_1 到 b_1)的指向与坐标轴正向相同为正,相反为负。

若已知 $\boldsymbol{F}$ 的大小及其与 x 轴所夹锐角,则有

$$F_x = F\cos\alpha,\ F_y = -F\sin\alpha。 \tag{1-7}$$

如将 $\boldsymbol{F}$ 沿坐标轴方向分解,所得分力 $\boldsymbol{F}_x$,$\boldsymbol{F}_y$ 的值与在同轴上的投影 F_x,F_y 相等(只有采用直角坐标时,才有这种关系)。但须注意,力在轴上的投影是代数量,而分力是矢量。

若已知 F_x,F_y 值,可求出 $\boldsymbol{F}$ 的大小和方向,即

$$F = \sqrt{F_x^2 + F_y^2},\ \tan\alpha = |F_y/F_x|。 \tag{1-8}$$

(2) 平面汇交力系合成的解析法 设刚体上作用有一个平面汇交力系 $\boldsymbol{F}_1$,$\boldsymbol{F}_2$,$\cdots$,$\boldsymbol{F}_n$ 的作用,根据力的平行四边形公理,有

$$\boldsymbol{F}_R = \boldsymbol{F}_1 + \boldsymbol{F}_2 + \cdots + \boldsymbol{F}_n = \sum \boldsymbol{F}。$$

将上式两边分别向 x 轴和 y 轴投影,即有

$$F_{Rx} = F_{1x} + F_{2x} + \cdots + F_{nx} = \sum F_x,\ F_{Ry} = F_{1y} + F_{2y} + \cdots + F_{ny} = \sum F_y。$$

$$\tag{1-9}$$

上式即为合力投影定理:力系的合力在某轴上的投影,等于力系中各力在同一轴上投影的代数和。

若进一步按(1-8)式运算,即可求得合力的大小及方向,即

$$F_R = \sqrt{(\sum F_x)^2 + (\sum F_y)^2},\ \tan\alpha = |\sum F_y / \sum F_x|, \tag{1-10}$$

式中,α 表示合力 $\boldsymbol{F}_R$ 与 x 轴之间所夹锐角;合力 $\boldsymbol{F}_R$ 的指向由 $\sum F_x$,$\sum F_y$ 的正、负号确定。

例 1-6 吊钩受力如图 1-32 所示,用解析法求吊钩所受合力的大小和方向。

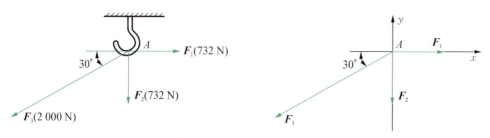

图 1-32 吊钩受力及合力

解:建立直角坐标系 Axy,并应用(1-9)式,求出

$$F_{Rx} = F_{1x} + F_{2x} + F_{3x} = 732 + 0 - 2000\cos 30° = -1000(\text{N}),$$

$$F_{Ry} = F_{1y} + F_{2y} + F_{3y} = 0 - 732 - 2000\sin 30° = -1732(\text{N})。$$

再按(1-10)式,得

$$F_R = \sqrt{(\sum F_x)^2 + (\sum F_y)^2} = 2000(\text{N}),$$

$$\tan \alpha = |\sum F_y / \sum F_x| = 1.732, \quad \alpha = 60°。$$

(3) 平面汇交力系的平衡 平面汇交力系平衡的必要与充分条件是:该力系的合力 F_R 等于零。由(1-10)式,应有

$$F_R = \sqrt{(\sum F_x)^2 + (\sum F_y)^2} = 0。$$

欲使上式成立,必须同时满足

$$\sum F_x = 0, \quad \sum F_y = 0, \tag{1-11}$$

(1-11)式称为平面汇交力系的平衡方程。这是两个独立的方程,可求解平面汇交力系平衡问题中的两个未知量。

例 1-7 重为 $G = 1$ kN 的球 O 用与斜面平行的绳索 AB 系住,并放置在与水平面成 30°角的光滑斜面上,如图 1-33(a) 所示。求绳索 AB 所受的拉力及球对斜面的压力。

解:(1) 取球 O 为研究对象,受力图如图 1-33(b)所示。这是一平面汇交力系。

(2) 建立坐标系 Oxy,如图 1-33(b)所示。列平衡方程,并求解。

由

$$\sum F_x = 0, \quad F_T - G\sin 30° = 0,$$

即

$$F_T = 0.5 \text{ kN};$$

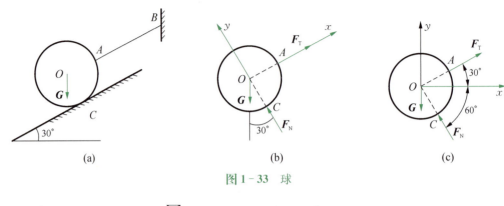

图 1-33 球

又由 $\sum F_y = 0$, $F_N - G\cos 30° = 0$,

即 $F_N = 0.866 \text{ kN}$。

根据作用与反作用公理知,绳 AB 所受的拉力 $F'_T = 0.5 \text{ kN}$,球对斜面的压力 $F'_N = 0.866 \text{ kN}$,其指向与图中的指向相反。

此题如果重新建立坐标系 Oxy,如图 1-33(c)所示,坐标轴与 F_T、F_N 都不垂直,列平衡方程

$$\sum F_x = 0, F_T\cos 30° - F_N\cos 60° = 0; \quad ①$$

$$\sum F_y = 0, F_T\sin 30° + F_N\sin 60° - G = 0。 \quad ②$$

联立①与②方程,解得

$$F_T = 0.5 \text{ kN}, F_N = 0.866 \text{ kN}。$$

这一结果与以上结果虽然完全相同,但图 1-33(b)的坐标系优于图 1-33(c)的坐标系。因为图 1-33(b)的坐标系的坐标轴与未知力垂直(或平行),可避免联立方程,计算过程简单,计算结果不宜出错,因此解题过程中注意坐标系的合理选取。

2. 平面任意力系

力系中各力的作用线都在同一平面内,它们既不汇交于一点,也不全部平行,这种力系称为平面任意力系,也称为平面一般力系。它是工程实际中最常见的一种力系,工程计算中的许多实际问题都可以简化为平面一般力系问题进行处理。例如,图 1-34 所示的摇臂式起重机及曲柄滑块机构等,其受力都在同一平面内,组成平面任意力系。另外,有些物体实际所受的力虽然明显地不在同一平面内,但由于其结构(包括支承)和所承受的力都对称于某个平面,因此作用于其上的力系仍可简化为平面一般力系,如图 1-35 所示的拖车。

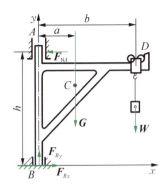 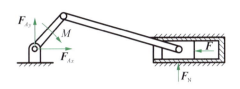

图 1-34 平面任意力系实例

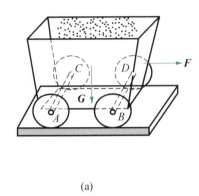 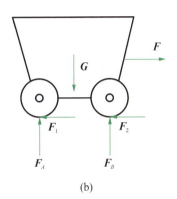

(a) (b)

图 1-35 拖车

(1) 力的平移定理　作用在刚体上某点的力 F,可以平移到刚体内任意一点,但同时必须附加一个力偶,此附加力偶的力偶矩等于原力对新作用点的力矩,这就是力的平移定理。如图 1-36(a)所示,作用在 A 点的力,现被一个作用在 B 点的 F' 和一个附加力偶(F, F'')所取代,如图 1-36(c),此附加力偶的力偶矩大小为

$$M = M_B(F, F'') = Fd。 \tag{1-12}$$

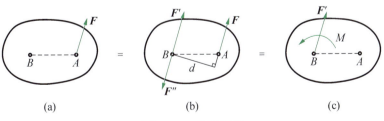

(a) (b) (c)

图 1-36 力线平移

力的平移定理表明,力对绕力作用线外的中心转动的物体有两种作用,一是平移力的作用,二是附加力偶对物体产生的旋转作用。

(2) 平面任意力系的简化　设刚体上作用有一平面任意力系 F_1, F_2, $\cdots$, F_n, 如图 1-37(a)所示, 在平面内任意取一点 O, 称为简化中心。根据力的平移定理, 将各力都向 O 点平移, 得到一个汇交于 O 点的平面汇交力系 F_1', F_2', $\cdots$, F_n', 以及平面力偶系 M_1, M_2, $\cdots$, M_n, 如图 1-37(b)所示。这样, 就将原力系等效为一个平面汇交力系和一个平面力偶系。

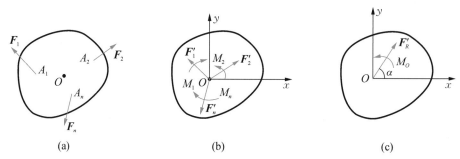

图 1-37　平面力系的简化

① 平面汇交力系 F_1', F_2', $\cdots$, F_n', 可以合成为一个作用于 O 点的合力 F_R', 如图 1-37(c)所示。根据平面汇交力系的合成方法, 这个力为

$$F_R' = F_1' + F_2' + \cdots + F_n' = F_1 + F_2 + \cdots + F_n = \sum F 。\quad (1-13)$$

它等于力系中各力的矢量和。显然, 单独的 F_R' 不能和原力系等效, 称为原力系的主矢。将(1-13)式写成直角坐标系下的投影形式, 即

$$F_{Rx}' = F_{1x} + F_{2x} + \cdots + F_{nx} = \sum F_x, \quad F_{Ry}' = F_{1y} + F_{2y} + \cdots + F_{ny} = \sum F_y 。$$

主矢 F_R' 的大小及其与 x 轴正向的夹角分别为

$$F_R' = \sqrt{F_{Rx}'^2 + F_{Ry}'^2} = \sqrt{(\sum F_x)^2 + (\sum F_y)^2}, \quad \tan\alpha = \left|\frac{\sum F_y}{\sum F_x}\right|, \quad (1-14)$$

α 为主矢 F_R' 的作用线与 x 轴所夹的锐角。

② 附加平面力偶系 M_1, M_2, $\cdots$, M_n 可以合成为一个合力偶矩 M_O, 即

$$M_O = M_1 + M_2 + \cdots + M_n = \sum M_O(F) 。\quad (1-15)$$

显然, 单独的 M_O 也不能与原力系等效, 因此它被称为原力系对简化中心 O 的主矩。

综上所述, 得到如下结论: 平面一般力系向平面内任一点简化可以得到一个力和一个力偶, 这个力等于力系中各力的矢量和, 作用于简化中心, 称为原力系的主矢; 这个力偶的矩等于原力系中各力对简化中心之矩的代数和, 称为原力系的主矩。

原力系与主矢 F_R' 和主矩 M_O 的联合作用等效。主矢 F_R' 的大小和方向与简化中心的选择无关, 主矩 M_O 的大小和转向与简化中心的选择有关。

(3) 平面任意力系的简化结果讨论　由前述可知,平面任意力系向一点 O 简化后,一般来说得到主矢 F'_R 和主矩 M_O,但这并不是简化的最终结果,进一步分析可能出现以下 4 种情况:

① $F'_R = 0, M_O \neq 0$。说明该力系无主矢,而最终简化为一个力偶,其力偶矩就等于力系的主矩,此时主矩与简化中心无关。

② $F'_R \neq 0, M_O = 0$。说明原力系的简化结果是一个力,而且这个力的作用线恰好通过简化中心,此时 F'_R 就是原力系的合力 F_R。

③ $F'_R \neq 0, M_O \neq 0$。这种情况还可以进一步简化,根据力的平移定理逆过程,可以把 F'_R 和 M_O 合成一个合力 F_R。合成过程如图 1-38 所示,合力 F_R 的作用线到简化中心 O 的距离为

$$d = \left|\frac{M_O}{F_R}\right| = \left|\frac{M_O}{F'_R}\right|。$$

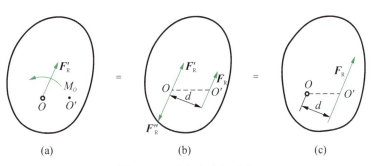

图 1-38　力偶与力的合成

④ $F'_R = 0, M_O = 0$。这表明该力系对刚体总的作用效果为零,即物体处于平衡状态。

(4) 平面任意力系的平衡方程　有以下几种:

① 基本方程。平面任意力系向作用面内任意一点 O 简化,可得到一个主矢 F'_R 和一个主矩 M_O。如果 $F'_R = 0, M_O = 0$,则平面任意力系必平衡;反之,如果平面任意力系平衡,则必有 $F'_R = 0, M_O = 0$。因此,平面任意力系平衡的充要条件是

$$F'_R = 0, M_O = \sum M_O(F) = 0。$$

故得平面任意力系的平衡方程为

$$\sum F_x = 0, \sum F_y = 0, \sum M_O(F) = 0。 \tag{1-16}$$

即各力在 x 轴和 y 轴上的投影的代数和分别为零,且各力对平面内任意一点之矩的代数和也为零。(1-16)式称为平面任意力系平衡方程的基本形式,它含有 3 个独立的方程,因而最多能解出 3 个未知数。

② 二矩式。二矩式的平衡方程为

$$\sum F_x = 0 (\text{或} \sum F_y = 0), \sum M_A(\boldsymbol{F}) = 0, \sum M_B(\boldsymbol{F}) = 0 \text{。} \quad (1-17)$$

附加条件:A,B 两点的连线不能与 x(或 y 轴)轴垂直。

③ 三矩式。三矩式的平衡方程为

$$\sum M_A(\boldsymbol{F}) = 0, \sum M_B(\boldsymbol{F}) = 0, \sum M_C(\boldsymbol{F}) = 0 \text{。} \quad (1-18)$$

附加条件:A,B,C 3 点不能在一条直线上。

(5) 平面力系平衡方程的解题步骤　具体有:

① 确定研究对象,画出受力图。应取有已知力和未知力作用的物体,画出其分离体的受力图。

② 列平衡方程,并求解。适当选取坐标轴和矩心,列平衡方程联立求解未知力。坐标轴尽可能和大多数力作用线平行或垂直。矩心尽可能选择在两未知力作用线交点处。一般水平和垂直的坐标轴可画可不画,但倾斜的坐标轴必须在图上表示出来。

例 1-8　摇臂吊车如图 1-39(a)所示,横梁 AB 的 A 端为固定铰链支座,B 端用拉杆 BC 与立柱相连。已知梁的重力 $G_1 = 4$ kN,载荷 $G_2 = 12$ kN,横梁长 $l = 6$ m,$\alpha = 30°$。求当载荷距 A 端距离 $x = 4$ m 时,拉杆 BC 的受力和铰链支座 A 的约束反力。

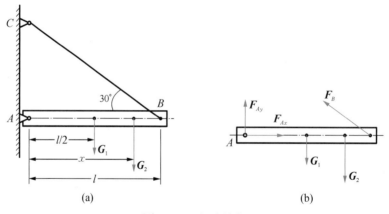

图 1-39　摇臂吊车

解:(1) 因已知力、未知力均汇集于横梁 AB 之上,故取横梁 AB 为研究对象,并画受力图,如图 1-39(b)所示。

(2) 列平衡方程,并求解。取未知力 F_{Ax},F_{Ay} 的交点 A 为矩心,有

$$\sum M_A(\boldsymbol{F}) = 0, F_B \cdot l \cdot \sin\alpha - G_2 \cdot x - G_1 \cdot \frac{l}{2} = 0,$$

得

$$F_B = \frac{2G_2 \cdot x + G_1 \cdot l}{2 \cdot l \cdot \sin\alpha} = \frac{2 \times 12 \times 4 + 4 \times 6}{2 \times 6 \times \sin 30°} = 20 (\text{kN})\text{。}$$

求出 F_B 之后,分别取 x,y 轴为投影轴,列投影方程并求解。

由 $\sum F_x = 0$, $F_{Ax} - F_B\cos\alpha = 0$, 得 $F_{Ax} = F_B\cos 30° = 17.32 \text{ kN}$;

由 $\sum F_y = 0$, $F_{Ay} + F_B\sin\alpha - G_1 - G_2 = 0$, 得

$$F_{Ay} = G_1 + G_2 - F_B\sin\alpha = 4 + 12 - 10 = 6(\text{kN})。$$

例 1-9 如图 1-40(a)所示,外伸梁上作用有集中力 $F_C = 20 \text{ kN}$,力偶矩 $M = 10 \text{ kN·m}$,及载荷集度为 $q = 10 \text{ kN/m}$ 的均布载荷。求支座 A,B 处的反力。

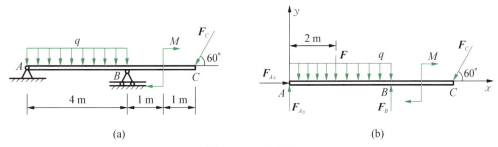

图 1-40 外伸梁

解:(1) 取水平梁 AB 为研究对象,画受力图,如图 1-40(b)所示。

均布载荷可简化为一合力,其大小等于载荷集度与载荷跨度的乘积,即 $F = 4q$,其作用线在 AB 的中点,如图 1-40(b)中 F 所示。

(2) 选取直角坐标系如图 1-40(b)所示,列平衡方程,并求解如下:

由 $\sum M_A(\boldsymbol{F}) = 0$, $4F_B - 2F - 6F_C\sin 60° - M = 0$, 得 $F_B = 48.8 \text{ kN}$;

由 $\sum F_x = 0$, $F_{Ax} - F_C\cos 60° = 0$, 得 $F_{Ax} = 10 \text{ kN}$;

由 $\sum F_y = 0$, $F_{Ay} + F_B - F - F_C\sin 60° = 0$, 得 $F_{Ay} = 8.84 \text{ kN}$。

例 1-10 如图 1-41(a)所示的人字梯,ACB 置于光滑水平面上,且处于平衡,已知人重为 G,夹角为 α,长度为 l。求 A,B 和铰链 C 处的约束反力。

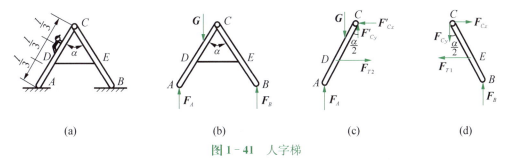

图 1-41 人字梯

解:(1) 选取研究对象,画出整体及每个物体的受力图,如图 1-41(b,c,d)所示。AC 和 BC 杆所受的力系均为平面一般力系,每个杆都有 4 个未知力,暂不可解。但由于物系整体受平面平行力系作用,故是可解的。先以整体为研究对象,求出 $\boldsymbol{F}_A$,$\boldsymbol{F}_B$,则 AC 和 BC 便可解了;再取 BC 为研究对象,求出 C 处的约束反力。

(2) 取整体为研究对象,列平衡方程求解。

由 $\sum M_A(\boldsymbol{F}) = 0$,$F_B \times 2l\sin\frac{\alpha}{2} - G \times \frac{2}{3}l\sin\frac{\alpha}{2} = 0$,得 $F_B = \frac{G}{3}$;

由 $\sum F_y = 0$,$F_A + F_B - G = 0$,得 $F_A = G - F_B = G - \frac{G}{3} = \frac{2}{3}G$。

(3) 取 BC 杆为研究对象,列平衡方程求解。

由 $\sum F_y = 0$,$F_B - F_{Cy} = 0$,得 $F_{Cy} = F_B = \frac{G}{3}$;

由 $\sum M_E(\boldsymbol{F}) = 0$,$F_B \frac{l}{3}\sin\frac{\alpha}{2} + F_{Cy} \times \frac{2}{3}l\sin\frac{\alpha}{2} - F_{Cx} \times \frac{2}{3}l\cos\frac{\alpha}{2} = 0$,得 $F_{Cx} = \frac{G}{2}\tan\frac{\alpha}{2}$。

学生操作题 1:一圆柱体放置于夹角为 α 的 V 型槽内,并用压板 D 夹紧,如图 1-42 所示。已知压板作用于圆柱体上的压力为 $\boldsymbol{F}$,试求槽面对圆柱体的约束反力。

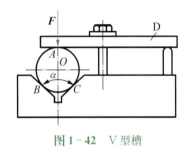

图 1-42 V 型槽　　　　　　图 1-43 汽车台秤

学生操作题 2:图 1-43 所示为汽车台秤简图,BCE 为整体台面,杠杆 AOB 可绕轴 O 转动,B、C、D 3 处均为光滑铰链,杆 DC 处于水平位置。已知砝码重 G_1 和 l、a,试求汽车重 G_2,各部分的自重不计。

1.2.3 空间力系

当力系中各力的作用线不在同一平面,而呈空间分布时,称为空间力系。在工程实际中,有许多问题都属于这种情况。在图 1-44 所示的齿轮传动轴上,圆柱齿轮Ⅰ处作用有圆周力 $\boldsymbol{F}_{t1}$ 和径向力 $\boldsymbol{F}_{r1}$;圆周齿轮Ⅱ处作用有圆周力 $\boldsymbol{F}_{t2}$ 和径向力 $\boldsymbol{F}_{r2}$,而在 A、B 两处分别受

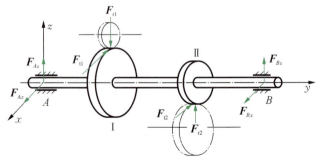

图 1-44 空间力系实例

到向心轴承的约束反力 F_{Ax}，F_{Az} 和 F_{Bx}，F_{Bz} 的作用，这些力的作用线不在一个平面内，即为空间力系。与平面力系一样，空间力系可分为空间汇交力系、空间平行力系及空间任意力系。

研究空间力系的方法与研究平面力系的方法基本相同。平面力系中的有关概念、理论和方法，在这里需要加以推广和引申。因此，在讨论空间力系的简化和平衡之前，需要先介绍力在空间直角坐标轴上的投影和力对轴的矩的概念。

1. 力在空间直角坐标轴上的投影

(1) 直接投影法　若已知力 F 的作用线与 x，y，z 轴对应的夹角分别为 α，β，γ，如图 1-45 所示，则可直接按照平面力系当中投影的定义，将力 F 向 3 个坐标轴投影，得

$$F_x = F\cos\alpha,\ F_y = F\cos\beta,\ F_z = F\cos\gamma, \tag{1-19}$$

式中，α，β，γ 分别为力 F 与 x，y，z 3 坐标轴间的夹角。

力在轴上的投影为代数量，其正、负号规定：从力的起点到终点投影后的趋向与坐标轴正向相同，则力的投影为正；反之，则为负。

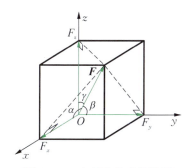
图 1-45　空间力的直接投影

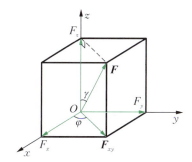
图 1-46　空间力的二次投影

(2) 二次投影法　当力 F 与 x，y 坐标轴间的夹角不易确定时，可先将力 F 投影到坐标平面 xOy 上，得一力 F_{xy}，进一步再将 F_{xy} 向 x，y 轴上投影，如图 1-46 所示。若 γ 为力 F 与 z 轴间的夹角，φ 为 F_{xy} 与 x 轴间的夹角，则力 F 在 3 个坐标轴上的投影为

$$F_x = F_{xy}\cos\varphi = F\sin\gamma\cos\varphi,\ F_y = F_{xy}\sin\varphi = F\sin\gamma\sin\varphi,\ F_z = F\cos\gamma。 \tag{1-20}$$

力和它在坐标轴上的投影是一一对应的，如果力 F 的大小、方向是已知的，则它在选定的坐标系的 3 个轴上的投影是确定的；反之，如果已知力 F 在 3 个坐标轴上的投影 F_x，F_y，F_z 的值，则力 F 的大小、方向也可以求出，其形式为

$$F = \sqrt{F_x^2 + F_y^2 + F_z^2},\ \cos\alpha = \left|\frac{F_x}{F}\right|,\ \cos\beta = \left|\frac{F_y}{F}\right|,\ \cos\gamma = \left|\frac{F_z}{F}\right|, \tag{1-21}$$

式中，α，β，γ 分别为力 F 与 x，y，z 3 坐标轴间的夹角。

例 1-11　已知斜齿圆柱齿轮所受的啮合力 $F_n = 1410\text{N}$，齿轮压力角 $\alpha = 20°$，螺旋角 $\beta = 25°$，如图 1-47(a) 所示。试计算斜齿轮所受的圆周力 F_t、轴向力 F_a 和径向力 F_r。

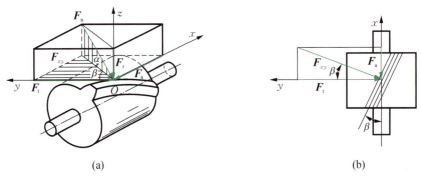

图 1-47 斜齿圆柱齿轮

解：取坐标系如图 1-47 所示,使 x,y,z 分别沿齿轮的轴向、圆周的切线方向和径向。先把啮合力 F_n 向 z 轴和坐标平面 xOy 投影,得

$$F_z = -F_r = -F_n \sin \alpha = -1410 \times \sin 20° = -482(\text{N})。$$

F_n 在 xOy 平面上的分力 F_{xy},其大小为

$$F_{xy} = F_n \cos \alpha = 1410 \times \cos 20° = 1325(\text{N})。$$

然后再把 F_{xy} 投影到 x,y 轴,得

$$F_x = F_a = -F_{xy} \sin \beta = -F_n \cos \alpha \sin \beta = -1410 \times \cos 20° \sin 25° = -560(\text{N}),$$

$$F_y = F_t = -F_{xy} \cos \beta = -F_n \cos \alpha \cos \beta = -1410 \times \cos 20° \cos 25° = -1201(\text{N})。$$

2. 力对轴之矩与合力矩定理

（1）力对轴之矩的概念　在工程中,常遇到刚体绕定轴转动的情形,为了度量力对转动刚体的作用效应,必须引入力对轴之矩的概念。现以关门动作为例,如图 1-48(a)所示,门的一边有固定轴 z,在 A 点作用一力 F。为度量此力对刚体的转动效应,可将该力 F 分解为

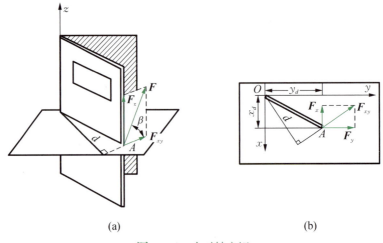

图 1-48 力对轴之矩

两个互相垂直的分力：一个是与转轴平行的分力 $F_z = F\sin\beta$，另一个是在与转轴垂直平面上的分力 $F_{xy} = F\cos\beta$。

由经验可知，分力 F_z 不能使门绕 z 轴转动，只有分力 F_{xy} 才能产生使门绕 z 轴转动的效应，故 F_z 对 z 轴的矩为零。用 $M_z(\boldsymbol{F})$ 表示 $\boldsymbol{F}$ 对轴 z 的矩，如以 d 表示 z 轴与 xy 平面交点 O 到 $\boldsymbol{F}_{xy}$ 作用线的距离，则

$$M_z(\boldsymbol{F}) = M_O(\boldsymbol{F}_{xy}) = \pm F_{xy}d。 \tag{1-22}$$

(1-22)式表明，空间力对轴之矩等于此力在垂直该轴平面上的投影对该轴与此平面的交点之矩。力矩的正、负代表其转动作用的方向。当从 z 轴正向看，逆时针方向转动为正，顺时针方向转动为负（或用右手法则确定其正、负）。

当力的作用线与转轴平行或者与转轴相交时，即当力与转轴共面时，力对该轴之矩等于零。力对轴之矩的单位与力对点之矩的单位相同。

（2）合力矩定理　设有一空间力系 $\boldsymbol{F}_1, \boldsymbol{F}_2, \cdots, \boldsymbol{F}_n$，其合力为 $\boldsymbol{F}_R$，则可证合力 $\boldsymbol{F}_R$ 对某轴之矩等于各分力对同轴之矩的代数和，可写成

$$M_z(\boldsymbol{F}_R) = \sum M_z(\boldsymbol{F})。 \tag{1-23}$$

(1-23)式常被用来计算空间力对轴求矩。

例 1-12　手柄 $ABCD$ 在 xy 平面内，在 D 点作用一个力 $\boldsymbol{F}$，该力在和 xz 平面平行的平面内，如图 1-49 所示。试求 $\boldsymbol{F}$ 对 x, y, z 轴之矩。

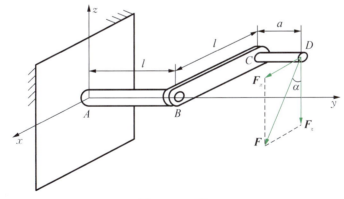

图 1-49　手柄

解： 将力 $\boldsymbol{F}$ 沿坐标轴分解为 $\boldsymbol{F}_x, \boldsymbol{F}_z$ 两个分力。其中

$$F_x = F\sin\alpha,\ F_z = F\cos\alpha。$$

根据合力投影定理，并注意到力对平行于自身的轴之矩为零，有

$$M_x(\boldsymbol{F}) = M_x(\boldsymbol{F}_x) + M_x(\boldsymbol{F}_z) = 0 - F_z \times (l_{AB} + l_{CD}) = -F(l+a)\cos\alpha,$$

$$M_y(\boldsymbol{F}) = M_y(\boldsymbol{F}_x) + M_y(\boldsymbol{F}_z) = 0 - F_z l_{BC} = -Fl\cos\alpha,$$

$$M_z(\boldsymbol{F}) = M_z(\boldsymbol{F}_x) + M_z(\boldsymbol{F}_z) = -F_x \times (l_{AB} + l_{CD}) + 0 = -F(l+a)\sin\alpha。$$

3. 空间力系的平衡方程

(1) 空间任意力系的平衡条件和平衡方程　某物体上作用有一个空间任意力系 $\boldsymbol{F}_1$, $\boldsymbol{F}_2$, ⋯, $\boldsymbol{F}_n$, 如图 1-50 所示。其平衡的充要条件为:各力在 3 个坐标轴上投影的代数和,以及各力对坐标轴之矩的代数和必须分别为零。空间一般力系的平衡方程为

$$\sum F_x = 0, \sum F_y = 0, \sum F_z = 0, \sum M_x(\boldsymbol{F}) = 0, \sum M_y(\boldsymbol{F}) = 0, \sum M_z(\boldsymbol{F}) = 0。$$
(1-24)

(1-24)式表达了空间一般力系平衡的必要和充分条件为:各力在 3 个坐标轴上投影的代数和,以及各力对 3 个坐标轴之矩的代数和都必须分别等于零。

利用该 6 个独立平衡方程式,可以求解 6 个未知量。

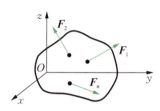

图 1-50　空间一般力系

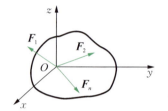

图 1-51　空间汇交力系

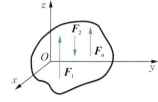

图 1-52　空间平行力系

(2) 空间力系的特殊情况　有以下两种:

① 空间汇交力系。各力的作用线汇交于一点的空间力系称为空间汇交力系,如图 1-51 所示。若以汇交点为原点,取直角坐标系 $Oxyz$,则由于各力与 3 个坐标轴都相交,(1-24)式中的 3 个力矩方程自然得到满足。所以,空间汇交力系的平衡方程只有 3 个,即

$$\sum F_x = 0, \sum F_y = 0, \sum F_z = 0。$$
(1-25)

② 空间平行力系。各力作用线互相平行的空间力系称为空间平行力系,如图 1-52 所示。取坐标系 $Oxyz$,令 z 轴与力系中各力平行,则不论力系是否平衡,都自然满足 $\sum F_x = 0$, $\sum F_y = 0$, $\sum M_z(\boldsymbol{F}) = 0$。于是,空间平行力系的平衡方程为

$$\sum F_z = 0, \sum M_x(\boldsymbol{F}) = 0, \sum M_y(\boldsymbol{F}) = 0。$$
(1-26)

例 1-13　有一空间支架固定在相互垂直的墙上。支架由垂直于两墙的铰接二力杆 OA、OB 和钢绳 OC 组成。已知 $\theta = 30°$, $\varphi = 60°$, O 点吊一重量 $G = 1.2 \text{ kN}$ 的重物,如图 1-53(a) 所示。试求两杆和钢绳所受的力。图中 O、A、B、D 4 点都在同一水平面上,杆和绳的重量都忽略不计。

解:(1) 选研究对象,画受力图。取铰链 O 为研究对象,设坐标系为 $Dxyz$,受力如图 1-53(b) 所示。

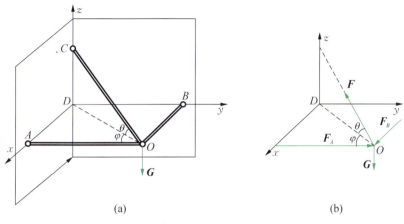

图 1-53 空间支架

（2）列平衡方程式，求未知量，即

$$\sum F_x = 0, F_B - F\cos\theta\sin\varphi = 0; \qquad ①$$

$$\sum F_y = 0, F_A - F\cos\theta\cos\varphi = 0; \qquad ②$$

$$\sum F_z = 0, F\sin\theta - G = 0。 \qquad ③$$

由方程③，得 $F = \dfrac{G}{\sin\theta} = \dfrac{1.2}{\sin 30°} = 2.4(\text{kN})$。联立①、②方程，解得

$$F_A = F\cos\theta\cos\varphi = 2.4\cos 30°\cos 60° = 1.04(\text{kN}),$$
$$F_B = F\cos\theta\sin\varphi = 2.4\cos 30°\sin 60° = 1.8(\text{kN})。$$

例 1-14 三轮小车自重 $W = 8 \text{ kN}$，作用于点 C，载荷 $F = 10 \text{ kN}$，作用于点 E，如图 1-54 所示。求小车静止时地面对车轮的反力。

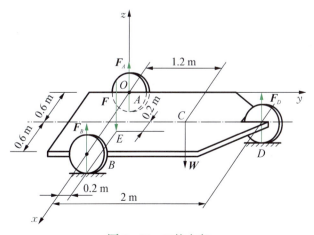

图 1-54 三轮小车

解:(1)选小车为研究对象,画受力图如图 1-54 所示。其中 W 和 F 为主动力,F_A,F_B,F_D 为地面的约束反力,此 5 个力相互平行,组成空间平行力系。

(2)取坐标轴如图所示,列出平衡方程为

$$\sum F_z = 0, -F - W + F_A + F_B + F_D = 0;$$

$$\sum M_x(\boldsymbol{F}) = 0, -0.2 \times F - 1.2 \times W + 2 \times F_D = 0;$$

$$\sum M_y(\boldsymbol{F}) = 0, 0.8 \times F + 0.6 \times W - 0.6 \times F_D - 1.2 \times F_B = 0.$$

求解得 $F_D = 5.8 \text{ kN}, F_B = 7.78 \text{ kN}, F_A = 4.42 \text{ kN}$。

例 1-15 如图 1-55 所示,手摇钻由支点 B、钻头 A 和一个弯曲的手柄组成(尺寸单位为 mm)。当支点处 B 加压力 F_{Bx},F_{By},F_{Bz} 和手柄上加力 $F = 150$ N 后,即可带动钻头绕 AB 转动而钻孔。已知 $F = 150$ N,$F_{Bz} = 50$ N,尺寸如图所示,单位为 mm。求:(1)钻头受到的阻抗力偶矩 M;(2)材料给钻头的反力 F_{Ax},F_{Ay},F_{Az};(3)压力 F_{Bx},F_{By} 的值。

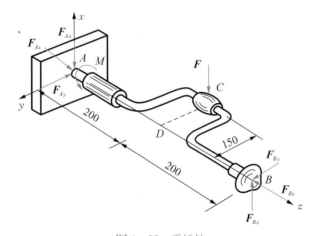

图 1-55 手摇钻

解:(1)选手摇钻为研究对象,画受力图如图 1-55 所示。其中,F,F_{Bz} 为主动力,F_{Bx},F_{By},F_{Ax},F_{Ay},F_{Az},M 为约束反力,这些力组成空间一般力系。

(2)取坐标轴如图所示,列出平衡方程求解。

① 求钻头受到的阻抗力偶矩 M:

由 $\sum M_z(\boldsymbol{F}) = 0$,$M - F \times 0.15 = 0$,得 $M = 150 \times 0.15 = 22.5(\text{N} \cdot \text{m})$。

② 求压力 F_{Bx},F_{By} 的值:

由 $\sum M_y(\boldsymbol{F}) = 0$,$F_{Bx} \times 0.4 - F \times 0.2 = 0$,得 $F_{Bx} = 75$ N;

由 $\sum M_x(\boldsymbol{F}) = 0$,$-F_{By} \times 0.4 = 0$,得 $F_{By} = 0$。

③ 求材料给钻头的反力 F_{Ax},F_{Ay},F_{Az}:

由 $\sum F_z = 0$, $F_{Az} - F_{Bz} = 0$, 得 $F_{Az} = F_{Bz} = 50\ \text{N}$;

由 $\sum F_x = 0$, $F_{Bx} - F_{Ax} - F = 0$, 得 $F_{Ax} = F_{Bx} - F = -75\ \text{N}$;

由 $\sum F_y = 0$, $F_{By} - F_{Ay} = 0$, 得 $F_{Ay} = 0$。

学生操作题 1：如图 1-56 所示，水平轮上 A 点作用一力 $F = 1\ \text{kN}$，方向与轮面成 $\alpha = 60°$ 的角，且在过 A 点与轮缘相切的铅锤面内，而点 A 与轮心 O' 连线与通过 O' 且平行于 y 轴的直线成 $\beta = 45°$ 角，$h = r = 1\ \text{m}$。试求力 F 在 3 个坐标轴上的投影和对 3 个坐标轴之矩。

学生操作题 2：传动轴如图 1-57 所示，以 A，B 两轴承支承。圆柱直齿轮的节圆直径 $d = 17.3\ \text{mm}$，压力角 $\alpha = 20°$，在法兰盘上作用一力偶，其力偶矩 $M = 1\ 030\ \text{N}\cdot\text{m}$。如轮轴自重和摩擦不计，求传动轴匀速转动时 A，B 两轴承的反力及齿轮所受的啮合力 F。

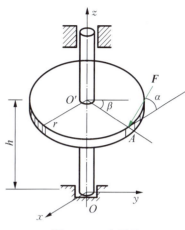

图 1-56 水平轮

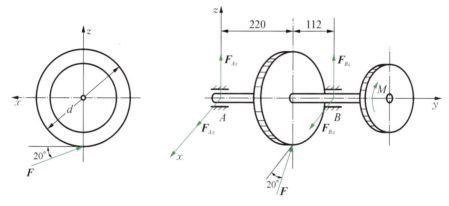

图 1-57 传动轴

任务 1-3　机械设计概述

1.3.1　机械概述

在工业、农业和国防等各项生产活动中都会使用各种各样的机器，使用机器进行生产的水平是一个国家的技术水平和现代化程度的重要标志之一。因为机器既能承担人力所不能或不便进行的工作，又能提高产品质量和生产效率，还便于实现产品的标准化、系列化和通用化。

1. 机器的组成

机器由原动机部分、传动部分和执行部分组成。原动机部分是驱动整部机器完成预定功能的动力源。现代机器中使用的原动机以电动机和热力机为主。执行部分是完成机器各种功能的部分。传动部分是将原动机的运动形式、运动及动力参数转变成执行部分所要求的结果,如将旋转运动转变为直线运动、高速转变为低速等。

简单的机器只由上述3个基本部分组成,如一台普通铣床的动力部分是电动机,传动部分是主轴箱和进给箱,执行部分是工作台和主轴等。随着机器的功能越来越复杂,对机器精度要求越来越高,机器的组成除以上3个部分外,还不同程度地增加其他部分,如控制系统、辅助系统等。

2. 机器的特征

机器是执行机械运动的装置,用来交换或传递能量、物料、信息。例如,图1-58所示为单缸内燃机,它是由气缸体1、活塞2、进气阀3、排气阀4、连杆5、曲轴6、凸轮7、顶杆8、齿轮9和10等组成。当气缸体1中的混合气体被火花塞点燃后,膨胀的气体推动活塞2向下移动,通过连杆5,使曲轴6转动,转变成车轮旋转的动能;同时通过齿轮9和10带动凸轮7旋转,从而推动顶杆8使进、排气门适时地开闭。内燃机中的各个构件都是按预定的规律运动,否则内燃机无法正常工作。内燃机可以将热能转化机械能,再通过曲轴将动力输出。因此,机器具有以下特征:

(1) 机器是人为的实物组合。
(2) 机器各部分之间具有确定的相对运动。
(3) 机器用来代替和减轻人类的体力劳动,能做有用的机械功或实现能量的转换。

3. 机构的特征

在图1-58中,活塞2、连杆5、曲轴6、气缸体1的组合,可以将活塞的往复直线运动转变为曲轴的旋转运动;凸轮7、顶杆8、气缸体1的组合,可以将凸轮的旋转运动转变为推杆的直线运动。这些组合称为机构。各种机器中普遍使用的机构为常用机构,如平面连杆机构、凸轮机构、间歇运动机构、齿轮机构等。机构具有以下特征:

(1) 机构是人为的实物组合。
(2) 机构各部分之间具有确定的相对运动。

从运动的观点来看,机器和机构并无差别,统称机器和机构为机械。机器由若干机构组成,图1-58所示的内燃机是由曲柄滑块机构、齿轮机构、凸轮机构等组成。

4. 构件与零件

组成机械的各个相对运动部分称构件,构件是机构(机器)中运动的基本单元,如图1-58中的连杆5、曲轴6等。组成机械不可拆的基本单元称为机械零件(简称零件),是制造的基本单元,如图1-58中的曲轴6、凸轮7等。构件可以是单一零件,也可以是多个零件装配成的一个整体,工程上通常称部件。如图1-59所示的连杆,它是由连杆1、螺栓2、螺母3、连杆盖4等几个零件组成,这些零件装配在一起形成一个部件而运动。

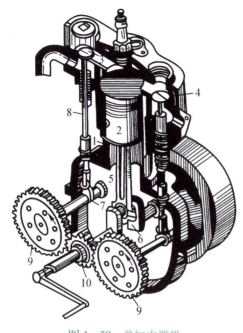

图 1-58 单缸内燃机

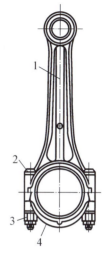

图 1-59 连杆

1.3.2 机械设计的基本内容与要求

1. 机械设计的基本要求

(1) 机械设计的基本要求　设计机器的任务是在当前技术发展所能达到的条件下,根据生产及生活的需要提出的。不管机器的类型如何,一般来说会对机器提出以下基本要求。

① 使用功能要求。机器应具有预定的使用功能。这主要靠正确地选择机器的工作原理,正确地设计或选用能全面实现功能要求的执行机构、传动机构和原动机,以及合理地配置必要的辅助系统来实现。

② 寿命与可靠性要求。任何机器都要求能在一定的寿命下可靠地工作。随着机器的功能愈来愈先进、结构愈来愈复杂,发生故障的可能环节也愈来愈多,机器工作的可靠性受到了愈来愈大的挑战。在这种情况下,人们对机器除了习惯上对工作寿命的要求外,明确地对可靠性也提出要求是很自然的。

③ 经济性要求。机器的经济性体现在设计、制造和使用的全过程中,设计机器时就要全面综合地考虑。设计、制造的经济性表现为机器的成本低;使用的经济性表现为高生产率、高效率,较少地消耗能源、原材料和辅助材料,以及低的管理和维护费用等。

④ 劳动和环境保护要求。设计、制造机器的时候,应符合劳动保护法规的要求。机器的操作系统要简便可靠,有利于减轻操作人员的劳动强度。要有各种保险装置以消除由于误操作而引起的危险,避免人身及设备事故的发生。

对于生产中有噪声或污染物排放的机器,要全面考虑对周围环境的影响,尽可能地降低噪音,减轻对环境的污染和破坏。

⑤ 其他要求。在设计机器的时候,还应满足某些特殊的要求,如食品机械必须保持清洁,不能污染食品等。

(2) 机械零件设计的基本要求　机械零件是组成机器的基本单元,所设计的机器是否满足要求,零件的质量非常关键。设计的机械零件既要工作可靠,又要成本低廉。要解决零件的工作可靠,需根据其可能发生的失效,确定零件在强度、刚度等方面必须满足的条件,这些条件是判断零件工作能力的准则。所谓工作能力是指零件在一定的工作条件下,抵抗可能出现的失效的能力。只有每个零件都能可靠地工作,才能保证机器的正常运行。

2. 机械设计的基本内容与步骤

(1) 机械设计的步骤　机械设计的过程通常可分为以下几个阶段:

① 产品规划。产品规划的主要工作是提出设计任务和明确设计要求,这是机械产品设计首先需要解决的问题。通常是人们根据市场需求提出设计任务,通过可行性分析后才能进行产品规划。

② 方案设计。在满足设计任务书中设计具体要求的前提下,由设计人员构思出多种可行方案,并进行分析比较,从中优选出一种功能满足要求、工作性能可靠、结构设计可行以及成本低廉的方案。

③ 技术设计。在既定设计方案的基础上,完成机械产品的总体设计、部件设计、零件设计等,设计结果以工程图及计算书的形式表达出来。

④ 制造及试验。经过加工、安装及调试制造出样机,对样机进行试运行或生产现场试用,将试验过程中发现的问题反馈给设计人员,经过修改完善,最后通过鉴定。

(2) 机械零件设计的步骤　机械零件设计是机器设计中极其重要且工作量较大的设计环节。设计机械零件一般步骤如下:

① 确定作用在零件上的载荷,建立零件的受力模型。

② 分析零件的失效形式,确定零件的设计准则。

③ 选择零件的材料。

④ 确定零件的基本尺寸。

⑤ 进行结构设计和校核。

⑥ 绘制零件的工作图,编写计算说明书。

1.3.3　零件的失效形式及设计准则

1. 机械零件的失效形式

机械零件丧失工作能力或达不到设计要求性能时,称为失效。由于强度不够引起的破坏是最常见的零件失效形式,但并不是零件失效的唯一形式。进行机械零件设计时,必须根据零件的失效形式分析失效的原因,提出防止或减轻失效的措施,根据不同的失效形式采取不同的设计计算准则。机械零件最常见的失效形式大致有以下几种。

(1) 断裂　机械零件的断裂通常有以下两种情况:零件在外载荷的作用下,某一危险截面上的应力超过零件的强度极限时将发生断裂;或者零件在受变应力的作用下,危险截面上的应力超过零件的疲劳强度而发生疲劳断裂,如螺栓的折断、齿轮轮齿根部的折断等。

(2) 过量变形　零件受到载荷作用时,会发生弹性变形,当弹性变形过大时,会造成零件的形状和尺寸的改变超过许用值,这样会改变零件的正确位置,破坏零件或部件之间的相互配合关系,如机床主轴的过量弹性变形会降低机床的加工精度。当材料所受的应力超过屈服强度时,零件将发生塑性变形,可能导致丧失正常工作能力,如机床上夹持定位零件的过大塑性变形,会降低加工精度。

(3) 表面失效　表面失效主要有接触疲劳、磨损、腐蚀等形式。在接触变应力条件下工作的表面,可能发生接触疲劳。所有相对运动的零件,接触表面都有可能发生磨损。处于潮湿空气中或与水及其他腐蚀性介质相接触的金属零件,有可能发生腐蚀现象。表面失效后,通常会增加零件的摩擦,使零件尺寸发生变化,最终造成零件的报废。

(4) 破坏正常工作条件引起的失效　有些零件只有在一定的工作条件下才能正常工作,否则就会引起失效,如带传动因过载发生打滑,使传动不能正常地工作。

2. 机械零件的设计准则

同一零件对于不同失效形式的承载能力也各不相同。根据不同失效原因建立起来的工作能力判定条件,称为设计计算准则,主要包括以下几种。

(1) 强度准则　零件在工作中发生断裂或产生不允许的塑性变形都属于强度不足。具有适当的强度,是设计零件时必须满足的基本要求。强度准则就是指零件中的应力不得超过允许的限度。强度准则的代表性表达式为

$$\sigma \leqslant \sigma_{\lim}。 \tag{1-27}$$

考虑到各种偶然性或难以精确分析的影响,(1-27)式右边要除以安全系数 S,得

$$[\sigma] = \frac{\sigma_{\lim}}{S}。$$

$[\sigma]$ 称之为许用应力,则(1-27)式表示为

$$\sigma \leqslant [\sigma]。 \tag{1-28}$$

(2) 刚度准则　零件在工作时所产生的弹性变形不超过允许的限度,就满足了刚度要求。刚度设计计算则为:零件在载荷作用下产生的弹性变形量 y(它广义地代表任何形式的弹性变形量)应小于或等于机器工作性能允许的极限值 $[y]$,其表达式为

$$y \leqslant [y]。 \tag{1-29}$$

(3) 寿命准则　由于影响寿命的主要因素有腐蚀、磨损和疲劳,是3个不同范畴的问题,它们各自发展的规律也不同。腐蚀、磨损目前尚无可靠的设计方法。对于疲劳寿命,通常是求出使用寿命时的疲劳极限或额定载荷来作为计算的依据。

(4) 可靠性准则　可靠性用可靠度表示,对那些大量生产而又无法逐件试验或检测的

产品,更应计算其可靠度。零件的可靠度用零件在规定的使用条件下、在规定的时间内能正常工作的概率来表示,即用在规定的寿命时间内能连续工作的件数占总件数的百分比表示。例如,有 N_0 个零件,在预期寿命内只有 N 个零件能连续正常工作,则其系统的可靠度为

$$R = \frac{N}{N_0}。 \tag{1-30}$$

思考题与习题

一、思考题

1. "凡是两端铰接的直杆都是二力杆",这种说法对吗?为什么?
2. 力 F 沿 Ox,Oy 的分力和投影有何区别?试以题图 1-1 所示的两种情况为例进行分析说明。

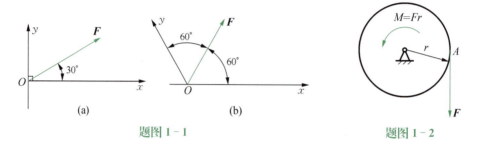

题图 1-1　　　　　　题图 1-2

3. 为什么力偶不能与一力平衡?如何解释题图 1-2 所示的转轮的平衡现象?
4. 当力系满足方程 $\sum F_y = 0$, $\sum M_A(F) = 0$, $\sum M_B(F) = 0$ 时,刚体肯定平衡吗?
5. 匀质刚体 AB 重量为 G,用不计自重的 3 根杆支撑在如题图 1-3 所示的位置上平衡,若需求 AB 处所受的约束反力,试讨论在列平衡方程时应如何选取投影轴和矩心。

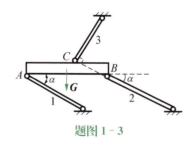

题图 1-3

6. 力对轴之矩如何计算?怎样决定其正、负?什么情况下力对轴之矩为零?
7. 解决空间任意力系平衡问题时,为了解题方便,在列平衡方程时应注意什么?
8. 机器、机构与机械有什么区别?
9. 机械零件常见的失效形式有哪些?设计准则是如何得出的?
10. 机械设计过程通常分哪几个阶段?各阶段的主要内容是什么?

二、习题

1. 画出题图 1-4 所示物体系中各物体及整体的受力图。未画重力的物体,均不计其重量,所有接触处均为光滑接触。

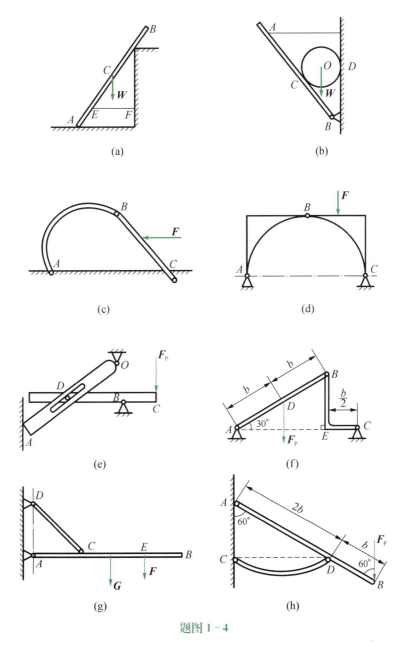

题图 1-4

2. 试分别计算题图 1-5 所示各种情况下力 F 对 O 点的矩。

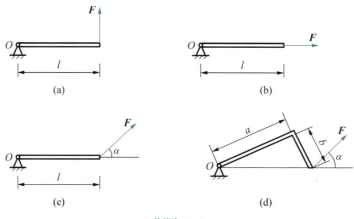

题图 1-5

3. 车间有一矩形钢板,如题图 1-6 所示,边长 $a=4$ mm,$b=2$ mm,为使钢板转一角度,顺着长边加两个力 $\boldsymbol{F}$ 和 $\boldsymbol{F}'$,设能够转动钢板所需的力 $F=F'=200$ N。试问应如何加力可使力最小?并求出最小力的大小。

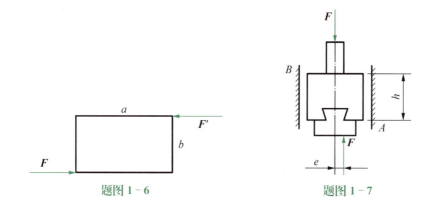

题图 1-6　　　　　　题图 1-7

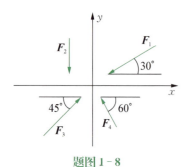

题图 1-8

4. 如题图 1-7 所示,锻锤工作时,由于锻头受工件的反作用力有偏心,使锻头发生偏斜。已知打击力 $F=1\,000$ kN,偏心距 $e=20$ mm,锻锤高度 $h=200$ mm。试求锻锤对两侧导轨的压力。

5. 已知 $F_1=200$ N,$F_2=150$ N,$F_3=200$ N,$F_4=100$ N,各力的方向如题图 1-8 所示。试求各力在 x、y 轴上的投影。

6. 起重机 BAC 上装一滑轮(轮重及尺寸不计),如题图 1-9 所示。重 $G=20$ kN 的物体由跨过滑轮的绳子用铰车 D 吊起,A、B、C 处都是铰链。试求当载荷匀速上升时,杆 AB 和 AC 所受的力。

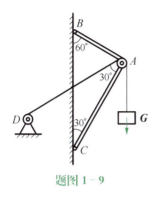

题图 1-9

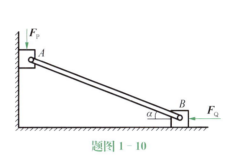

题图 1-10

7. 夹具中所用的增力机构如题图 1-10 所示。已知推力 F_P 作用于 A 点,夹紧平衡时杆与水平线的夹角为 $α$,求加紧力 F_Q 的大小。

8. 已知 a, q, m,不计梁重。求:(1)题图 1-11(a,b)中的支座反力;(2)题图 1-11(c,d)所示各连续梁在 A, B, C 处的约束反力。

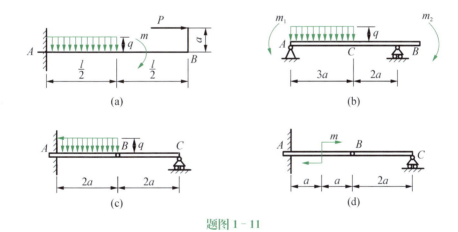

题图 1-11

9. 水塔总重量 $G = 160$ kN,固定在支架 A, B, C, D 上,A 为固定铰链支座,B 为活动铰支座,水箱左侧受风压为 $q = 16$ kN/m 的均布载荷的作用,如题图 1-12 所示。为保证水塔平衡,试求 A, B 间最小距离。

10. 重物的重量为 G,杆 AB, CB 与滑轮联结如题图 1-13 所示,已知 G 和 $α = 45°$,不计滑轮的自重。求支座 A 处的约束反力,以及 BC 杆的受力。

11. 如题图 1-14 所示,力 F 作用于 A 点,求此力在坐标轴上的投影。

12. 曲拐手柄如题图 1-15 所示,已知作用于手柄上的力 $F = 100$ N,$OB = 100$ mm,$BC = 40$ mm,$CD = 20$ mm,$α = 30°$。试求 F 对 y 轴之矩。

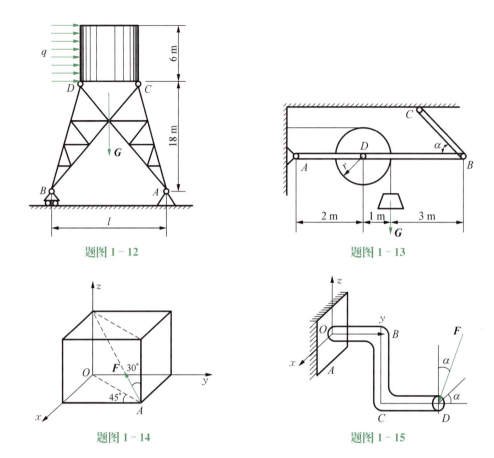

题图 1-12　　　　　　　　题图 1-13

题图 1-14　　　　　　　　题图 1-15

13. 如题图 1-16 所示的空间支架,已知 $\angle CBA = \angle BCA = 60°$,$\angle EAD = 30°$,物体的重量 $G = 3\text{ kN}$,平面 ABC 是水平的,A,B,C 各点均为铰接,杆件自重不计。试求撑杆 AB,AC 所受的压力 F_{AB} 和 F_{AC} 及绳子 AD 的拉力 F_T。

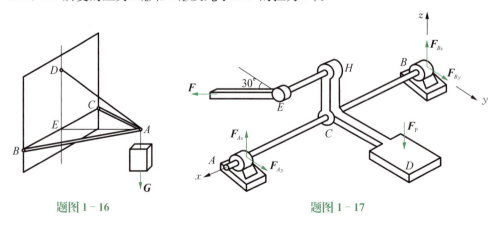

题图 1-16　　　　　　　　题图 1-17

14. 题图 1-17 所示为一脚踏拉杆装置。若已知 $F_P = 500\text{ N}$,$AB = 40\text{ cm}$,$AC = 20\text{ cm}$,$HC = EH = 10\text{ cm}$,拉杆与水平面成 $30°$。求拉杆的拉力和两轴承的约束反力。

情境（项目）❷

【 机 械 设 计 】

机 构 设 计

能力目标	专业能力目标	能够绘制实际生产机构的运动简图； 能正确分析生产实际中常用机构的特性； 能正确掌握机构工作原理和维护方式； 能正确设计常用机构
	方法能力目标	具有较好的学习新知识、新技能的能力； 具有解决问题的方法能力和制定工作计划的能力； 具有查找机械设计手册和机械设计资料的能力； 具有获取现代机械设计各方面信息的能力
	社会能力目标	具有较强的职业道德； 具有较强的计划组织能力和团队协作能力； 具有较强的人与人沟通和交流的能力
教学要点		1. 掌握平面机构运动简图的绘制方法； 2. 掌握平面机构自由度的计算，能对复合铰链、局部自由度、虚约束进行正确处理； 3. 掌握平面四杆机构的工作特性； 4. 掌握用图解法设计平面四杆机构； 5. 掌握凸轮机构从动件的常用运动规律； 6. 掌握凸轮轮廓曲线的设计； 7. 掌握棘轮机构、槽轮机构的主要参数，了解其几何尺寸计算

任务 2-1　机构设计概述

机构是一个构件系统，为了传递运动和力，机构各构件之间应具有确定的相对运动。但任意拼凑的构件不一定能发生相对运动；即使能够运动，也不一定具有确定的相对运动。讨论机构满足什么条件才具有确定的相对运动，对于分析现有机构或设计新机构都是很重要的。

若机构中所有构件都在同一平面或相互平行的平面内运动，则该机构称为平面机构；否则为空间机构。由于大多数的机构为平面机构,因此仅讨论平面机构。

2.1.1 平面机构运动简图

1. 运动副

(1) 运动副的概念　机构是由构件组合而成的,其中每个构件都以一定的方式与另一构件相联结,这种两个构件直接接触又能产生相对运动的联结称为运动副。例如,轴和轴承间的联结、两个齿轮的接触、凸轮和滚子间的接触等,都构成了运动副。

(2) 运动副的分类　构成运动副的两构件间的接触,有点、线、面3种形式。根据接触形式的不同,平面运动副又可分为低副和高副。

① 低副。两构件通过面接触组成的运动副称为低副。平面低副按构件间相对运动形式不同,可分转动副和移动副。

a. 转动副。两构件间具有相对转动的运动副称为转动副,也称铰链,如图2-1(a,b)所示。

b. 移动副。两构件间具有相对移动的运动副称为移动副,如图2-1(c)所示。

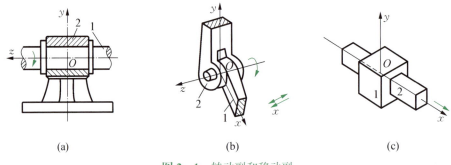

图 2-1　转动副和移动副

② 高副。两构件间通过点或线接触构成的运动副,称为高副。例如,图2-2(a)中的凸轮1和从动杆2,图2-2(b)中的齿轮3和4在接触点 A 处构成高副。

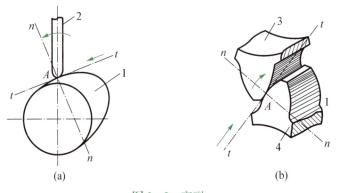

图 2-2　高副

2. 平面机构运动简图

用国标规定的简单符号和线条代表运动副和构件,并按一定比例尺表示构件的相互位置尺寸,这样绘制出的图形称为机构运动简图,它可完全表示原机械具体的运动特性。若只为表明机械的结构特性和运动情况,而不严格按比例绘制的简图,称为机构示意图。

(1) 构件及其运动副的简图画法　构件及其运动副的简图画法如图 2-3～2-6 所示。

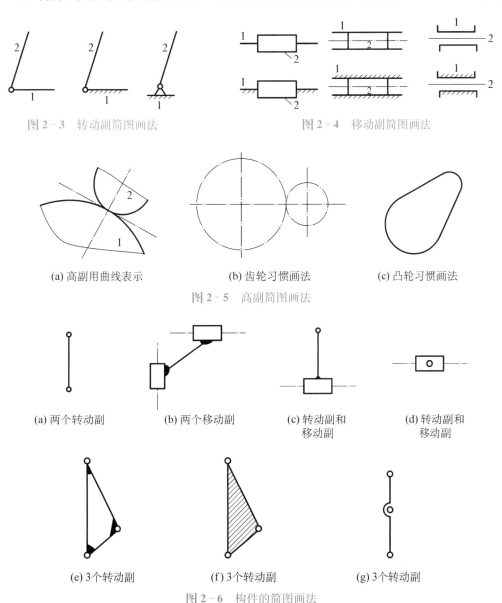

图 2-3　转动副简图画法　　　　图 2-4　移动副简图画法

(a) 高副用曲线表示　　(b) 齿轮习惯画法　　(c) 凸轮习惯画法

图 2-5　高副简图画法

(a) 两个转动副　(b) 两个移动副　(c) 转动副和移动副　(d) 转动副和移动副

(e) 3个转动副　　(f) 3个转动副　　(g) 3个转动副

图 2-6　构件的简图画法

(2) 构件的分类　有以下几类:

① 机架(固定件)。用来支承活动构件的构件,在运动简图中通常画上细斜线表示。

② 原动件(主动件)。运动规律已知的活动构件,它的运动是由外界输入,故又称为输入构件。

③ 从动件。随着原动件的运动而运动的其余活动构件,其中输出预期运动的从动件称为输出构件。

(3) 机构运动简图的绘制　机构运动简图的绘制步骤如下:

① 分析机械的运作原理,找出机架、原动件、执行件和传动件。

② 沿着运动传递路线,逐一分析各构件间的相对运动性质,确定运动副的类型和数目。

③ 选择视图平面,为了把图形表示清楚,一般选择与各构件运动平面互相平行的平面作为绘制运动简图的视图平面。

④ 选择合适的比例尺 μ_l(实际尺寸(m)/图形长度(mm))定出各运动副的相互位置,并用构件和运动副的规定符号绘制出机构运动简图。

下面以图 2-7 为例,具体说明机构运动简图的绘制方法。

例 2-1　图 2-7(a)所示为一颚式破碎机,试绘制其机构运动简图。

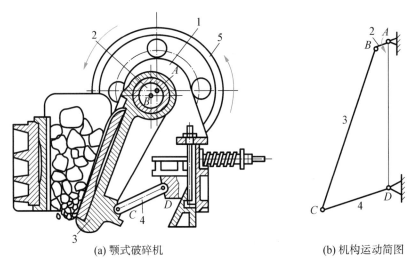

(a) 颚式破碎机　　　　　　(b) 机构运动简图

图 2-7　颚式破碎机

解:颚式破碎机的主体机构由机架 1、偏心轴 2、动颚板 3、肘板 4 等 4 个构件组成,构件之间均以转动副相互联结。该机构中,偏心轮与带轮 5 固联成一个整体,由带轮带动旋转,因此偏心轮是原动件,它带动动颚板作平面运动,将物料轧碎;动颚板 3、肘板 4 均为从动件。

偏心轴的旋转轴线在 A,几何中心在 B,B 的运动为绕 A 轴的旋转,通常在简图中用一绕 A 旋转的曲柄 AB 表示偏心轴;动颚板 3 与肘板 4 在 C 点处用转动副联结;肘板 4 与机架在 D 点处组成转动副。选择适当的比例尺,根据颚式破碎机的尺寸定出 A,B,C,D 的位置,用构件和运动副的规定符号绘出运动简图,如图 2-7(b)所示。

学生操作题 1:试绘制牛头刨床主体运动机构模型的机构运动简图。

学生操作题 2:试绘制内燃机模型的机构运动简图。

2.1.2 机构具有确定运动的条件

1. 构件的自由度

构件具有的独立运动的数目,称为构件的自由度。一个构件在未与其他构件联结前,在平面上可沿 x 轴和 y 轴的移动及在 xOy 平面内的转动,也就是说具有了 3 个自由度,如图 2-8 所示。

2. 平面运动副对构件的约束

两个构件直接接触构成运动副后,构件的某些独立运动将受到限制,自由度随之减少,构件之间只允许产生某种相对运动。运动副对构件独立运动所施加的限制为约束。

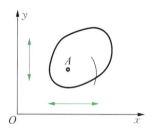

图 2-8 自由构件的自由度

运动副类型不同,引入约束的数目也不同。图 2-1(a,b)中转动副约束了两个移动,只保留了一个转动;图 2-1(c)中移动副约束了一个移动和一个转动,只保留了一个移动。图 2-2 中所示的高副约束了沿着法线法向的移动。由此可知,在平面机构中,低副引入两个约束,高副引入一个约束。

3. 平面机构的自由度

平面机构的自由度,就是机构中各构件相对机架具有的独立运动的数目。

设平面机构共有 N 个构件,取其中一个构件作机架,则活动构件数目 $n=(N-1)$。在未通过运动副联结前,共有 $3n$ 个自由度;当用 P_L 个低副和 P_H 个高副联结组成机构后,每个低副引入两个约束,每个高副引入一个约束,共引入 $(2P_L+P_H)$ 个约束,因此整个机构相对于机架的自由度数,即机架的自由度为

$$F = 3n - 2P_L - P_H 。 \tag{2-1}$$

由(2-1)式引知,机构自由度取决于机构活动构件的数目以及运动副的性质和数目。

4. 机构具有确定运动的条件

机构的自由度为平面机构具有的独立运动的个数。机构运动,其自由度必须大于零。图 2-9(a)所示的构件组合体,其自由度 $F = 3n - 2P_L - P_H = 0$,不能运动,只构成刚性桁架。图 2-9(b) 所示的构件组合体,其自由度 $F = -1$,表示约束过多,为超静定桁架。如果机架自由度大于零,则需要讨论机构中原动件数目与机构自由度的关系,从而给出机构具有确定相对运动的条件。图 2-9(c) 所示机构的自由度 $F = 1$,若取构件 1 为相对原动件,则构件 1 每转一个角度,构件 2 和 3 便有一个确定的相对位置,即机构具有确定的相对运动;如果同时取构件 3 也是原动件,则构件内部运动关系发生矛盾,其中较薄构件必将破坏。图 2-9(d) 所示机构的自由度 $F = 2$,若同时取构件 1 和 4 作为原动件,则 2 和 3 具有确定的相对运动;若只取构件 1 为原动件,则构件 2,3,4 的运动不能确定,只能作无规则运动。综上所述,机构具有确定运动的条件为 $F > 0$,且 F 等于原动件个数。

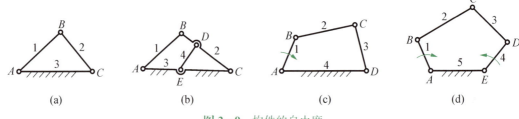

图 2-9 构件的自由度

5. 计算机构自由度时的注意事项

(1) 复合铰链　两个以上构件在同一处用转动副相联结构成的运动副,称为复合铰链,如图 2-10(a)的 C 处。由图 2-10(b)可以看出,3 个构件组成两个运动副;同理,若 K 个构件在一处以转动副相联,应具有(K−1)个转动副。在计算平面机构自由度时,应注意识别复合铰链,正确计算转动副数目。

例 2-2　计算图 2-10(a)所示摇筛机构的自由度。

解：机构中活动构件数目 $n=5$,A,B,C,D,E,F 各有一个转动副,C 处为 3 个构件组成的复合铰链,故 $P_L=7$,$P_H=0$,则机构自由度为

$$F = 3n - 2P_L - P_H = 3 \times 5 - 2 \times 7 - 0 = 1。$$

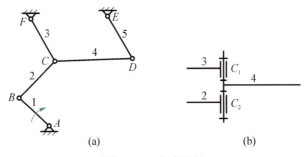

图 2-10 复合铰链

(2) 局部自由度　机构中出现与输出运动无关的自由度称为局部自由度,在计算机构自由度时应予以排除。如图 2-11(a)所示的凸轮机构,原动件凸轮在逆时针转动时,通过滚子 3 带动从动杆上下往复移动,其活动构件数 $n=3$,低副数 $P_L=3$,高副数 $P_H=1$,按(2-1)式,$F = 3n - 2P_L - P_H = 3 \times 3 - 2 \times 3 - 1 = 2$。得出了与事实不符的结论。这是因为机构中存在一个局部自由度,即滚子与从动杆之间的转动,在计算机构自由度时应将局部自由度除去不计。设想把滚子 3 与动杆 2 固连在一起,视为一构件,如图 2-11(b)所示,该机构的自由度为 $F=1$,与实际情况相符。

(3) 虚约束　在运动副引入约束中,有些约束与其他约束的作用是重复的,对实际运动不起限制作用,称为虚约束,在计算机构自由度时应除去不计。

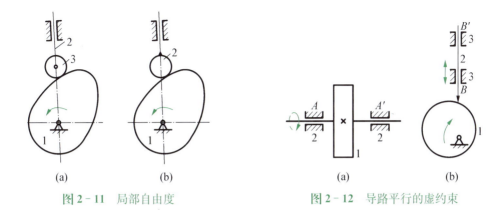

| (a) | (b) | | (a) | (b) |

图 2-11　局部自由度　　　　　图 2-12　导路平行的虚约束

虚约束常出现在下列场合：

① 两构件间构成多个运动副。两构件间组成若干个转动副，但其轴线互相重合，如图 2-12(a)所示；两构件构成若干个移动副，但导路互相平行或重合，如图 2-12(b)所示。在这些情况下，只有一个运动副起着约束作用，其余运动副所提供的约束均为虚约束。

② 两构件上某两点间的距离保持恒定不变。如图 2-13 所示，平行四边形机构中 AB 等于且平行于 CD，因此在机构运动过程中，构件 3 上 E 点与机架上 F 点间的距离 EF 始终保持不变。但由于构件 5 的加入使机构增加了一个约束，而这个约束对机构运动并不起作用，为虚约束。

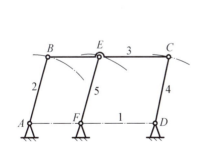 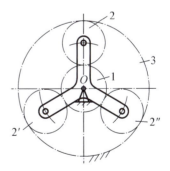

图 2-13　构件间的距离恒定不变的虚约束　　　图 2-14　对称部分的虚约束

③ 机构中对运动不起作用的对称部分。如图 2-14 所示的行星轮系，为了受力均衡，安装 3 个相同的行星轮，实际上只要一个行星轮就能满足运动要求，每增加一个行星轮，就增加两个高副，一个高副引入一个虚约束。在计算机构自由度时，应将引入的虚约束构件及运动副除去不计。

例 2-3　计算如图 2-15(a)所示的大筛机构的自由度。

解：机构中的滚子有一局部自由度；顶杆与机架 E 和 E' 组成两个导路平行的移动副，其中之一是虚约束;C 处是复合铰链。将滚子与顶杆作为一体,去掉移动副 E,其简化机构如图 2-15(b)所示。则该机构 $n=7, P_L=9, P_H=1, F=3n-2P_L-P_H=3\times 7-2\times 9-1=2$。

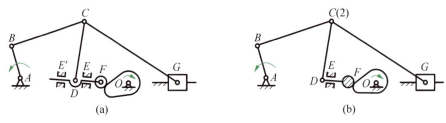

图 2-15 大筛机构

学生操作题 1:试计算 2.1.1 操作题 1 所绘制的牛头刨床主体运动机构的自由度。
学生操作题 2:试计算 2.1.1 操作题 2 所绘制的内燃机机构的自由度。

任务 2-2 平面连杆机构的设计

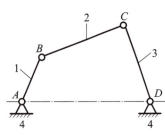

图 2-16 铰链四杆机构

平面连杆机构是许多构件用低副(转动副和移动副)联结组成的平面机构。其运动形式多种多样,应用广泛,其中最基本、最常用的是四杆机构,它是组成多杆机构的基础。全部由转动副联结的平面四杆机构,称为铰链四杆机构,如图 2-16 所示。机构中固定杆件 4 称为机架,与机架相联的杆件 1 和杆件 3 称为连架杆,联结两连架杆的杆件 2 称为连杆。能绕固定铰链作整圆运动的连架杆称为曲柄,只能在小于 360°的某一角度内摆动的连架杆称为摇杆。

2.2.1 平面连杆机构类型

1. 铰链四杆机构的基本形式

铰链四杆机构,又根据两连架杆的运动形式不同,可分为 3 种基本形式。

(1)曲柄摇杆机构 若两连架杆一个是曲柄,另一个是摇杆,则此机构为曲柄摇杆机构。如图 2-17 所示的雷达天线俯仰角调整机构,是曲柄摇杆机构的应用实例之一。其中曲柄 1 为原动件,天线固定在摇杆 3 上,该机构将曲柄的转动转换为摇杆(天线)的俯仰运动。

图 2-18 所示为汽车前窗的刮雨器。当主动曲柄 AB 回转时,从动摇杆 CD 作往复摆动,利用摇杆的延长部分实现刮雨动作。

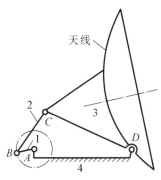

图 2-17 雷达天线俯仰机构

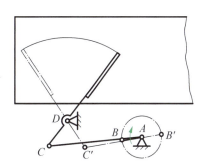

图 2-18 汽车前窗的刮雨器

（2）双曲柄机构　两连架杆均为曲柄的铰链四杆机构，称为双曲柄机构。图 2-19(a) 所示为旋转式水泵，它由相位依次相差 90° 的 4 个双曲柄机构所组成。图 2-19(b) 是其中一个双曲柄机构的运动简图。当原动曲柄 1 等角速顺时针转动时，连杆 2 带动从动曲柄 3 作周期性变速转动，因此相邻两从动曲柄（隔板）间的夹角及容积增大，形成真空，于是从进水口吸水；转到左边时，相邻两隔板间的夹角及容积变小，压力升高，则从出水口排水，从而起到水泵作用。

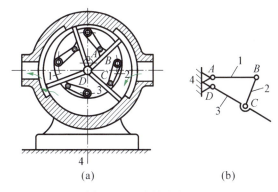

图 2-19 旋转式水泵

在双曲柄机构中，若两曲柄长度相等且平行，则称为平行四边形机构。图 2-20 所示为机车驱动轮联动机构，是平行四边形机构的应用实例。

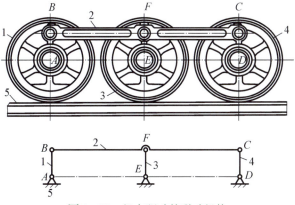

图 2-20 机车驱动轮联动机构

连杆与机架长度相等,两曲柄长度相等但转向相反,称为反平行四边形机构,如图 2-21(a)所示;图 2-21(b)所示为汽车车门启闭机构,是其应用实例。

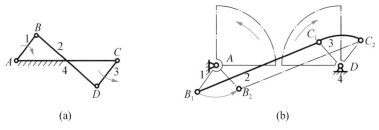

图 2-21 反平行四边形机构及应用

(3) 双摇杆机构　两连架杆都为摇杆的铰链四杆机构,称为双摇杆机构。可将主动件的往复摆动,经连杆转变为从动杆的往复摆动。如图 2-22 所示,港口起重机的变幅机构,可实现货物的水平移动,以减少功率损耗。

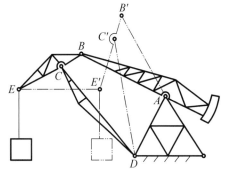

图 2-22 港口起重机的变幅机构

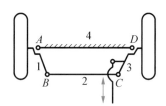

图 2-23 等腰梯形机构

在双摇杆机构中,如果两摇杆长度相等,则称为等腰梯形机构。图 2-23 所示为汽车前轮转向机构,ABCD 即为等腰梯形机构。

2. 铰链四杆机构的演化机构

除了上述 3 种铰链四杆机构外,在工程实际中还广泛地应用着其他类型的四杆机构,这些四杆机构都可以看作是由铰链四杆机构通过下述不同的方法演化而来的,掌握这些演化方法,有利于对连杆机构进行创新设计。

(1) 转动副转化为移动副　在如图 2-24(a)所示的曲柄摇杆机构中,当曲柄 1 转动时,摇杆 3 上 C 点的轨迹是圆弧 $\overset{\frown}{mm}$,且摇杆长度越长时,曲线 $\overset{\frown}{mm}$ 越平直。当摇杆为无限长时,$\overset{\frown}{mm}$ 将成为一条直线,这时摇杆作为滑块,转动副 D 将转化为移动副,这种机构称为曲柄滑块机构。如图 2-24(b)所示,滑块移动导路到曲柄回转中心 A 之间的距离 e 称为偏距。如果偏距不为零,称为偏置曲柄滑块机构;如果偏距等于零,称为对心曲柄滑块机构。如图 2-24(c)所示的曲柄滑块机构,常用于内燃机、往复式抽水机、空气压缩机及冲床等机器中。

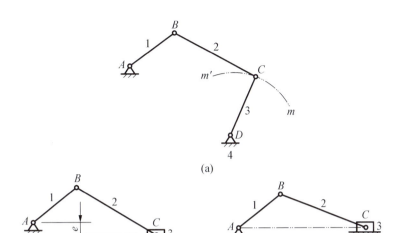

图 2‑24 转动副转化为移动副

(2) 取不同构件为机架　取不同构件为机架时,曲柄滑块机构可演化为定块机构、摇块机构和导杆机构等。

① 定块机构。在图 2‑25(a)所示的曲柄滑块机构中,如果将构件 3(即滑块)作为机架时,曲柄滑块机构则演变为定块机构,如图 2‑25(c)所示。

② 摇块机构。在图 2‑25(a)所示的曲柄滑块机构中,若取杆 2 为固定构件,则可得摇块机构,如图 2‑25(b)所示。这种机构广泛应用于液压驱动装置中。在如图 2‑26 所示货车车厢的自动翻转机构中,当液压缸 3(即摇块)中的压力油推动活塞杆运动时,车厢 1 便绕回转副中心 B 倾转,当达到一定角度时,物料就自动卸下。

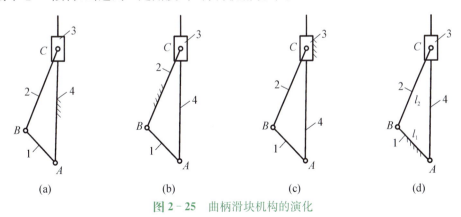

图 2‑25 曲柄滑块机构的演化

③ 导杆机构。在图 2‑25(a)所示的曲柄滑块机构中,若取杆 1 为固定构件,即得导杆机构。通常取杆 2 为原动件,若杆 2、杆 4 都能作整周回转（$l_1 < l_2$）,由于能转动的杆 4 对滑块起导向作用,于是把这种机构称为转动导杆机构,如图 2‑25(d)所示。若导杆 4 只能在一定角度内摆动（$l_1 > l_2$）,如图 2‑27 所示,这种机构称为摆动导杆机构,常用于牛头刨床。

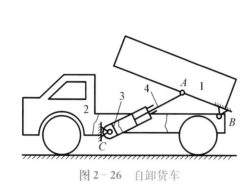

图 2-26 自卸货车

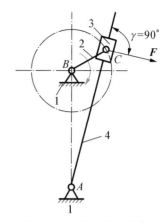

图 2-27 摆动导杆机构

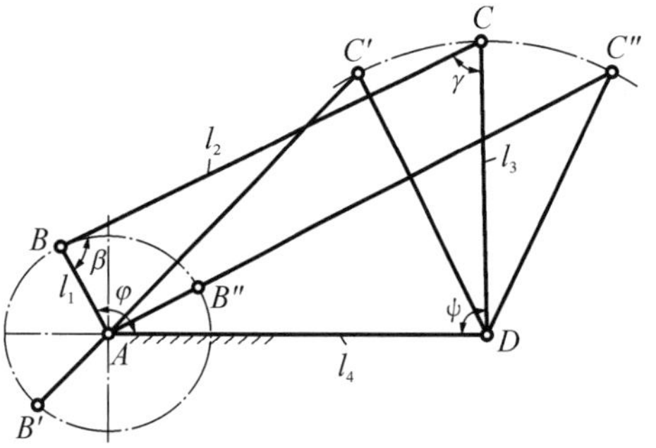

3. 铰链四杆机构存在曲柄的条件

在工程实际中,用于驱动机构的原动件通常是作整周转动的。因此,要求机构的主动件也能作整周转动,即希望主动件是曲柄。下面以图 2-28 所示的铰链四杆机构为例来分析曲柄存在的条件。

图中所示铰链四杆机构的 ABCD 各杆的长度分别为 l_1,l_2,l_3,l_4。先假定构件 1 为曲柄,杆 2 为连杆,杆 3 为摇杆,杆 4 为机架。因杆 1 为曲柄,故当摇杆处于左、右极限位置时,曲柄与连杆两次共线。

图 2-28 曲柄摇杆机构曲柄存在条件

当杆 1 处于 AB' 位置时,形成 $\triangle AC'D$。根据三角形任意两边之和必大于(极限情况下等于)第三边的定理,可得

$$l_4 \leqslant (l_2 - l_1) + l_3,\ l_3 \leqslant (l_2 - l_1) + l_4,$$

即

$$l_1 + l_4 \leqslant l_2 + l_3, \tag{2-2}$$

$$l_1 + l_3 \leqslant l_2 + l_4。 \tag{2-3}$$

当杆 1 处于 AB'' 位置时,形成 $\triangle AC''D$,可写出关系式为

$$l_1 + l_2 \leqslant l_4 + l_3。 \tag{2-4}$$

将(2-2)式、(2-3)式和(2-4)式两两相加可得

$$l_1 \leqslant l_2,\ l_1 \leqslant l_3,\ l_1 \leqslant l_4。 \tag{2-5}$$

它表明杆 1 为最短杆,在杆 2、杆 3、杆 4 中有一杆为最长杆。

从上述分析可得出铰链四杆机构存在整转副的条件是:

(1) 最短杆与最长杆长度之和小于或等于其余两杆长度之和。
(2) 整转副由最短杆及其邻边组成。

当满足整转副存在条件时:取最短杆为机架时,得双曲柄机构;取最短杆的邻边为机架时,得曲柄摇杆机构;取最短杆的对边为机架时,得双摇杆机构。

如果铰链四杆机构中各杆长度不满足整转副存在条件时,无论以何杆作机架,该四杆机构均为双摇杆机构。

4. 平面连杆机构的设计

平面连杆机构的设计,主要是根据给定的运动条件确定机构的尺寸,有时为了使机构设计得更可靠、合理,还应考虑几何条件和动力条件等。在生产实际中,对平面连杆机构提出的工作要求是多种多样的,给定的条件也各不相同,通常可归纳为以下两类问题。

(1) 按照给定从动杆的运动规律设计四杆机构。
(2) 按照给定点的运动轨迹设计四杆机构。

平面四杆机构设计的方法有图解法、解析法和实验法。图解法直观,解析法精确,实验法简便。随着计算机技术的普及,解析法的应用越来越广泛。

2.2.2 牛头刨床横向自动进给机构的设计

1. 牛头刨床横向自动进给机构的工作原理

图 2-29(a)所示为牛头刨床横向自动进给机构。当齿轮 1 转动时,驱动齿轮 2(曲柄)转动,再通过连杆 3 使摇杆 4 往复摆动,摇杆另一端的棘爪便拨动棘轮 5,带动送进丝杆 6 作单向间歇运动。图 2-29(b)所示是其中的曲柄摇杆机构的运动简图。

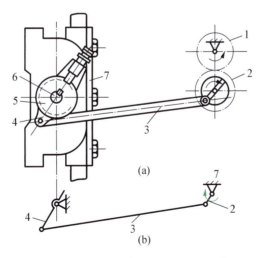

图 2-29 牛头刨床横向自动进给机构

2. 牛头刨床横向自动进给机构的特性

(1) 急回运动 图 2-30 所示为曲柄摇杆机构,当主动曲柄 1 位于 B_1A,且与连杆 2 成

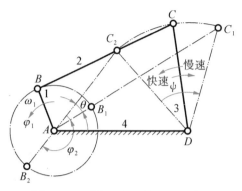

图 2-30 曲柄摇杆机构的急回特性

一直线时,摇杆 3 位于右极限位置 C_1D;当曲柄 1 以等角速度 ω_1 转过 φ_1,且与连杆 2 重叠时,曲柄到达位置 B_2A,而摇杆 3 到达左极限位置 C_2D;当曲柄继续转过角 φ_2,而回到位置 B_1A 时,摇杆 3 则由左极限位置 C_2D 摆回到右极限位置 C_1D。从动杆的往复摆角均为 ψ。由图可以看出,曲柄相应的两个转角 φ_1 和 φ_2 为

$$\varphi_1 = 180° + \theta, \quad \varphi_2 = 180° - \theta,$$

式中,θ 为摇杆位于两极限位置时,相应的曲柄所夹的锐角,称为极位夹角。

由于 $\varphi_1 > \varphi_2$,因此曲柄以等角速度 ω_1 转过这两个角度时,对应的时间 $t_1 > t_2$,而且 $\dfrac{\varphi_1}{\varphi_2} = \dfrac{t_1}{t_2}$;而摇杆的平均速度为 $\omega_{m1} = \dfrac{\psi}{t_1}$,$\omega_{m2} = \dfrac{\psi}{t_2}$,显然 $\omega_{m1} < \omega_{m2}$。即从动摇杆往复摆动的角速度不等,一慢一快,具有急回特性。牛头刨床、往复式输送机等机械就是利用这种急回特性来缩短非生产时间,提高生产率。通常用行程速比系数 K 来衡量急回运动的相对速度,即

$$K = \frac{\omega_{m2}}{\omega_{m1}} = \frac{\dfrac{\psi}{t_2}}{\dfrac{\psi}{t_1}} = \frac{\varphi_1}{\varphi_2} = \frac{180° + \theta}{180° - \theta}。 \qquad (2-6)$$

如已知 K,即可求得极位夹角

$$\theta = 180° \frac{K-1}{K+1}。 \qquad (2-7)$$

上述分析表明:当曲柄摇杆机构在运动过程中具有不为零的极位夹角 θ 时,则机构具有急回特性,而且 θ 角越大,则 K 值越大,机构的急回特性越显著。

图 2-31(a,b)分别表示偏置曲柄滑块机构和摆动导杆机构的极限位置,可以同样求得行程速比系数 K。

(2) 压力角和传动角　在生产中,要求所设计的连杆机构不但能实现预期的运动规律,而且还希望在传递功率时有良好的传动性能,即驱动力应能尽量发挥有效作用。在图 2-32 所示的曲柄摇杆机构中,如不计各杆质量和运动副中的摩擦,则连杆 BC 为二力杆,它作用于从动杆 3 上的力 F 沿 BC 方向。作用于从动件上的驱动力 F 与该力作用点绝对速度 v_C 所夹的锐角,称为压力角。由图可见,α 越小,力 F 在 v_C 方向的有效分力 $F' = F\cos\alpha$ 越大,机构运转越轻便,效率越高。压力角的余角 $\gamma = 90° - \alpha$,称为传动角。压力角 α 越小,传动角 γ 越大,传动性能越好;反之,压力角 α 越大,传动角 γ 越小,传动性能越差。

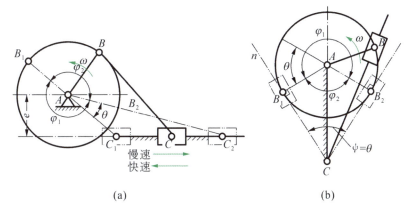

图 2‑31 偏置曲柄滑块机构和摆动导杆机构的极限位置

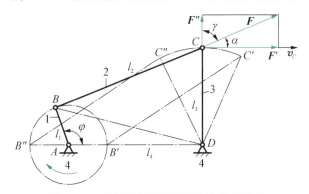

图 2‑32 曲柄摇杆机构的压力角和传动角

对于一般机械,通常取 $\gamma_{\min} \geqslant 40°$;对于颚式破碎机、冲床等大功率机械,最小传动角应当取大一些,可取 $\gamma_{\min} \geqslant 50°$;对于小功率的控制机构和仪表,$\gamma_{\min}$ 可略小于 $40°$。

最小传动角一般出现在曲柄 AB 与机架 AD 共线的两个位置,其中较小的传动角为最小传动角。

3. 牛头刨床横向自动进给机构的设计

已知:摇杆长度 L_{CD}、摆角 ψ 和行程速比系数 K。

设计:该曲柄摇杆机构(即确定铰链中心 A 的位置及其他 3 杆的尺寸)。

曲柄摇杆机构的设计步骤如下:

(1) 计算极位夹角 $\theta = 180° \dfrac{K-1}{K+1}$。

(2) 画出摇杆的极限位置。任取一点 D,选取适当的比例尺,按摇杆长度 L_{CD} 和摆角 ψ 画出摇杆的两个极限位置 C_1D 和 C_2D,如图 2‑33 所示。

(3) 连接 C_1 和 C_2 点,并作 $\angle C_1C_2O = \angle C_2C_1O = 90° - \theta$,得到 C_1O 与 C_2O 的交点 O。以 O 点为圆心,OC_1 为半径作圆,$\angle C_1OC_2 = 2\theta$。

(4) 在圆上任意选取一点 A,连接 A、C_1 和 A、C_2,此时 $\angle C_1AC_2 = \angle C_1OC_2/2 = \theta$,因此曲柄的铰链中心 A 点应在圆上。

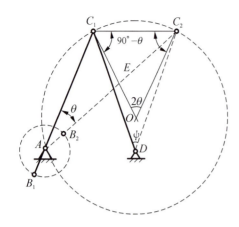

图 2-33 按 K 值设计曲柄摇杆机构

(5) 选定 A 点后,根据极限位置时曲柄与连杆共线,$AC_1 = l_{BC} - l_{AB}$,$AC_2 = l_{BC} + l_{AB}$,从而得到曲柄的长度 $l_{AB} = (AC_2 - AC_1)/2$,连杆的长度 $l_{BC} = (AC_2 + AC_1)/2$。

(6) 以 A 为圆心,l_{AB} 为半径作圆,交 C_1A 的延长线于 B_1 点,交 C_2A 线于 B_2 点,可作出曲柄与连杆共线的两个位置,此时连杆的长度与机架的长度均可确定。

从上可以看出,由于 A 点是在以 O 为圆心的圆上的任意一点,所以如果仅按行程速比系数 K 来设计,可以得到无穷多的解。然而,A 点的位置不同,机构传动角的大小及各构件的长度也不同,为了使机构具有良好的传力性能,可按照最小传动角或其他附加条件确定 A 点的位置。

2.2.3 缝纫机踏板机构的设计

1. 缝纫机踏板机构的工作原理

图 2-34 所示为缝纫机的轴测图。当踏板 3(相当于摇杆)往复摆动时,连杆 2 带动曲轴 1(相当于曲柄)作整周转动。

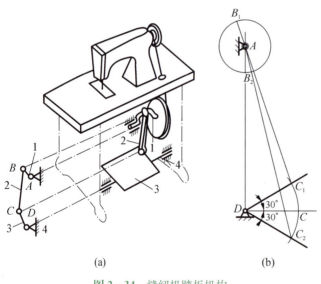

图 2-34 缝纫机踏板机构

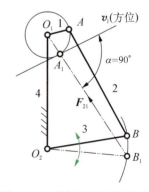

图 2-35 曲柄摇杆机构的死点

2. 缝纫机踏板机构的特性

在图 2-35 所示的曲柄摇杆机构中,摇杆 3(即踏板)为主动件,当摇杆处在两极限位置时,连杆与曲柄共线。出现了传动角 $\gamma = 0°$ 的情况,此时,摇杆上无论加多大驱动力也不能使曲柄转动,机构的此种位置称为死点位置。

当机构处在死点位置时,从动件将卡死或出现运动不确定现象。设计时,必须采取措施确保机构能顺利通过死点。通常采用在从动件上安装飞轮,利用飞轮的惯性,或错位排列机构的方法使机构通过死点位置,如机车车轮的联动装置。

在工程实践中,不少场合也利用死点来实现一定的工作要求,如图 2-36(a)所示的夹紧装置,在连杆 1 的手柄处施以压力 F 将工件夹紧后,连杆 BC 与连架杆 CD 成一直线,撤去外力 F 之后,在工件 3 反弹力作用下,从动件 CD 处在死点位置,即使反弹力很大也不会使工件松脱。图 2-36(b)所示为处于松开工件位置。图 2-36(c)所示是飞机起落架放下位置,连杆 BC 与从动件 CD 位于一条直线上,因此机构处于死点位置。飞机着陆时,机轮承受很大的地面反力不使从动件 CD 转动,保持支撑状态。

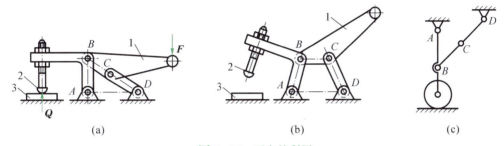

图 2-36 死点的利用

3. 缝纫机踏板机构的设计

设计缝纫机踏板机构的曲柄摇杆机构。要求踏板 CD 在水平位置上下各摆 $30°$,且 $l_{CD} = 250$ mm, $l_{AD} = 750$ mm,试用图解法求曲柄 AB 和连杆 BC 的长度。

作图步骤如下:

(1) 作踏板 CD 水平位置,然后作与水平各成上下 $30°$线,并截取 $C_1D = C_2D = 250$ mm(取作图比例为 1∶1)。

(2) 过 D 点作 $AD \perp CD$,并取 $AD = 750$ mm。

(3) 连接 C_1、A 和 C_2、A,并量取 l_{C_1A}, l_{C_2A},则 $L_{AB} = (l_{C_2A} - l_{C_1A})/2$, $L_{BC} = (l_{C_2A} + l_{C_1A})/2$。

如图 2-34(b)所示。

2.2.4 加热炉炉门启闭机构的设计

图 2-37(a)所示为热处理加热炉的炉门启闭机构,图 2-37(b)为炉门处于关闭位置Ⅰ和开启位置Ⅱ的情况。设炉门 2 的尺寸及其转动中心 B 和 C 的位置已经选定,要求炉门上 BC 位于图示位置。试设计此四杆机构。

设计分析:已知给定连杆长度 BC 和连杆两个位置,要求设计连架杆与机架的转动副中心及其余 3 杆长度。

设计步骤:

(1) 取长度比例尺确定连杆 BC 长度,按炉门关闭和开启两个位置Ⅰ和Ⅱ作出连杆的两

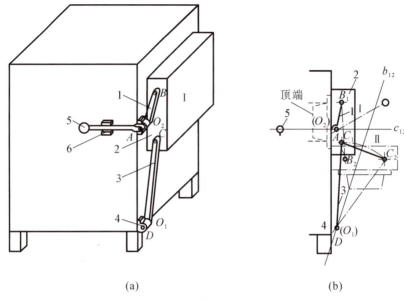

图 2-37 炉门机构设计

个给定位置 B_1C_1 和 B_2C_2，如图 2-26(b)所示。

（2）分别作 C_1，C_2 和 B_1，B_2 连线的中垂线 b_{12} 和 c_{12}，则两连架杆的转动中心 O_1 和 O_2 应分别在中垂线 b_{12} 和 c_{12} 上选取，有无穷多解。

实际上 O_1，O_2 的位置受附加条件限制：固定铰链轴销 O_1，O_2 应固定在炉体前面，机构尺寸尽量紧凑，保证炉门在关闭位置时传动角不应过小，避免打不开炉门等。

若给定连杆长度和连杆的 3 个位置，作图原理和步骤相同，则解是唯一的。

学生操作题 1：设计一曲柄滑块机构，如图 2-38 所示，已知滑块行程 $s = 50$ mm，偏距 $e = 16$ mm，行程速比系数 $K = 1.5$，求曲柄和连杆的长度。

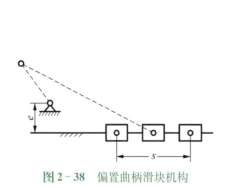

图 2-38 偏置曲柄滑块机构

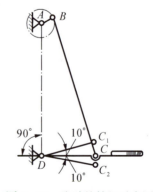

图 2-39 脚踏轧棉机示意图

学生操作题 2：设计一脚踏轧棉机的曲柄摇杆机构，如图 2-39 所示。要求踏板 CD 在水平位置上下各摆 10°，且 $L_{CD} = 500$ mm，$L_{AD} = 1000$ mm，试用图解法求曲柄 AB 和连杆

BC 的长度。

任务 2-3 凸轮机构的设计

2.3.1 凸轮机构设计概述

1. 凸轮机构的组成、应用和类型

（1）凸轮机构的组成及应用 如图 2-40 所示为内燃机的配气机构。当凸轮 1 匀速转动时，其轮廓通过与气阀 2 的平底接触，使气阀有规律地开启和闭合进气口或出气口。

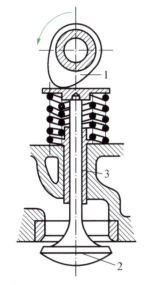

图 2-40 内燃机的配气机构

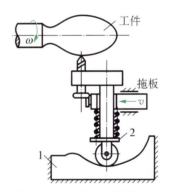

图 2-41 自动车床靠模机构

如图 2-41 所示为自动车床靠模机构。拖板带动从动件 2 沿靠模凸轮 1 轮廓运动，刀刃走出手柄外形轨迹。

如图 2-42 所示为自动机床进刀机构。图中具有曲线凹槽的构件叫做凸轮，当它等速回转时，用其曲线形沟槽驱动从动摆杆 2 绕固定点 O 作往复摆动，通过扇形齿轮和固结在刀架 3 上的齿条控制刀具进刀和退刀，刀架运动规律则取决于凸轮 1 上曲线凹槽的形状。

从以上例子可以看出，凸轮机构是由凸轮、从动件和机架这 3 个基本构件组成的。凸轮是原动件，通过高副与从动件相联结，它广泛地应用于各

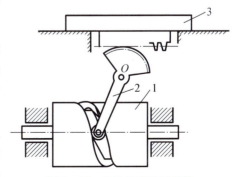

图 2-42 自动机床进刀机构

种机械中,特别是在印刷机、纺织机、内燃机以及各种自动机中。在机械设计中,当需要其从动件必须准确地实现某种预期的运动规律时,常采用凸轮机构。

(2) 凸轮机构的类型　凸轮机构形式多种多样,常用的分类方法有以下几种。

① 按凸轮形状分类,有:

a. 盘形凸轮。如图2-40所示,凸轮呈盘状,并且具有变化的向径。当其绕固定轴转动时,可推动从动件在垂直于凸轮转轴的平面内运动。它是凸轮最基本的形式,结构简单、应用广泛。

b. 移动凸轮。当盘形凸轮的转轴位于无穷远处时,就演化成了如图2-41所示的凸轮,这种凸轮称为移动凸轮,凸轮呈板状,它相对于机架作直线移动。

在以上两类凸轮机构中,凸轮与从动杆之间的相对运动均为平面运动,故称为平面凸轮机构。

c. 圆柱凸轮。如图2-42所示,凸轮的轮廓曲线做在圆柱体上。它可以看作是把上述移动凸轮卷成圆柱体演化而成的。在这种凸轮机构中,凸轮和从动件之间的相对运动是空间运动,故称为空间凸轮机构。

② 按从动件形状分类,有:

a. 尖端从动杆。如图2-43(a)所示,传动件的尖端能够与任意复杂的凸轮轮廓保持接触,从而使从动件实现任意的运动规律。这种从动件结构简单,但尖端处易磨损,故只适合于速度较低和传动力不大的场合。

b. 滚子从动件。如图2-43(b)所示,从动件端部装有可以自由转动的滚子,以减少摩擦和磨损,能传递较大的动力。但端部结构复杂,质量较大,不易润滑,故不适于高速。

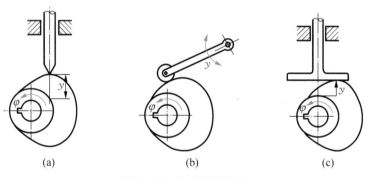

图2-43　从动杆的类型

c. 平底从动件。如图2-43(c)所示,当不计摩擦时,凸轮对从动件的驱动力垂直于平底,有效分力较大,凸轮与从动件之间为线接触,接触处易形成油膜,润滑状况好,故常应用于高速凸轮。但平底从动件不适用于轮廓曲线内凹的凸轮。

③ 按从动件的运动形式分类,有:

a. 移动从动件。如图2-40、图2-41所示,从动件作往复移动。

b. 摆动从动件。如图2-42所示,从动件作往复摆动。

④ 按凸轮与从动件维持高副接触的方法分类,有:

a. 力封闭型凸轮机构。所谓力封闭型是指利用重力、弹簧力或其他外力使从动件与凸轮轮廓始终保持接触。图 2-40 所示就是利用弹簧力维持高副接触的实例。

b. 形封闭型凸轮机构。所谓形封闭型凸轮机构,是指利用高副元素本身的几何形状使从动件与凸轮轮廓始终保持接触。如图 2-44 所示,凸轮曲线做成凹槽,从动件的滚子置于凹槽中,依靠凹槽两侧的轮廓使从动件在凸轮运动过程中始终保持接触。

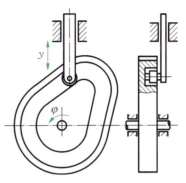

图 2-44 形封闭型凸轮机构

2. 从动件常用运动规律

(1) 凸轮与从动件的运动关系　图 2-45 所示为尖端移动从动件盘形凸轮,以凸轮轮廓最小向径 r_{min} 为半径所绘的圆称为基圆。当尖端与凸轮轮廓上的 A 点接触时,从动件位于上升的起始位置。当凸轮以等角速度 ω_1 逆时针转过 δ_t 时,从动件尖端被凸轮轮廓推动,以一定的运动规律由离回转中心最近的位置 A 到达最远的位置 B,这个过程称为推程。这时它所走过的距离 h 称为从动件的升程,而与推程对应的凸轮转角 δ_t 称为推程运动角。当凸轮继续转过 δ_s 时,以 O 为中心的圆弧 $\overset{\frown}{BC}$ 与尖底相接触,从动件在最高处静止不动,这个过程为远程休止过程,δ_s 称为远休止角。当凸轮继续回转 δ_h 时,从动件从最远处按一定运动规律回到起始位置,这个过程为回程,δ_h 称为回程运动角。当凸轮继续转过 $\delta_{s'}$ 时,以 O 为中心的圆弧 $\overset{\frown}{DA}$ 与尖端相接触,从动件在最近的位置静止不动,为近程休止过程,$\delta_{s'}$ 称为近休止角。凸轮连续回转时,从动件重复上述升—停—降—停的运动循环。

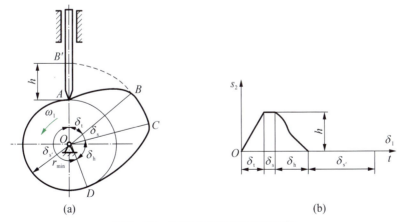

图 2-45 尖端移动从动件盘形凸轮

从以上分析可知,从动件运动规律是与凸轮轮廓曲线的形状相对应的。通常设计凸轮主要是根据从动件的运动规律,绘制凸轮轮廓曲线。

(2) 从动件常用运动规律　所谓从动件运动规律,是指从动件位移、速度及加速度与凸轮转角(或时间)的关系。通常把位移、速度、加速度随转角(或时间)的变化曲线,称为从动件运动线图。

① 等速运动规律。凸轮以等角速度转动时,从动件在推程或回程中的速度为常数,称为等速运动规律。等速运动位移方程为 $s_2=v_0 t$,将时间 t 替换为转角 δ_1,经推导得推程时的从动件运动方程为

$$s_2=\frac{h}{\delta_t}\delta_1, \quad v_2=\frac{h}{\delta_t}\omega_1, \quad a_2=0。 \tag{2-8}$$

回程时,从动件的运动方程为

$$s_2=h\left(1-\frac{\delta_1}{\delta_h}\right), \quad v_2=-\frac{h}{\delta_h}\omega_1, \quad a_2=0。 \tag{2-9}$$

等速运动规律线图(推程阶段)如图 2-46 所示。由图 2-46(b)可知,其速度曲线不连续,从动件在运动起始和终止时速度有突变,此时加速度在理论上由零瞬间变为无穷大,从而使从动件突然产生理论上无穷大的惯性力。实际上由于材料具有弹性,加速度和惯性力不至于达到无穷大,但仍会使机构产生强烈冲击,这种冲击称为刚性冲击。这种运动规律适用于轻载、低速的场合。

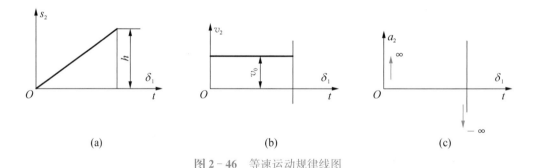

图 2-46 等速运动规律线图

② 等加速、等减速运动规律。这种运动规律是指从动件在推程或回程的前半行程做等加速运动,后半行程作等减速运动。通常两部分加速度绝对值相等。

等加速位移方程为 $s_2=\frac{1}{2}a_0 t^2$,将时间 t 替换为转角 δ_1,经推导得推程等加速时的从动件运动方程为

$$s_2=\frac{2h}{\delta_t^2}\delta_1^2, \quad v_2=\frac{4h\omega_1}{\delta_t^2}\delta_1, \quad a_2=\frac{4h\omega_1^2}{\delta_t^2}。 \tag{2-10}$$

推程等减速时的从动件运动方程为

$$s_2=h-\frac{2h}{\delta_t^2}(\delta_t-\delta_1)^2, \quad v_2=\frac{4h\omega_1}{\delta_t^2}(\delta_t-\delta_1), \quad a_2=-\frac{4h\omega_1^2}{\delta_t^2}。 \tag{2-11}$$

等加速、等减速运动规律线图(推程阶段)如图 2-47 所示。由图 2-47(b)可知,其速度

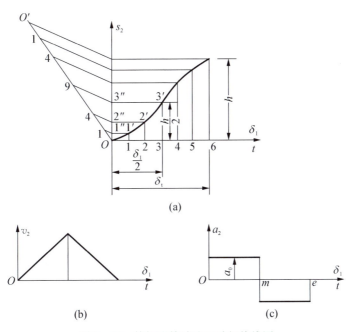

图 2-47 等加速等减速运动规律线图

曲线连续,故不会产生刚性冲击;但其加速度曲线在运动的起始、中间和终止位置不连续,加速度有突变,这种加速度有限值突变引起的冲击称为柔性冲击。它比刚性冲击小得多,因此这种运动规律适应于中速凸轮机构。

③ 简谐运动规律。当一质点在圆周上作匀速运动时,该点在这个圆的直径上的投影所构成的运动,称为简谐运动。设以从动件升程 h 为直径,其从动件的位移方程为

$$s_2 = \frac{h}{2}(1-\cos\theta)。$$

由图 2-48(a)知,当 $\theta = \pi$ 时,$\delta_1 = \delta_t$,故 $\theta = \frac{\pi}{\delta_t}\delta_1$。代入上式,可导出从动件推程时运动方程为

$$s_2 = \frac{h}{2}\left[1-\cos\left(\frac{\pi}{\delta_t}\delta_1\right)\right],$$
$$v_2 = \frac{\pi h \omega_1}{2\delta_t}\sin\left(\frac{\pi}{\delta_t}\delta_1\right), \quad (2-12)$$
$$a_2 = \frac{\pi^2 h \omega_1^2}{2\delta_t^2}\cos\left(\frac{\pi}{\delta_t}\delta_1\right)。$$

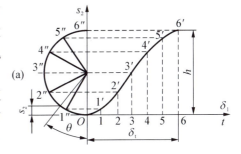

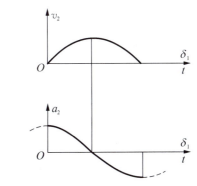

图 2-48 简谐运动规律线图

回程时,从动件的运动方程为

$$s_2 = \frac{h}{2}\left[1+\cos\left(\frac{\pi}{\delta_h}\delta_1\right)\right], \quad v_2 = -\frac{\pi h \omega_1}{2\delta_h}\sin\left(\frac{\pi}{\delta_h}\delta_1\right), \quad a_2 = -\frac{\pi^2 h \omega_1^2}{2\delta_h^2}\cos\left(\frac{\pi}{\delta_h}\delta_1\right).$$

(2-13)

由图 2-48(b,c)知,其中速度曲线连续,故不会产生刚性冲击;但在运动的起始和终止位置,加速度曲线不连续,加速度产生有限突变,因此也产生柔性冲击。当从动件作无停歇的升—降—升连续往复运动时,加速度曲线变为连续函数,从而避免柔性冲击,可适应于高速凸轮机构。

3. 凸轮机构的压力角

凸轮对作用在从动件上的法向力 F 方向与从动件运动速度 v 方向所夹的锐角 α,称为压力角,如图 2-49 所示。在工作过程中,凸轮轮廓曲线与从动件的接触点是变化的,所以凸轮上各点的压力角不相同。

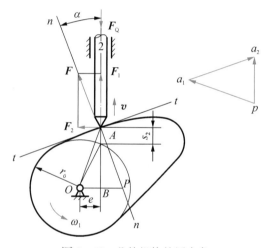

图 2-49 凸轮机构的压力角

(1) 压力角与作用力的关系　由图 2-49 可知,F 可分解为沿导路方向的分力 F_1 及垂直导路方向分力 F_2,则

$$F_1 = F\cos\alpha \quad (\text{有效分力}), \quad F_2 = F\sin\alpha \quad (\text{有害分力})。$$

F_1 推动从动件克服载荷 F_Q 及从动件与导路间的摩擦力向上移动;F_2 使从动杆压紧导路而产生摩擦力,故压力角越大,F_2 越大,由 F_2 引起的摩擦力也越大,机构的效率越低。当 α 增大到一定数值,致使 F_2 引起摩擦力大于有效分力 F_1,即机构发生自锁。因此,为保证凸轮机构正常工作,必须使轮廓上的最大压力角 α_{max} 不超过许用值 $[\alpha]$。在一般设计中,推荐许用压力角 $[\alpha]$ 的数值如下:

移动从动件推程　　$[\alpha] \leqslant 30° \sim 40°$;
摆动从动件推程　　$[\alpha] \leqslant 40° \sim 50°$。

机构在回程时,从动件是在锁合力作用下返回,发生自锁可能性很小,故对于这类凸轮机构通常只需对推程的压力角进行校核。

(2) 压力角与凸轮尺寸的关系　基圆半径 r_0 是凸轮的主要尺寸参数。从图 2-49 可以看出,在其他条件都不变的情况下,若把基圆增大,则凸轮的尺寸也将随之增大,欲使机构紧凑就应当采用较小的基圆半径。但必须指出,基圆半径减小会引起压力角增大,这可从压力角计算公式得到证明,即

$$\tan \alpha = \frac{\dfrac{ds}{d\delta} \mp e}{s + \sqrt{r_0^2 - e^2}}。 \tag{2-14}$$

公式表明,在其他条件不变的情况下,基圆半径 r_0 越小,压力角 α 越大。基圆半径过小,压力角就会超过许用值。实际设计中,只能在保证凸轮轮廓的最大压力角不超过许用值的前提下,考虑缩小凸轮的尺寸。

在 (2-14) 式中,e 为从动件导路偏离凸轮回转中心的距离,称为偏距。当导路和瞬心 P 在凸轮轴心 O 的同侧时,式中取"-"号,可使压力角减小;反之,当导路和瞬心 P 在凸轮轴心 O 的异侧时,取"+"号,压力角将增大。因此,为了减小推程压力角,应将从动件导路向推程相对速度瞬心的同侧偏置。但须注意,用导路偏置法虽可使推程压力角减小,但同时却使回程压力角增大,所以偏距 e 不宜过大。

2.3.2　绕线机构凸轮设计

根据工作要求选定了凸轮机构的类型和从动件的运动规律后,可根据其他必要的给定条件,进行凸轮轮廓线的设计。凸轮轮廓线的设计方法有图解法和解析法。图解法简便、直观,但精度有限,适应于低速和对从动件规律要求不太严格的凸轮机构。对高速或高精度的凸轮,则须采用解析法设计。这里主要介绍图解法。

1. 凸轮轮廓线设计的基本原理

当凸轮机构工作时,凸轮和从动轮都是运动的。为了在图纸上画出凸轮轮廓,应使凸轮与图纸平面相对静止。为此采用反转法。

如图 2-50 所示,已知凸轮绕轴 O 以等角速度逆时针转动。如果在该机构上加一个公共角速度 $(-\omega_1)$,绕 O 轴反向回转,则凸轮与从动件之间的相对运动并不改变,但凸轮将静止不动。从动件一方面随导路以 $-\omega_1$ 绕 O 点转动(即反转),另一方面又在导路中移动。由于尖端从动件在反转过程中始终与凸轮轮廓曲线接触,故从动件尖端的轨迹就是该凸轮的理论廓线。这就是反转法原理。反转法原理适合于各种凸轮轮廓线的设计。

2. 绕线机构凸轮设计

图 2-51 所示为绕线机中用于排线的凸轮机构,当绕线轴 3 快速转动时,经齿轮带动凸轮 1 缓慢地转动,通过凸轮轮廓与尖顶 A 之间的作用,驱使从动件 2 往复摆动,从而使线均匀地缠绕在绕线轴上。

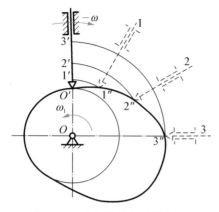
图 2-50 凸轮机构的反转法原理

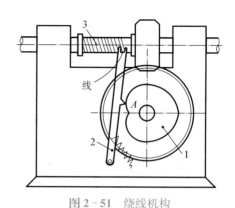
图 2-51 绕线机构

如图 2-52 所示,若已知从动件运动规律、凸轮的基圆半径 r_{min},以及凸轮以等角速度 ω_1 顺时针方向转动,则该凸轮轮廓曲线设计步骤如下:

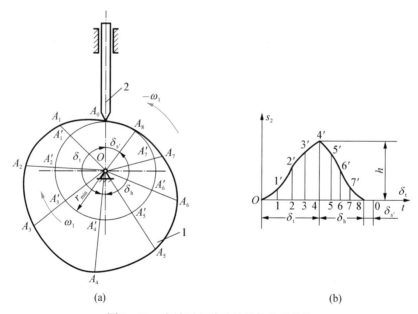

图 2-52 尖端对心移动从动件盘形凸轮

(1) 选定适当的比例尺 μ_l,作出从动件的位移曲线图,如图 2-52(b)所示。

(2) 用与位移曲线相同的比例尺(长度比例尺),以 r_{min} 为半径作基圆,基圆与导路的交点 A_0 便是从动杆尖端起始位置。

(3) 在基圆上,自 OA_0 开始沿 $-\omega_1$ 方向依次取角度 δ_t、δ_h、$\delta_{s'}$,并将它们各分成与图 2-52(b)对应的若干等分,得基圆上各点 A_1',A_2',A_3',…,连接各径向线 OA_1',OA_2',OA_3',…,便得从动件导路反转后的一系列位置。

(4) 沿各径向线自基圆开始量取从动件在各位置的位移量,即取线段 $A_1A_1' = 11'$,

$A_2A_2' = 22'$, $A_3A_3' = 33'$, ……，得从动件尖端反转的一系列位置 $A_0, A_1, A_2, A_3, \cdots$。

(5) 将 $A_0, A_1, A_2, A_3, \cdots$ 连成光滑曲线，即得到所求的凸轮轮廓。

3. 尖端偏置移动从动件盘形凸轮设计

已知条件同尖端对心移动从动件盘形凸轮。试绘制该偏置移动从动件盘形凸轮。

由于 $e \neq 0$，如图 2-53 所示，显然，从动件在反转运动中，其导路始终与凸轮轴心 O 保持偏距 e。因此设计这种凸轮轮廓时，首先以 O 为圆心及偏距 e 为半径作偏距圆切于从动件导路；其次以 r_{min} 为半径作基圆，基圆与导路的交点 A_0 即为从动件的起始位置。自 OA_0 沿 $-\omega_1$ 方向取 δ_t, δ_h, $\delta_{s'}$，并将它们各分成与图 2-52(b) 对应的若干等分，在基圆上得 $A_1', A_2', A_3', \cdots$，过这些点作偏距圆的切线，它们便是反转后从动件导路的一系列位置。从动件的相应位移应在这些切线上量取，即取线段 $A_1A_1' = 11'$，$A_2A_2' = 22'$，$A_3A_3' = 33'$，……，最后将 $A_0, A_1, A_2, A_3, \cdots$ 连成光滑曲线，即得到所求的凸轮轮廓。

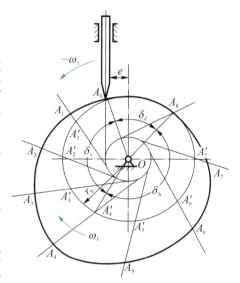

图 2-53 尖端偏置移动从动件盘形凸轮

2.3.3 内燃机配气机构凸轮设计

图 2-40 所示的内燃机的配气机构。其中，构件 3 为机架，当凸轮 1 匀速转动时，其曲线轮廓通过与气阀 2 的平底接触，使气阀有规律地开启和闭合进气口或排气口。

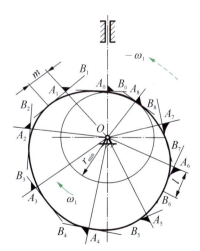

图 2-54 平底直动从动件盘形凸轮

如图 2-54 所示，设计平底直动从动件盘形凸轮时，首先在平底上选一固定点 A_0 视为尖顶，按照尖顶从动件凸轮轮廓的绘制方法，求出理论轮廓上一系列点 $A_1, A_2, A_3, \cdots$。其次，过这些点画出一系列平底 A_1B_1, A_2B_2, A_3B_3, ……，然后作这些平底的包络线，即得到凸轮的实际轮廓曲线。图中位置 1、6 是平底分别与凸轮轮廓相切于平底的最左端位置和最右端位置。为了保证平底始终与轮廓接触，平底左侧长度应大于 m，右侧长度应大于 l。

2.3.4 自动送料机构凸轮设计

轮廓绘制方法如图 2-55 所示，先把滚子中心看成尖端，从动件的尖端，按上述尖端从动件的凸轮轮廓画出，作为理论轮廓 η；然后以 η 上各点为圆心，以滚子半径作一系列滚子图；再作此圆族的包络线 η'（若有带凹槽的凸轮，还

应作出外包络线 η''），即为滚子从动件的凸轮实际轮廓。由作图过程知，滚子从动件凸轮的基圆半径 r_{min} 应在凸轮理论曲线上量取。

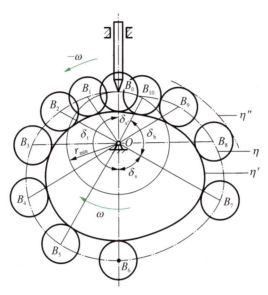

图 2-55 滚子对心移动从动件盘形凸轮

滚子从动件的理论轮廓与实际轮廓的关系为

$$\rho = \rho_{min} - r_T。$$

（1）当 $\rho_{min} > r_T$ 时，如图 2-56(a) 所示，这时，$\rho > 0$，实际轮廓为一平滑曲线。

（2）当 $\rho_{min} = r_T$ 时，如图 2-56(b) 所示，这时，$\rho = 0$，实际轮廓产生了尖点。这种尖点极易磨损，磨损后就会改变原定的运动规律。

（3）当 $\rho_{min} < r_T$ 时，如图 2-56(c) 所示，这时，$\rho < 0$，实际轮廓曲线发生自交，图中阴影部分的轮廓曲线在实际加工时将被切去，使这一部分运动规律无法实现。为了使凸轮轮廓在任何位置既不变尖，也不自交，滚子半径必须小于理论轮廓外凸部分的最小曲率半径 ρ_{min}（理论轮廓的内凹部分对滚子半径的选择没有影响）。如果 ρ_{min} 过小，按上述条件选择的滚子半径太小，从而不能满足安装和强度要求，这时就应当把凸轮基圆尺寸加大，重新设计凸轮轮廓。

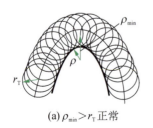

(a) $\rho_{min} > r_T$ 正常　　　　(b) $\rho_{min} = r_T$ 变尖　　　　(c) $\rho_{min} < r_T$ 交叉

图 2-56 滚子半径的选择

2.3.5 自动车床控制刀架移动的摆动从动件凸轮设计

图 2-57 所示为自动车床控制刀架移动的滚子摆动从动件凸轮机构,当凸轮转动时,滚子从动件绕 A 点摆动,从而带动齿轮摆动,由齿轮再带动刀架自动往复移动。

现以尖顶为例说明摆动从动件凸轮的设计。已知从动件的角位移线图,如图 2-58(b)所示,凸轮与摆动从动件的中心距 l_{OA},摆动从动件的长度 l_{AB},凸轮的基圆半径 r_{min},以及凸轮以等角速度 ω_1 逆时针回转,要求绘出此凸轮轮廓。

用反转法求凸轮轮廓。令整个凸轮机构以角速度 $-\omega_1$ 绕 O 点回转,结果凸轮不动而摆动从动件一方面随机架以等角速度 $-\omega_1$ 绕 O 点回转,另一方面又绕 A 点摆动。因此尖顶摆动从动件盘形凸轮轮廓曲线的绘制可按以下步骤进行,如图 2-58(a)所示。

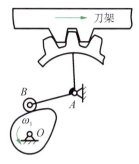

图 2-57 滚子摆动从动件凸轮机构

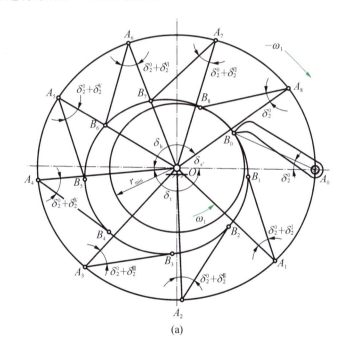

(a)

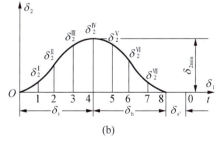

(b)

图 2-58 尖顶摆动从动件盘形凸轮

(1) 根据 l_{OA} 定出 O 点与 A_0 点的位置,以 O 点圆心及以 r_{min} 为半径作基圆,再以 A_0 为中心及 l_{AB} 为半径作圆弧交基圆于 B_0 点,该点即为从动件尖顶的起始位置。δ_2^0 称为从动件的初位角。

(2) 以 O 点为圆心及以 OA_0 为半径画圆,并沿 $-\omega_1$ 的方向取角 δ_t,δ_h,$\delta_{s'}$,并将它们各分成与图 2-58(b) 对应的若干等分,得径向线 OA_1,OA_2,OA_3,…,这些线即为机架 OA_0 在反转后的一系列位置。

(3) 由图 2-58(b) 求出从动件摆角 δ_2 在不同位置的数值。据此画出摆动从动件相对于机架的一系列位置 A_1B_1,A_2B_2,A_3B_3,…,即 $\angle OA_1B_1 = \delta_2^0 + \delta_2^I$,$\angle OA_2B_2 = \delta_2^0 + \delta_2^{II}$,$\angle OA_3B_3 = \delta_2^0 + \delta_2^{III}$,…。

(4) 以 A_1,A_2,A_3,…为圆心,l_{AB} 为半径画圆弧截 A_1B_1 于 B_1 点,截 A_2B_2 于 B_2 点,截 A_3B_3 于 B_3 点,……最后将点连成光滑曲线,便得到尖顶从动件的凸轮轮廓。

同上所述,如果采用滚子或平底从动件,则上述凸轮轮廓即为理论轮廓,只要在理论轮廓上选一系列点作滚子或平底,最后作它们的包络线,便可求出相应的实际轮廓。

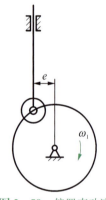

图 2-59 偏置直动滚子从动件盘形凸轮

学生操作题 1:设计图 2-59 所示的偏置直动滚子从动件盘形凸轮。凸轮以等角速度 ω_1 顺时针方向转动,偏距 $e = 10\ mm$,凸轮的基圆半径 $r_{min} = 60\ mm$,滚子半径 $r_T = 10\ mm$,从动件升程 $h = 30\ mm$,$\delta_t = 150°$,$\delta_s = 30°$,$\delta_h = 120°$,$\delta_{s'} = 60°$,从动件在推程作简谐运动,在回程作等加速、等减速运动。试用图解法绘出凸轮的轮廓。

学生操作题 2:在图 2-57 所示的自动车床控制刀架移动的滚子摆动从动件凸轮机构中,已知 $l_{OA} = 60\ mm$,$l_{AB} = 36\ mm$,$r_{min} = 35\ mm$,$r_T = 8\ mm$。从动件的运动规律如下:当凸轮以等角速度 ω_1 逆时针方向转动 150° 时,从动件以简谐运动向上摆 15°;当凸轮自 150° 转到 180° 时,从动件停止不动;当凸轮自 180° 转到 300° 时,从动件以简谐运动摆回原处;当凸轮自 300° 转到 360° 时,从动件又停留不动。试绘制凸轮的轮廓。

任务 2-4　间歇运动机构的设计

在许多机械中,常常要求某些机构主动件连续转动,而从动件做周期性的运动和停歇。我们把这种主动件做连续运动,而从动件做周期性停歇状态的机构称为间歇运动机构。间歇运动机构在自动生产线的转位机构、步进机构、计数装置和许多复杂的轻工机械中,有着广泛的应用。

2.4.1 棘轮机构的设计

1. 棘轮机构的工作原理

图 2-60 所示为常见的外啮合齿式棘轮机构。主要由棘轮 1、主动棘爪 2、止回棘爪 5 和机架组成。当主动摆杆 4 顺时针转动时,摆杆上铰接的主动棘爪 2 插入棘轮的齿内,并推动棘轮同向转动一个角度。当主动摆杆逆时针摆动时,止回棘爪 5 阻止棘轮反向转动,此时主动棘爪在棘轮的齿背上滑回原位,棘轮静止不动,从而实现主动件的往复摆动转换为从动件的间歇运动。

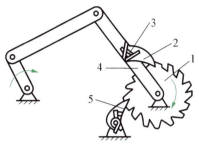

图 2-60 齿式棘轮机构

2. 棘轮机构的类型

棘轮机构分为外齿式、内齿式和端齿式 3 种型式,如图 2-61 所示。根据棘轮机构做单向或双向间歇运动,齿式棘轮机构又分为单向式和双向式两种。

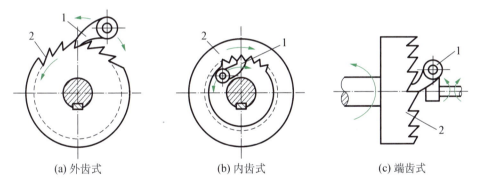

(a) 外齿式　　(b) 内齿式　　(c) 端齿式

图 2-61 齿式棘轮机构的啮合形式

(1) 单向式棘轮机构　图 2-60 所示的棘轮机构就是单向式棘轮机构。单向式棘轮机构的特点是,当摇杆朝某个方向摆动时,棘爪推动棘轮转动一个角度;摇杆反向摆动时,棘轮静止不动。

(2) 双向式棘轮机构　当要求棘轮双向转动时,可采用图 2-62 所示的棘轮机构。图 2-62(a) 所示棘轮机构的齿形为矩形,当棘爪在实线位置 B 时,棘轮可实现逆时针转动;而当棘爪绕其销轴 A 翻转到双点划线位置时,棘轮可获得顺时针单向的间歇运动。图 2-62(b) 所示为另一种双向棘轮机构,若将棘爪提起并绕其轴线转动 180°后放下,即可改变棘轮 3 的间歇转动方向。双向式棘轮机构的齿形一般采用对称齿形。

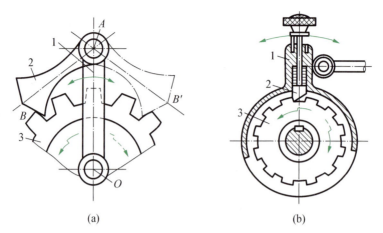

图 2‐62 双向式棘轮机构

3. 棘轮机构的特点和应用

齿式棘轮机构结构简单、制造方便、运动可靠,棘轮转角大小和转角可以调节,广泛应用于各种机械中。但是传动是跳跃式的,棘爪与棘轮开始接触时产生冲击和噪声,传动平稳性较差;当棘爪滑过棘轮齿背时,产生噪声并使齿顶磨损,棘轮转角只能做以棘轮齿数为单位的有级调节。因此,棘轮机构常用于低速、要求转角不大或经常要改变转角的场合,常用于机床和自动机的进给机构和如图 2‐63 所示的射沙自动浇注输送装置。

棘轮机构具有单向间歇运动特性,这一特性可以满足送进、超越和转位分度等工艺要求。

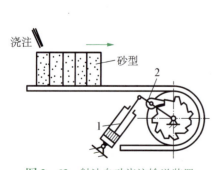

图 2‐63 射沙自动浇注输送装置

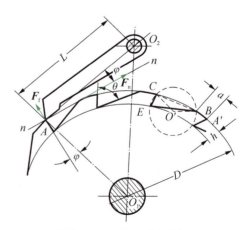

图 2‐64 棘爪受力分析

4. 棘爪工作条件

如图 2‐64 所示,为了使棘爪受力最小,应使棘轮齿顶 A 和棘爪的转动中心 O_2 的连线

垂直于棘轮半径 O_1A,即 $\angle O_1AO_2 = 90°$。轮齿对棘爪作用的力有正压力 $\boldsymbol{F}_n$ 和摩擦力 $\boldsymbol{F}_f$。当棘齿偏斜角为 φ 时,力 $\boldsymbol{F}_n$ 有使棘爪逆时针转动落到齿根的倾向;而摩擦力 $\boldsymbol{F}_f$ 阻止棘爪落向齿根。为了保证棘轮正常工作,使棘爪啮紧齿根,必须使力 $\boldsymbol{F}_n$ 对 O_2 的力矩大于 $\boldsymbol{F}_f$ 对 O_2 的力矩,即 $F_n L\sin\varphi > F_f L\cos\varphi$。

因 $F_f = fF_n$ 和 $f = \tan\rho$,代入上式得

$$\tan\varphi > \tan\rho,$$

故
$$\varphi > \rho, \tag{2-15}$$

式中 ρ 为齿与爪之间的摩擦角。

5. 棘轮、棘爪的几何尺寸计算及棘轮齿形的画法

棘轮齿数 z 是根据要求棘轮转过的角度 $360°/z$ 选定。对一般棘轮机构,棘爪每次至少要拨动棘轮转过一个齿,因此,可以根据所需棘轮最小转角来确定棘轮齿数。例如,牛头刨床用棘轮驱动工作台作横向间歇运动进给,若要求进给量 S,丝杆导程为 L,则应使

$$2\pi\frac{S}{L} \geqslant \frac{2\pi}{z},$$

所以
$$z \geqslant \frac{L}{S}。 \tag{2-16}$$

对于轻载进给机构,齿数可取多些,可多达 $z \approx 250$;对重载起重设备,由于要求棘轮齿强度高,齿数不能多,一般取 $z \approx 8 \sim 30$。

棘爪数 j,通常取 $j=1$。与齿轮一样,棘轮尺寸也用模数来度量。棘轮、棘爪的主要几何尺寸可按以下经验公式计算:

顶圆直径 $D = mz$,齿高 $h = 0.75m$,齿顶厚 $a = m$,齿槽夹角 $\theta = 60°$ 或 $55°$,棘爪长度 $L = 2\pi m$。

由以上公式算出棘轮的主要尺寸后,可按下述方法画出齿形,如图 2-64 所示。根据 D 和 h 先画出齿顶圆和齿根圆;按照齿数等分齿顶圆,得 A'、C 等点,并由任一等分点 A' 作弦 $A'B = a = m$;再由 B 到第二等分点 C 作弦 BC;然后自 B、C 点分别作角度 $\angle O'BC = \angle O'CB = 90° - \theta$,得 O' 点;以 O' 为圆心,$O'B$ 为半径画圆交齿根圆于 E 点,连 C、E 得轮齿工作面,连 B、E 得全部齿形。

6. 棘轮机构设计实例

已知 B665 牛头刨床工作台单线螺杆的螺距 $p = 12\,\text{mm}$,要求该机床的横向进给量 $S = 0.33 \sim 3.33\,\text{mm}$。试设计进给用的棘轮机构。

(1) 确定棘轮齿数,并选择齿形　根据工作台横向进给量,由(2-16)式求得棘轮齿数

$$z = \frac{L}{S_{\min}} = \frac{p}{S_{\min}} = \frac{12}{0.33} = 36.36,$$

取 $z = 36$。由于机床要正、反进给，则棘轮必须双向转动，所以棘轮应选用矩形齿。

（2）确定棘轮最大转角　根据进给量范围确定棘爪往复一次棘爪需要拨过最多棘轮齿数为

$$k = \frac{3.33}{0.33} = 10,$$

所以棘轮所需最大转角为

$$\theta_{\max} = 360° \times \frac{k}{z} = 360° \times \frac{10}{36} = 100°。$$

（3）几何尺寸计算　参考同类机床，取模数 $m = 2$ mm，得棘轮齿顶圆直径为

$$d_a = mz = 2 \times 36 = 72(\text{mm})。$$

取齿高 $h = 3.3$ mm。其余尺寸见图 2-65 所示矩形棘轮棘爪零件图。

学生操作题 1：已知一棘轮机构，棘轮模数 $m = 2$ mm，齿数 $z = 12$，试确定机构的几何尺寸并画出棘轮的齿形。

学生操作题 2：牛头刨床工作台的横向进给螺杆的导程为 3 mm，与螺杆固连的棘轮齿数 $z = 30$，问棘轮的最小转动角度是多少？该牛头刨床的最小横向进给量 S 是多少？

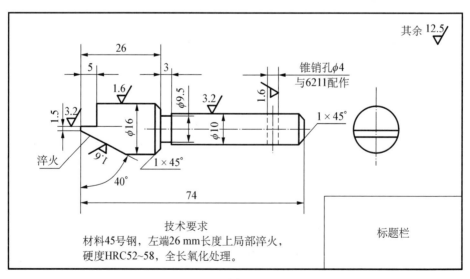

(a)

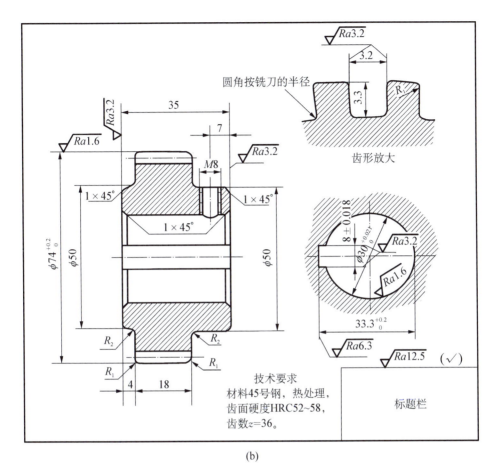

(b)

图 2-65 矩形棘轮棘爪零件图

2.4.2 槽轮机构的设计

1. 槽轮机构的工作原理

如图 2-66(a)所示,槽轮机构由带圆销的拨盘 1 和具有径向槽的槽轮 2 与机架组成。拨盘 1 以等角速度 ω_1 连续回转,槽轮 2 间歇运动。圆销未进入槽轮的径向槽时,槽轮的内凹锁住弧$\overset{\frown}{efg}$被拨盘的外凸锁住弧卡住,槽轮静止不动;当圆销进入槽轮的径向槽时,内外锁住弧所处的位置对槽轮无锁止作用,如图 2-66(a)所示,槽轮因圆销的拨动而转动;当圆销的另一边离开径向槽时,如图 2-66(b)所示,凸轮锁住弧又起作用,槽轮又卡住不动。当拨盘继续转动时,槽轮重复上述运动,从而实现间歇运动。

2. 槽轮机构的类型

槽轮机构也有内、外啮合之分。外啮合时,槽轮与拨盘转向相反,如图 2-66(a)所示;内啮合时,槽轮与拨盘转向相同,如图 2-67 所示。拨盘上的圆销可以一个,也可以多个。如图 2-68 所示,双圆销外啮合槽轮机构,此时拨盘转动一周,槽轮完成两次停歇。

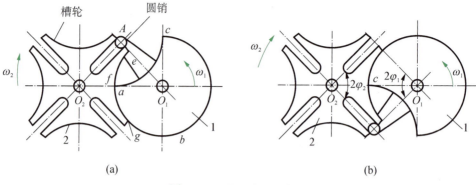

图 2-66 外啮合槽轮机构

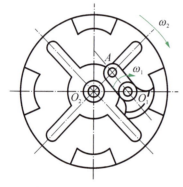

图 2-67 内啮合槽轮机构

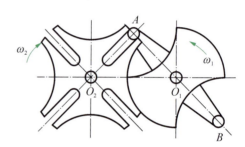

图 2-68 双圆销外啮合槽轮机构

3. 槽轮机构的特点和应用

槽轮机构结构简单、工作可靠、转位迅速,从动件能在较短时间内转过较大的角度,传动效率高,槽轮转位时间与静止时间之比为定值。但制造与安装要求高,且转角大小不能调节。

槽轮机构广泛应用于各种自动机械中。图 2-69 所示为六角车床的刀架转位机构,在与槽轮 2 固连的刀架上安装 6 把刀具,槽轮有 6 个等分径向槽。拨盘 1 转动一周,圆销 A 进入槽轮一次,驱动槽轮 2 转过 60°,从而将下一工序的刀具转到工作位置。图 2-70 所示为电影放映机的卷片机构,为了适应人眼的视觉暂留现象,要求影片作间歇运动,也采用四槽的槽轮机构。

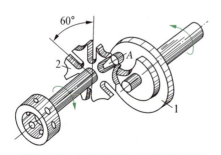

图 2-69 六角车床的刀架转位机构

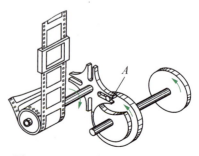

图 2-70 电影放映机的卷片机构

当需要槽轮停歇时间短,机构尺寸小和要求主动件、从动件回转方向相同时,应采用内啮合槽轮机构。

因为槽轮的槽数不宜过多,所以槽轮机构不宜用于转角较小的场合。槽轮机构的定位精度不高,只适合于转角不太高的自动机械中,作转位和分度机构。

4. 槽轮机构的主要参数

槽轮机构的主要参数是槽数 z 和拨盘圆销数 k。如图 2-71 所示,为了使槽轮 2 在开始和终止转动时的瞬时角速度为零,以避免圆销与槽轮发生撞击,圆销进入和脱出径向槽的瞬时,槽的中心线 O_2A 应与 O_1A 垂直。设 z 为均匀分布的径向槽数目,则槽轮 2 转过 $2\varphi_2 = 2\pi/z$ 弧度时,拨盘 1 的转角 $2\varphi_1$ 将为

$$2\varphi_1 = \pi - 2\varphi_2 = \pi - 2\pi/z。$$

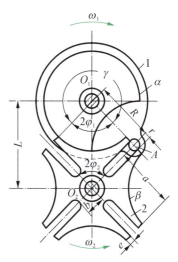

图 2-71 槽轮机构

在一个运动循环内,槽轮 2 的运动时间 t_m 对拨盘 1 的运动时间 t 之比值 τ,称为运动特性系数。当拨盘等速转动时,这个时间之比可用转角之比表示。对于只有一个圆销的槽轮机构,有

$$\tau = \frac{t_m}{t} = \frac{2\varphi_1}{2\pi} = \frac{\pi - \dfrac{2\pi}{z}}{2\pi} = \frac{1}{2} - \frac{1}{z} = \frac{z-2}{2z}。 \qquad (2-17)$$

上式表明:

(1) 为保证槽轮运动,$\tau > 0$。

(2) 当 $\tau > 0$ 时,径向槽的数目 $z \geq 3$;当 $z = 3$ 时角速度变化大,故振动冲击大,所以应用较少,一般 $z > 3$。

(3) 当 $k = 1$ 时,$\tau < 0.5$,所以槽轮的运动时间总小于静止时间;当拨盘上装有数个圆销,则可得到 $\tau > 0.5$ 的槽轮机构。

设圆销数为 k,则一个循环中,轮 2 的运动时间为只有一个圆销时的 k 倍,即

$$\tau = \frac{k(z-2)}{2z}。 \qquad (2-18)$$

由于 $0 < \tau < 1$($\tau = 1$ 不是间歇运动),因此

$$k \leq \frac{2z}{z-2}。 \qquad (2-19)$$

槽轮机构的几何尺寸、运动参数、材料、技术要求、结构和设计参见有关手册。

学生操作题 1:在六角车床上六角刀架转位用的槽轮机构中,已知槽数 $z = 6$,槽轮静止时间为 $t_s = 5/6$ s,运动时间 $t_m = 2t_s$,求槽轮机构的运动系数及所需的圆销数。

学生操作题 2:设计一槽轮机构,要求槽轮的运动时间等于停歇的时间,试选择槽轮的槽

数和拨盘的圆销数。

任务 2-5 平面机构设计与组装综合训练

2.5.1 实训目的

（1）通过学生实际动手拼装各种平面机构，使学生将机械设计的理论知识和工程实践融会贯通，调动学生的学习兴趣，使学生对平面机构的运动特性有更全面、深入的理解。

（2）加强学生的实践训练，培养学生的创新意识，以及工程实践动手能力。

2.5.2 实训设备

ZBS-C机构运动创新设计方案实验台及其零件库。

2.5.3 实训步骤

（1）根据学生自己设计绘制的平面机构运动简图，找出机构的原动件及从动件，分析机构中各构件的联结方式及运动时相互位置关系。

（2）找出组装机构所需要的各种机械零部件，做好拼装前的准备。

（3）按构件联结顺序进行平面机构的拼接。

（4）拼接完成后，用手转动原动件，观察平面机构运动情况和机构运动简图是否相符，机构运动是否正常。

（5）根据观察情况进行适当调整，如和机构运动简图不相符或机构不能正常运动，则要找出其原因，反复调试直到机构能正常运动为止。

2.5.4 实训内容

平面机构设计与组装综合训练，其运动方案可由学生构思平面机构运动简图进行创新构思，并完成方案的拼接，达到开发学生创造性思维的目的。

也可选用工程机械中应用的各种平面机构，根据机构运动简图，进行拼接实训。

该实验台提供的配件可完成不少于40种机构运动方案的拼接实验。实训时，每个实验台可由3~4名学生一组，完成不少于一种/每人的不同机构运动方案的拼接设计实验。

实训内容也可从下列运用于工程机械中的各种机构中选择拼接方案，完成实训。

1. 内燃机机构

内燃机机构运动简图如图2-72所示。

（1）机构组成　曲柄滑块与摇杆滑块组合而成的机构。

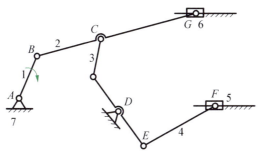

图 2-72 内燃机机构

（2）工作特点 当曲柄 1 连续转动时，滑块 6 往复直线移动，同时摇杆 3 往复摆动，并带动滑块 5 往复直线移动。

该机构用于内燃机中，滑块 6 在压力气体作用下做往复直线运动（故滑块 6 是实际的主动件），带动曲柄 1 回转，并使滑块 5 往复运动使压力气体通过不同路径进入滑块 6 的左、右端，并实现排气。

2. 牛头刨床机构

牛头刨床机构运动简图如图 2-73 所示。图 2-73(b) 是将图 2-73(a) 中的构件 3 由导杆变为滑块，而将构件 4 由滑块变为导杆形成。

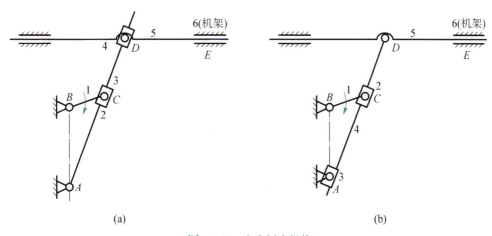

图 2-73 牛头刨床机构

（1）机构组成 牛头刨床机构由摆动导杆机构与双滑块机构组成。只是在图(a)中，构件 2、3、4 组成两个同方位的移动副，且构件 3 与其他构件组成移动副两次；而图(b)则是将图(a)中的 D 点滑块移至 A 点，使 A 点移动副在箱底处，易于润滑，使移动副摩擦损失减少，机构工作性能得到改善。图(a)和图(b)所示机构的运动特性完全相同。

（2）工作特点 当曲柄 1 回转时，导杆 3 绕点 A 摆动并具有急回性质，使杆 5 完成往复直线运动，并具有工作行程慢、非工作行程快回的特点。

3. 双滑块机构

双滑块机构运动简图如图 2-74 所示。

(1) 机构组成　该机构由双滑块组成,可看成由曲柄滑块机构 A—B—C 构成,从而将滑块 4 视做虚约束。

(2) 工作特点　当曲柄 1 作匀速转动时,滑块 3,4 均作直线运动,同时,杆件 2 上任一点的轨迹为一椭圆。

其应用如椭圆画器和剑杆织机引纬机构等。

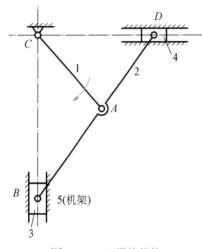

图 2-74　双滑块机构

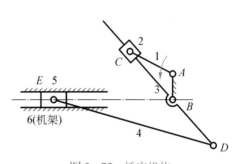

图 2-75　插床机构

4. 插床机构

插床机构运动简图如图 2-75 所示。

(1) 机构组成　该机构由转动导杆机构与正置曲柄滑块机构构成。

(2) 工作特点　曲柄 1 匀速转动,通过滑块 2 带动从动杆 3 绕 B 点回转,通过连杆 4 驱动滑块 5 做直线移动。由于导杆机构驱动滑块 5 往复运动时,对应的曲柄 1 转角不同,故滑块 5 具有急回特性。

此机构可用于刨床和插床等机械中。

5. 筛料机构

筛料机构运动简图如图 2-76 所示。

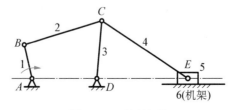

图 2-76　筛料机构

(1) 机构组成　该机构由曲柄摇杆机构和摇杆滑块机构构成。

(2) 工作特点　曲柄1匀速转动,通过摇杆3和连杆4带动滑块5做往复直线运动。由于曲柄摇杆机构的急回性质,使得滑块5速度、加速度变化较大,从而更好地完成筛料工作。

6. 凸轮-连杆组合机构

凸轮-连杆组合机构运动简图如图2-77所示。

(1) 机构组成　该机构由凸轮机构和曲柄连杆机构,以及齿轮齿条机构组成,且曲柄 EF 与齿轮为固联构件。

(2) 工作特点　凸轮为主动件匀速转动,通过摇杆2、连杆3使齿轮4回转,通过齿轮4与齿条5的啮合使齿条5作直线运动。由于凸轮轮廓曲线和行程限制,以及各杆件的尺寸制约关系,齿轮4只能作往复转动,从而使齿条5作往复直线移动。

此机构用于粗梳毛纺细纱机钢领板运动的传动机构。

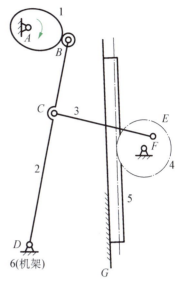

图 2-77　凸轮-连杆组合机构

思考题与习题

一、思考题

1. 机构有确定相对运动的条件是什么?不符合这些条件将会怎样?
2. 在铰链四杆机构中,存在整转副的条件是什么?满足这一条件是否一定存在曲柄?
3. 在常用机械中,举出一个具有急回作用的实例,说明为什么要求其有急回作用?用什么机构实现?其行程速比系数如何计算?
4. 图解法设计滚子从动件盘形凸轮机构时,如实际廓线出现变尖或相交时,可采用什么方法来解决?
5. 为什么平底从动件凸轮机构工作较为平稳?

二、习题

1. 画出题图2-1所示机构的机构运动简图,并判断该机构是何种机构。
2. 分别计算题图2-2所示机构的自由度,并判断该机构是否有相对运动,若有复合铰链、局部自由度或虚约束,请在图上标出。
3. 试根据题图2-3中注明的尺寸判断下列铰链四杆机构是曲柄摇杆机构、双曲柄机构还是双摇杆机构。

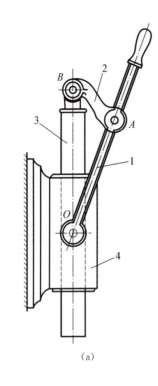
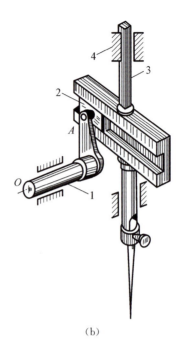

(a)   (b)

题图 2-1

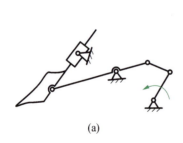
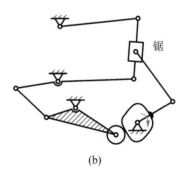

(a)   (b)

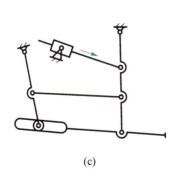
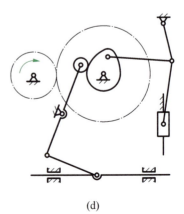

(c)   (d)

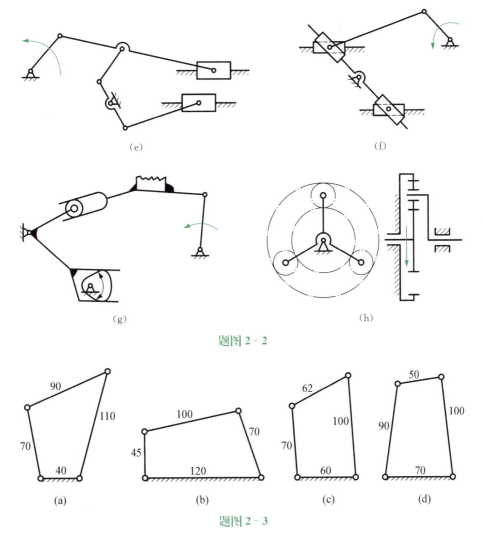

题图 2-2

题图 2-3

4. 已知一平面连杆机构连杆的 3 个位置如题图 2-4 所示,且 $l_{BC} = 50$。试用图解法确定其他三杆的长度,并判断该机构的类型。

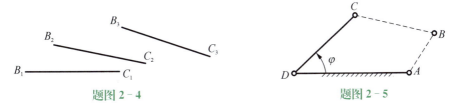

题图 2-4   题图 2-5

5. 设计一铰链四杆机构如题图 2-5 所示。已知其摇杆 CD 的长度 $l_{CD} = 75$ mm,机架 AD 的长度 $l_{AD} = 100$ mm,摇杆的一个极限位置与机架间的夹角 $\varphi = 45°$,行程速比系数 $K = 1.5$。求曲柄的长度 l_{AB}、连杆的长度 l_{BC}。

6. 题图 2-6 所示为一偏置直动从动件盘形凸轮机构。已知 AB 段为凸轮的推程廓线,试在图上标注推程运动角 δ_t。

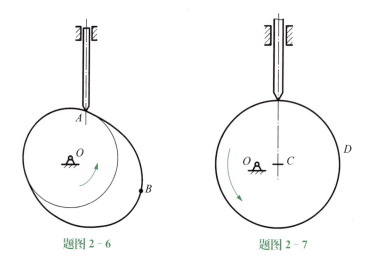

题图 2-6   题图 2-7

7. 题图 2-7 所示为一偏置直动从动件盘形凸轮机构,已知凸轮为以 C 为中心的圆盘,问轮廓上 D 点与尖顶接触时其压力角为多少?试作图表示。
8. 设计一平底对心移动从动件盘形凸轮机构,已知凸轮以等角速度逆时针方向回转,基圆半径 $r_{min} = 30$ mm,从动件升程 $h = 20$ mm,$\delta_t = 120°$,$\delta_s = 60°$,$\delta_h = 90°$,$\delta_{s'} = 90°$,从动件在推程做匀速运动,在回程做等加速、等减速运动。试画出从动件位移线图。

情境（项目）3

【 机 械 设 计 】

零部件设计

能力目标	专业能力目标	能熟练对轴进行受力分析； 能掌握轴的结构设计并进行轴的强度计算和刚度分析； 掌握螺纹的类型及应用，螺纹联结的组成、类型及特点； 掌握螺纹联结的强度计算、螺纹联结的结构设计和提高强度的方法； 了解滚动螺旋的结构及特点； 掌握轴承的类型、结构及特点，掌握滚动轴承的标准、选择原则； 掌握键和销的类型、结构及特点，掌握键的选取及查表； 了解联轴器和离合器的结构、类型、特点及应用
	方法能力目标	具有较好的学习新知识、新技能的能力； 具有解决问题和制定工作计划的能力； 具有运用机械设计手册和机械设计资料的能力； 具有获取现代机械设计各方面信息的能力
	社会能力目标	具有较强的职业道德； 具有较强的计划组织能力和团队协作能力； 具有较强的人与人沟通和交流的能力
教学要点		1. 掌握各种轴的受力分析； 2. 掌握轴的结构设计、轴的强度和刚度分析； 3. 掌握提高螺纹联结强度的措施； 4. 掌握螺纹的类型及应用，螺纹联结的组成、类型及特点； 5. 掌握轴承的类型、结构及特点，掌握滚动轴承的标准、选择原则； 6. 掌握键联结的类型、特点和应用； 7. 掌握联轴器和离合器的结构、类型、特点及应用

任务 3-1 联 结

为便于机器的制造、安装、运输及维修，机器各零部件之间广泛采用各种联结。所谓联结，是指被联结件与联结件之间的接合。被联结件指轴与轴上零件（如齿轮、飞轮）、轮缘与轮毂、箱体与箱盖、焊接零件中的钢板与型钢等。专门用于联结的零件称为联结件，也称为紧固件，如螺栓、螺母、销等。有些联结没有专门的紧固件，如过盈联结、焊接、粘接等。

联结有多种分类方法，其中一种根据可拆性，分为可拆联结和不可拆联结。允许多次装拆，而无损于其使用性能的联结称为可拆联结，如螺纹联结、键联结和销联结。必须破坏或损伤联结件，被联结件才能拆开的联结称为不可拆联结，如焊接、粘接和铆接等。铆接噪声大，劳动条件恶劣，目前除桥梁和飞机制造业之外，已很少应用；焊接和粘接涉及面广，已有专著论述，这里不做介绍。这里只讨论可拆联结。

3.1.1 螺纹联结

1. 螺纹的形成及主要参数

(1) 螺纹的形成和类型　如图3-1(a)所示，将一倾斜角为λ的直角三角形绕在圆柱体上，则三角形的斜边在圆柱表面上形成一条螺旋线。取图中右边带阴影的任一平面图形，如图3-1(b)所示，使它沿着螺旋线运动，运动时保持该图形通过圆柱体的轴线，则该图形的轨迹就是螺纹。阴影的平面图形就是螺纹的牙型。

按螺纹的牙型，可分为三角形螺纹、管形螺纹、梯形螺纹、锯齿形螺纹、矩形螺纹。前两种主要用于联结，后3种主要用于传动。其中除矩形螺纹外，都已标准化。标准螺纹的基本尺寸可查阅有关标准。常用螺纹的类型、特点和应用，如表3-1所示。

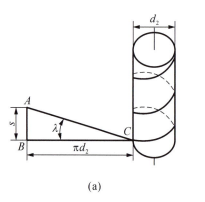

图3-1　螺旋线的形成与牙型

表3-1　常用螺纹的类型、特点和应用

类型	牙型图	特点和应用
普通螺纹		牙型角 $\alpha = 60°$，牙根较厚，牙根强度较高。当量摩擦因数较大。同一公称直径，按螺距大小分粗牙和细牙，应用极广，主要用于联结。一般情况下用粗牙；细牙用于薄壁零件或受动载荷的联结，还用于液压系统内的一些联结，以及微调机构的调整
英制螺纹		牙型角 $\alpha = 55°$（英制），也有 $\alpha = 60°$（美制）的。长度单位用英制单位。螺距以每英寸牙数反映，也有粗牙、细牙之分。多在修配英、美等国家的机件时使用
圆柱螺纹		牙型角 $\alpha = 55°$，牙顶呈圆弧。旋合螺纹间无径向间隙，紧密性好。公称直径近似为管子孔径，以英寸为单位。多用于压力在1.57 MPa以下的管子联结

续　表

类型	牙型图	特点和应用
圆锥螺纹		与圆柱管螺纹相似,但螺纹分布在1∶16的圆锥表面上,紧密性好,通常用于高温、高压条件下工作的管子联结。当与内圆柱管螺纹配用时,在1 MPa压力下已足够紧密
矩形螺纹		螺纹牙的剖面通常为正方形,牙型角 $\alpha = 0°$,牙厚为螺距的一半,尚未标准化。牙根强度较低,难于精确加工,磨损后松动,间隙难以补偿,对中精度低。但当量摩擦因数最小,效率较其他螺纹高,故用于传动
梯形螺纹		牙型角 $\alpha = 30°$。效率比矩形螺纹低,但可避免矩形螺纹的缺点,广泛用于传动
锯齿形螺纹		工作面的牙型角为3°,非工作面的牙侧角为30°。综合了矩形螺纹效率高和梯形螺纹牙根强度高的特点。但只能用于单向受力的传动

按螺旋线的根数,可分为单线螺纹和多线螺纹,如图3-2所示。线数过多的螺纹加工困难,所以常用的线数为2,3,最多不超过4。

按形成的内外表面,可分为外螺纹和内螺纹。在圆柱体外表面上形成的螺纹称为外螺纹,在圆柱的内表面上形成的螺纹称为内螺纹,内、外螺纹搭配形成螺纹副。按螺纹的作用,可分为联结螺纹和传动螺纹;按母体形状,可分为圆柱螺纹和圆锥螺纹(螺纹分布在圆锥面上);按螺纹的旋向,可分为左旋螺纹和右旋螺纹,右旋螺纹为常用螺纹,如图3-2所示。

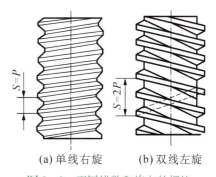

图3-2　不同线数和旋向的螺纹

螺纹又有米制和英制(螺距以每英寸牙数表示)之分,我国除管形螺纹保留英制外,都采用米制螺纹。

(2) 普通螺纹的主要参数　其主要参数如图3-3所示。大写为内螺纹参数,小写为外螺纹参数。

① 大径 $d(D)$。螺纹的最大直径,即与外螺纹牙顶(或内螺纹牙底)相重合的假想圆柱的直径,在标准中定为公称直径。

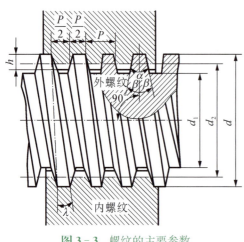

图 3-3 螺纹的主要参数

② 小径 $d_1(D_1)$。螺纹的最小直径,即与外螺纹牙底(或内螺纹牙顶)相重合的假想圆柱的直径,在强度计算中常作为螺杆危险截面的计算直径。

③ 中径 $d_2(D_2)$。通过螺纹轴向截面内牙型上的沟槽和凸起宽度相等处的假想圆柱面的直径。中径是确定螺纹几何参数和配合性质的直径。

④ 线数 n。螺纹的螺旋线数目。一根螺旋线形成的螺纹,称为单线螺纹;两根或两根以上的等距螺旋线形成的螺纹,称为多线螺纹。常用的联结螺纹要求自锁性,故多用单线螺纹;传动螺纹要求传动效率高,故多用双线或三线螺纹。为了便于制造,一般用线数 $n \leqslant 4$。

⑤ 螺距 P 和导程 S。螺距是指螺纹相邻两个牙形在中径线上对应两点间的轴向距离。导程是指同一条螺旋线上的相邻两牙,在中径圆柱上对应两点间的轴向距离。若螺旋线数为 n,则 $S=nP$。

⑥ 螺纹升角 λ。在中径线上螺旋线的切线与垂直于螺纹轴线的平面间的夹角。由图 3-1 可知

$$\tan\lambda = \frac{S}{\pi d_2} = \frac{nP}{\pi d_2}。\qquad(3-1)$$

⑦ 牙形角 α。轴向剖面内螺纹牙形两侧面的夹角。

2. 螺旋副的受力分析、效率和自锁

(1) 矩形螺纹 具体分析如下:

① 受力分析。在如图 3-4(a)所示的矩形螺旋副中,为分析方便,在旋紧螺母时,可将螺母视为一滑块受轴向载荷 F_a 作用。在水平驱动力 F_t 的推动下沿螺纹表面匀速向上移动,如图 3-4(b)所示。如将螺纹沿中径展开,螺纹副的受力即相当于滑块在水平力 F_t 的推动下沿斜面匀速向上滑动。

如图 3-5(a)所示,为滑块沿斜面以速度 v 匀速上升的受力情况。设 F_N 为斜面对滑块的法向反力,λ 为螺纹升角,f 为摩擦因数,则滑块上的摩擦阻力 $F_f = fF_N$,方向与 v 相反。总反力 F_R 为 F_N 与 F_f 的合力,F_R 与 F_a 的夹角为 $\lambda+\rho$,ρ 为摩擦角,$\rho=\arctan f$。由力的平衡条件可知,

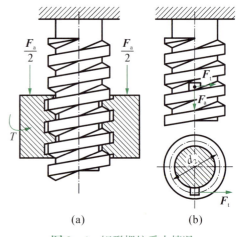

图 3-4 矩形螺纹受力情况

F_R,F_t,F_a 3 力组成力封闭三角形,由图 3-5(b)可得

$$F_t = F_a \tan(\lambda + \rho)。 \quad (3-2)$$

F_t 对螺纹轴心线的力矩 T 称为螺纹力矩,即

$$T = F_t \frac{d_2}{2} = F_a \tan(\lambda + \rho) \frac{d_2}{2}。 \quad (3-3)$$

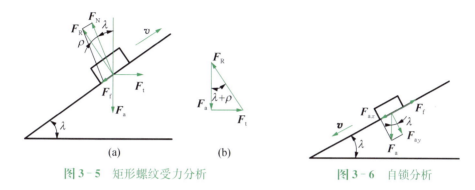

图 3-5 矩形螺纹受力分析　　图 3-6 自锁分析

② 螺纹的自锁。螺纹被拧紧后,如果不给滑块加一力 F,则不论轴向力 F_a 有多大,滑块都不会自行下滑,这种现象称为自锁。如图 3-6 所示,作用在滑块上的轴向力 F_a 可分解为正压力 F_{ay} 与下滑力 F_{ax},有

$$F_{ay} = F_a \cos \lambda,\ F_{ax} = F_a \sin \lambda。$$

F_{ay} 使滑块压紧斜面,当滑块有下降趋势时,产生摩擦力 F_f,方向沿斜面向上。

当 $F_{ax} \leqslant F_f$ 时,滑块不会自行下滑,螺纹具有自锁性。因

$$F_a \sin \lambda \leqslant F_a f \cos \lambda,\ \tan \lambda \leqslant f = \tan \rho,$$

故螺旋副的自锁条件为

$$\lambda \leqslant \rho。 \quad (3-4)$$

③ 螺旋副的效率。有效功 W_2 与输入功 W_1 之比称为机械效率,用 η 表示。驱动螺母转动一周输入的功为 $W_1 = 2\pi T$,此时升举滑块所作的有效功 $W_2 = F_a S$,故

$$\eta = \frac{W_2}{W_1} = \frac{F_a S}{2\pi T} = \frac{F_a \pi d_2 \tan \lambda}{2\pi F_a \tan(\lambda + \rho) \frac{d_2}{2}} = \frac{\tan \lambda}{\tan(\lambda + \rho)}。 \quad (3-5)$$

(2)非矩形螺纹　非矩形螺纹是指牙形角 $\alpha \neq 0$ 的三角形螺纹、梯形螺纹和锯齿形螺纹。如图 3-7 所示的两种螺纹,若不考虑螺纹升角的影响,则矩形螺纹的法向反力为 $F_N = F_a$,如图 3-7(a) 所示;三角形螺纹则相当于槽面摩擦,它的法向反力 $F'_N = \dfrac{F_a}{\cos \beta}$,如图 3-7(b) 所示。

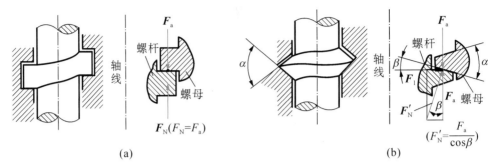

图 3-7　矩形螺纹与三角形螺纹受力分析比较

其中，β 为三角形螺纹的牙形斜角，显然 $F'_N > F_N$。若把法向力的增加看作摩擦因数的增加，则分析矩形螺纹所得各公式中的摩擦因数 f 和摩擦角 ρ，即变成当量摩擦因素 $f_v = \dfrac{f}{\cos\beta}$ 和当量摩擦角 $\rho_v = \arctan f_v$，得牙形角 $\alpha \neq 0$ 的螺纹力的关系式为

$$F_t = F_a \tan(\lambda + \rho_v), \quad T = F_a \dfrac{d_2}{2}\tan(\lambda + \rho_v), \quad \eta = \dfrac{\tan\lambda}{\tan(\lambda + \rho_v)}。$$

同理，得自锁条件为

$$\lambda \leqslant \rho_v。 \qquad (3-6)$$

分析上述几个公式可知，牙形角越大，则 f_v 和 ρ_v 越大，螺旋副的效率越低，自锁性能越好，所以单线的三角形螺纹主要用于联结；梯形螺纹和锯齿形螺纹牙型角较小，则用于传递运动和动力。

3. 螺纹联结的基本类型

(1) **螺栓联结**　常见的普通螺栓联结，如图 3-8(a)所示。在被联结件上开有通孔，插入螺栓后在螺栓的另一端拧上螺母。这种联结的结构特点是被联结件的通孔和螺栓杆间留有间隙，通孔的加工精度要求低、结构简单、装拆方便，使用时不受被联结件材料的限制，因此应用极广。图 3-8(b)所示是铰制孔用螺栓联结。这种联结能精确固定被联结件的相对位置，并能承受横向载荷，但孔的加工精度要求较高。

(2) **双头螺柱联结**　如图 3-9(a)所示，这种联结适用于结构上不能采用螺栓的场合，如被联结件之一太厚，不宜制成通孔，或材料比较软（如用铝镁合金制造的壳体），且需要经常拆装的，往往采用双头螺栓联结。显然，拆卸这种联结时，不用拆下螺柱。

(3) **螺钉联结**　如图 3-9(b)所示，这种联结的特点是螺栓（或螺钉）直接拧入被联结件的螺纹孔中，不用螺母，在结构上比双头螺柱联结简单、紧凑。其用途和双头螺柱联结相似，但如经常拆装时，易使螺纹孔磨损，可能导致被联结件报废，故多用于受力不大，或不需要经常拆装的场合。

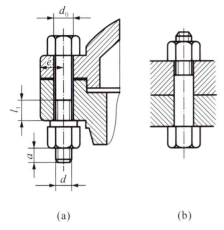
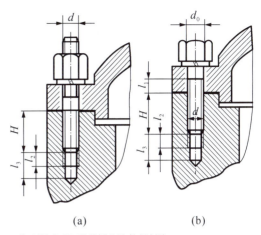

螺纹余留长度 l_1：
静载荷 $l_1 \geq (0.3 \sim 0.5)d$；变载荷 $l_1 \geq 0.75d$
冲击载荷或弯曲载荷 $l_1 \geq d$；铰制孔用螺栓联结 $l_1 \approx d$
螺纹伸出长度 $a \approx (0.2 \sim 0.3)d$
螺栓轴线到被联结件边缘的距离 $e = d + (3 \sim 6)$ mm
通孔直径 $d_0 \approx 1.1d$

图 3-8 螺栓联结

拧入深度 H，当带螺纹孔件材料为：
钢或青铜 $H \approx d$；铸铁 $H = (1.25 \sim 1.5)d$；铝合金 $H = (1.5 \sim 2.5)d$

图 3-9 双头螺柱、螺钉联结

(4) 紧定螺钉联结 图 3-10 所示的紧定螺钉联结是利用拧入零件螺纹孔中的螺钉末端顶住另一零件的表面或顶入相应的凹坑中，以固定两个零件的相对位置，并可传递不大的力或转矩。螺钉除作为联结和紧定用外，还可用于调整零件位置，如机器、仪器的调节螺钉等。

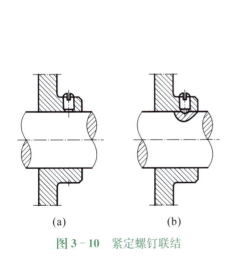

图 3-10 紧定螺钉联结

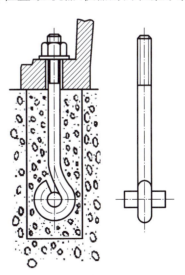

图 3-11 地脚螺栓联结

除上述 4 种基本螺纹联结形式外，还有一些特殊结构的联结。例如，专门用于将机座或机架固定在地基上的地脚螺栓联结，如图 3-11 所示；装在机器或大型零、部件的顶盖或外壳上便于起吊用的吊环螺栓联结,如图 3-12 所示;用于工装设备中的 T 形槽螺栓联结,如图 3-13 所示。

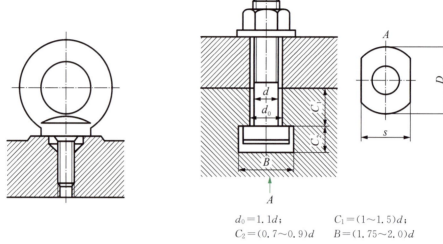

$d_0 = 1.1d$; $\quad C_1 = (1 \sim 1.5)d$;
$C_2 = (0.7 \sim 0.9)d \quad B = (1.75 \sim 2.0)d$

图 3-12　吊环螺栓联结　　　　　图 3-13　T 形槽螺栓联结

4. 螺纹及螺纹联结件的选用

在工程中,常见的螺纹联结件有螺栓、双头螺柱、螺钉、紧定螺钉、螺母、垫圈,以及防松零件等,其结构、尺寸等均已标准化。它们的主要特点和适用范围如表 3-2 所示,设计时可根据使用要求从标准中选用。

表 3-2　常用标准螺纹联结件

类型	结构形式	特点及应用
六角头螺栓		精度分为 A, B, C 3 级,通常多用 C 级。杆部可以全是螺纹或只一段螺纹,螺纹可用粗牙或细牙(A,B 级)
双头螺柱		两端均有螺纹,两端螺纹可相同或不同,一端常旋入铸铁或有色金属的螺纹孔中,另一端则用于安装螺母以固定其他零件

续 表

类型	结构形式	特点及应用
螺钉		头部形状有圆头、扁圆头、内六角头、圆柱头和沉头等。头部起子槽有一字槽、十字槽、内六角孔等。十字槽强度高,便于用机动工具,内六角孔用于结构紧凑的地方。与螺栓的区别是要求全螺纹,螺纹部分直径较粗
紧定螺钉		紧定螺钉末端的形状,有锥端、平端和圆柱端。锥端适用于零件表面硬度较低、不常拆卸的场合;平端接触面积大,不伤零件表面,用于顶紧硬度较大的平面,适用于经常拆卸的场合;圆柱端压入轴上凹坑中,适用于紧定空心轴上零件的位置,用于较轻材料和金属薄板
自攻螺钉		头部形状有圆头、六角头、圆柱头和沉头等,头部起子槽有一字槽、十字槽等,末端的形状有锥端、平端。利用螺钉直接攻出螺纹,多用于联结金属薄板、轻合金或塑料零件
六角螺母		按螺母厚度分标准、薄型两种。螺母的制造精度和螺栓相同,分为A,B,C 3级,分别与相同级别的螺栓配用
圆螺母		常与止退垫圈配用,应用时将垫圈内舌嵌入轴槽中,外舌嵌入圆螺母的槽内,螺母即被锁紧。常作为滚动轴承的轴向固定用

续 表

类型	结构形式	特点及应用
垫圈	平垫圈 斜垫圈	常放置在螺母和被联结件之间,用于防松。平垫圈按加工精度的不同,分A,C级两种。用于同一螺纹直径的垫圈又分为特大、大、普通、小4种规格。特大垫圈主要用于铁木结构,斜垫圈只用于倾斜的支承面上

5. 螺纹联结的预紧和防松

(1) 螺纹联结的预紧 绝大多数螺纹在装配时都必须拧紧,通常称为预紧。预紧的目的是为了提高联结的紧密性、紧固性和可靠性。在重要的螺栓联结中,预紧力的大小要严格控制。控制预紧力可采用如图3-14(a)示的测力矩扳手或如图3-14(b)所示的定力矩扳手。

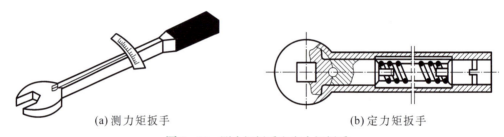

(a) 测力矩扳手　　　　　(b) 定力矩扳手

图 3-14　测力矩扳手和定力矩扳手

对于不能严格控制预紧力的重要螺旋联结,而只靠安装经验来拧紧螺栓时,一般常用M12~24 mm的螺栓,以免装配时拧断。

(2) 螺纹联结的防松　螺纹联结在拧紧后,一般在静载荷和工作温度变化不大时不会松动,但在冲击、振动或变载荷作用下,则会使联结松动;高温的螺纹联结,由于温度变形差异等原因,也可能发生松脱现象。其危害很大,必须采取防松措施。

螺纹联结的防松,实质上就是防止螺母和螺栓的相对运动。常采用的防松方法,如表3-3所示。

表 3-3　常用的防松方法

利用增大摩擦力防松	弹簧垫圈	弹性带齿垫圈	对顶螺母	尼龙圈锁紧螺母

续表

	弹簧垫圈材料为弹簧钢,装配后垫圈被压平,其反弹能力能使螺纹间保持压紧力和摩擦力	靠压平垫圈后产生的弹力达到防松。由于弹力均匀,所以效果良好。它有外齿的(右下图),也有内齿的(左下图)。但它不宜用于经常装卸或材料较软的被联结件	利用两螺母的对顶作用,使螺栓始终受到附加的拉力和附加的摩擦力。其结构简单,可用于低速、重载场合	螺母中嵌有尼龙圈,拧上后尼龙圈内孔被胀大,箍紧螺栓
采用止动元件防松	槽形螺母加开口销 槽形螺母拧紧后,用开口销穿过螺栓尾部小孔和螺母的槽,也可以用普通螺母拧紧后再配钻开口销孔	圆螺母加带齿垫片 使垫片内翅嵌入螺栓(轴)的槽内,拧紧后,将垫片外翅之一折嵌于螺母的一个槽内	止动垫片 将垫片折边以固定螺母和被联结件的相对位置	串联钢丝 利用钢丝使一组螺栓头部互相约束,无法松动
其他方法防松	冲点法防松	胶接法防松 用粘合剂涂于螺纹旋合表面,拧紧螺母后粘合剂能自行固定,防松效果良好		

6. 螺栓联结的强度计算

螺栓联结强度计算的目的是确定螺栓的直径,或校核危险截面的强度。至于标注螺纹联结件的其他尺寸,标注制定时贯彻了等强度原则,不需要进行承载能力计算。

(1)普通螺栓联结的强度计算　普通螺栓的主要失效形式是螺杆被拉断,因此对普通螺栓联结要进行拉伸强度计算。

① 承受横向工作载荷的普通螺栓联结。如图 3-15 所示,横向外载荷 F_s 与螺栓轴线垂直,在 F_s 的作用下,被联结件的结合面间有相对滑动趋势,为防止被联结件相对滑动,螺栓的预紧力 F_0 大小为

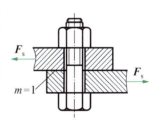

图 3-15　受横向载荷的普通螺栓联结

$$F_0 = \frac{CF_s}{mfz}, \tag{3-7}$$

式中，F_s 为单个螺栓所受的横向载荷（N）；C 为可靠性系数，通常 $C=1.1\sim1.3$；m 为接合面数；f 为接合面之间的摩擦因数，对于钢或铸铁件可取 $f=0.1\sim0.5$；z 为螺栓的个数。

这种联结的螺栓在预紧力 F_0 作用下，其危险截面除受拉应力 σ 外，还受螺旋副中摩擦力矩 T 引起的切应力 τ 作用。根据第四强度理论，螺纹部分的强度条件可简化为

$$\sigma = \frac{1.3F_0}{\frac{\pi d_1^2}{4}} \leqslant [\sigma], \tag{3-8}$$

$$d_1 \geqslant \sqrt{\frac{5.2F_0}{\pi[\sigma]}}, \tag{3-9}$$

式中，$[\sigma]$ 为螺栓的许用应力（MPa）；d_1 为螺栓的小径（mm）。

② 承受轴向工作载荷的普通螺栓联结。图 3-16 所示为压力容器的螺栓联结，螺栓预紧后，再受轴向工作载荷。

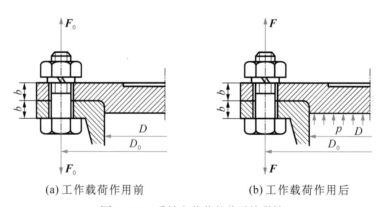

(a) 工作载荷作用前　　　　　　(b) 工作载荷作用后

图 3-16　受轴向载荷的普通栓联结

图 3-16(a)所示为螺栓只受预紧力 F_0，接合面也受压力的作用；工作时，在轴向工作载荷 F_a 作用下，接合面处由 F_0 压力减为 F'，F' 称为残余预紧力。此时，F' 同时也作用在螺栓上，因此，螺栓的总拉力应等于工作拉力 F_a 与残余预紧力 F' 之和，如图 3-16(b)所示，即

$$F = F_a + F'。 \tag{3-10}$$

为了保证联结的紧密性，残余预紧力 F' 应大于零。F' 的大小可根据工作条件按表 3-4 所示的选取。

表 3-4　残余预紧力的推荐值

联结性质	紧固联结		紧密联结
	静载荷	变载荷	
残余预紧力 F'	$(0.2\sim 0.6)F_a$	$(0.6\sim 1.0)F_a$	$(1.5\sim 1.8)F_a$

螺栓的强度条件仍可按下式进行计算,即

$$\sigma = \frac{1.3F}{\frac{\pi d_1^2}{4}} \leqslant [\sigma], \quad d_1 \geqslant \sqrt{\frac{5.2F}{\pi[\sigma]}}。$$

(2) 铰制孔螺栓联结的强度计算　如图 3-17 所示的铰制孔螺栓联结,由于螺杆配合部分与通孔之间没有缝隙,工作时,螺栓杆受到剪切,螺杆与被联结件孔壁接触面受到挤压。其强度条件为

$$\tau = \frac{F_s}{m\frac{\pi d_0^2}{4}} \leqslant [\tau], \qquad (3-11)$$

$$\sigma_j = \frac{F_s}{d_0 \delta} \leqslant [\sigma_j], \qquad (3-12)$$

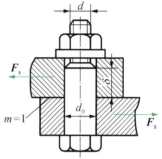

图 3-17　铰制孔螺栓联结

式中,F_s 为横向外载荷(N);d_0 为螺杆受剪处的直径(mm);δ 为螺栓杆与被联结件孔壁间受挤压的最小轴向长度(mm);m 为剪切面的数目;$[\tau]$ 为螺栓的许用应力(MPa);$[\sigma_j]$ 为螺栓和被联结件中,低强度材料的许用挤压应力(MPa)。

(3) 螺纹联结件的常用材料和性能等级　螺纹联结件的常用材料有 Q215,Q235,10,35,45,40Cr 等。国家标准规定螺纹联结件按材料的力学性能分出等级,如表 3-5 所示。

表 3-5　螺纹联结件的性能等级

螺栓 双头螺柱 螺钉	性能等级	3.6	4.6	4.8	5.6	5.8	6.8	8.8	9.8	10.9
	推荐材料	Q215 10	Q235 15	Q235 15	25 35	Q235 15	45	35	35 45	40Cr 15MnVB
相配 螺母	性能等级		4 ($d>$M16 mm) 5 ($d\leqslant$M16 mm)		5	5	6	8 和 9	9	10
	推荐材料	Q215 10	Q215 10	Q215 10	Q215 10	Q215 10	Q235 15	35	35	40Cr 15MnVB

注:① 性能等级的标记代号含义:"."前的数字为公称抗拉强度极限 σ_b 的 1/100,"."后的数字为屈强比的 10 倍,即 $(\sigma_s/\sigma_b) \times 10$。
② 规定性能等级的螺栓、螺母在图样上只注性能等级,不标出材料牌号。

(4) 螺纹联结的许用应力和安全系数　螺栓联结的许用应力和安全系数 S 列于表 3-6 和表 3-7 中。

表 3-6　不控制预紧力时螺栓联结的安全系数 S（静载荷）

材料	M6～16	M16～30	M30～60
碳钢	4～3	3～2	2～1.3
合金钢	5～4	4～2.5	2.5

表 3-7　螺栓联结的许用应力和安全系数

联接情况	受载情况	许用应力 $[\sigma]$ 和安全系数 S
普通螺栓	轴向静载荷 横向静载荷	$[\sigma] = \dfrac{\sigma_s}{S}$。控制预紧力时，$S = 1.2\sim1.5$；不控制预紧力时，$S$ 查表 3-6
配合螺栓	横向静载荷	$[\tau] = \dfrac{\sigma_s}{2.5}$。被联结件为钢时，$[\sigma_j] = \dfrac{\sigma_s}{1.25}$；被联结件为铸铁时，$[\sigma_j] = \dfrac{\sigma_b}{(2\sim2.5)}$
	轴向变载荷	$[\tau] = \dfrac{\sigma_s}{(3.5\sim5)}$；$[\sigma_j]$ 按静载荷的 $[\sigma_j]$ 值降低 20%～30%

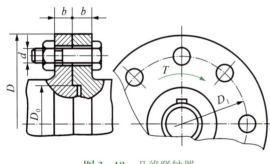

图 3-18　凸缘联轴器

例 3-1　如图 3-18 所示，钢制凸缘联轴器用 8 个普通螺栓联结，螺栓均布在 $D_1 = 250$ mm 的圆周上，联轴器传递的转矩 $T = 10^6$ N·mm，接合面间摩擦因数 $f = 0.15$，可靠性系数 $C = 1.2$。试确定螺栓直径。

解：（1）计算螺栓受外力载荷 F_s，即

$$F_s = \frac{T}{\dfrac{D_1}{2}} = \frac{10^6}{\dfrac{250}{2}} \text{ N} = 8000 \text{ N}。$$

（2）计算每个螺栓的预紧力，即

$$F_0 = \frac{CF}{mfz} = \frac{1.2 \times 8000}{1 \times 0.15 \times 8} \text{ N} = 8000 \text{ N}。$$

（3）选定螺栓材料及性能等级。从表 3-5 中，选 Q235，4.8 级，则

$$\sigma_b = 4 \times 100 \text{ MPa} = 400 \text{ MPa}，\sigma_s = \frac{8 \times 400}{10} \text{ MPa} = 320 \text{ MPa}。$$

（4）计算所需螺栓直径。按控制预紧力，从表 3-7 中，查得 $S = 1.2\sim1.5$，取 $S = 1.4$，其许用应力为

$$[\sigma] = \frac{\sigma_s}{S} = \frac{320}{1.4} \text{ MPa} = 228.6 \text{ MPa},$$

$$d_1 \geqslant \sqrt{\frac{5.2 F_0}{\pi[\sigma]}} = \sqrt{\frac{5.2 \times 8000}{\pi \times 228.6}} \text{ mm} = 7.6 \text{ mm}.$$

查设计手册可知,M10 mm,粗牙;$d_1 = 8.376$ mm $\geqslant 7.6$ mm,可行。

7. 提高螺栓联结强度的措施

螺栓联结承受轴向变载荷时,其损坏形式多为螺栓杆部分的疲劳断裂,通常都发生在应力集中较严重之处,即螺栓头部、螺纹收尾部和螺母支承平面所在处的螺纹。以下简要说明影响螺栓强度的因素和提高强度的措施。

(1) 减小螺栓疲劳强度的应力变化幅度　由于受轴向变载荷的紧螺栓联结,应力变化幅度是影响其疲劳强度的重要因素,应力变化幅度越小,疲劳强度越高。减小螺栓刚度、增大被联结件的刚度能有效减小螺栓疲劳强度的应力变化幅度。

减小螺栓刚度的方法有,适当增加螺栓长度、减小螺栓光杆直径,如图 3-19 所示。也可以在螺母下装弹性元件以降低螺栓刚度,如图 3-20 所示。

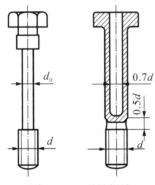

图 3-19　柔性螺栓

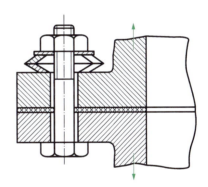

图 3-20　螺母下装弹性元件

要增大被联结件的刚度,可以从被联结件的结构和尺寸考虑外,还可以采用刚度较大的金属垫片,如图 3-21 所示。对于有紧密性要求的气缸螺栓联结,则采用密封环密封较好,如图 3-22 所示。

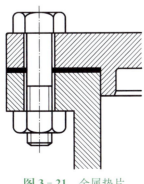

图 3-21　金属垫片

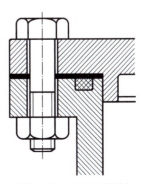

图 3-22　密封环密封

(2) 改善螺纹牙间的载荷分布　采用普通螺母时，轴向载荷在旋合螺纹各圈间的分布是不均匀的，如图 3-23(a)所示，从螺母支承面算起，第一圈受载最大，以后各圈递减。理论分析和实验证明，旋合圈数越多，载荷分布不均的程度也越显著，到第 8～10 圈以后，螺纹几乎不受载荷。所以，采用圈数多的厚螺母，并不能提高联结强度。若采用图 3-23(b)所示的悬置(受拉)螺母，则螺母锥形悬置段与螺栓杆均为拉伸变形，有助于减少螺母与栓杆的螺距变化差，从而使载荷分布比较均匀。图 4-23(c)所示为环槽螺母，其作用和悬置螺母相似。

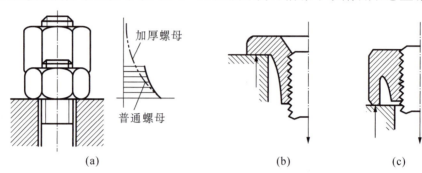

图 3-23　改善螺纹牙的载荷分布

(3) 减小应力集中　如图 3-24 所示，增大过渡处圆角、切制卸载槽，都是使螺栓截面变化均匀、减小应力集中的有效方法。

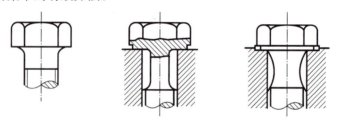

图 3-24　减小螺栓应力集中的方法

(4) 避免或减小附加应力　还应注意，由于设计、制造或安装上的疏忽，有可能使螺栓受到附加弯曲应力，如图 3-25 所示，这对螺栓疲劳强度的影响很大，应设法避免。例如，在铸件或锻件等未加工表面上安装螺栓时，常采用凸台或沉头座等结构，经切削加工后可获得平整的支承面，如图 3-26 所示。

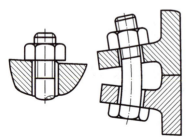

图 3-25　引起附加应力的原因

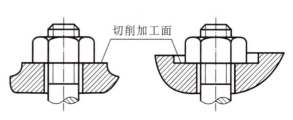

图 3-26　避免附加应力的方法

除上述方法外,在制造工艺上采取冷镦头部和碾压螺纹的螺栓,其疲劳程度比车制螺栓约高 30%,氰化、氮化等表面硬化处理也能提高疲劳强度。

3.1.2 键、销联结

键主要用来实现轴和轴上零件之间的周向固定以传递转矩,有些类型的键还用于实现轴上零件的轴向固定。销的主要用途是固定零件之间的相互位置,有时也用来传递不大的载荷。键、销多数为标准件,关键是根据各类键、销的结构和特点进行选用。

1. 键联结的类型及应用

键联结按其结构特点和工作原理不同,可分为松键联结(平键、半圆键)和紧键联结(楔键和切向键联结)两类。

(1) 平键联结 图 3-27 所示为普通平键联结结构。键的两侧面为工作面,键的上表面为非工作面,这种联结只用于轴上零件的周向固定。平键联结结构简单、装拆方便、对中性好,应用广泛。

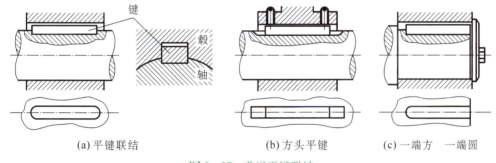

(a) 平键联结　　　　(b) 方头平键　　　　(c) 一端方　一端圆

图 3-27　普通平键联结

普通平键按键的结构,可分为 A 型(圆头)、B 型(方头)、C 型(单圆头)3 类。A 型应用最广,C 型多用于轴端。普通平键的标记为:GB/T1096—2003 键 $b \times h \times L$,A 型普通平键不标类型符号。

普通平键用于静联结,若零件在轴上移动则可采用导向平键,导向平键有 A 型、B 型两种,如图 3-28(a)示。导向平键较长,轮毂可沿键做轴向移动。当轴上零件滑移距离较大

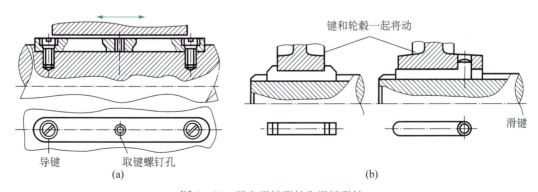

图 3-28　导向平键联结和滑键联结

时,宜采用滑键(见图 3-28(b)),滑键固定在轮毂上,轮毂带动滑键在轴上做轴向移动,因而需在轴上加工较长的键槽。

(2) 半圆键联结 图 3-29 所示为半圆键联结机构,半圆键用于静联结,工作时靠两侧面传递扭矩。半圆键在轴的键槽中能摆动,以适应轮毂中键槽的斜度。这种键的工艺性好、装拆方便。但对轴的强度削弱较严重,故一般用于轻载联结,常用于锥形轴的端部。

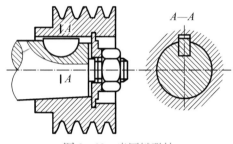

图 3-29 半圆键联结

(3) 楔键联结 如图 3-30 所示,楔键的上、下面表面为工作面,键的上表面有 1:100 的斜度,键楔紧在轴毂之间。工作时,靠键、轮毂、轴之间的摩擦力传递转矩,也可以传递轴向力。但定心精度不高,一般用于轴径大于 100 mm 的场合。

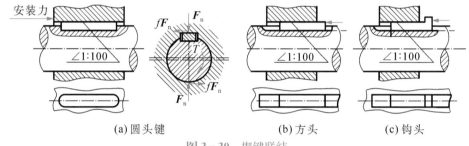

(a) 圆头键　　　　(b) 方头　　　　(c) 钩头

图 3-30 楔键联结

(4) 切向键联结 切向键联结如图 3-31 所示,由两个普通的楔键组成。工作时,靠切向键上、下平面与键槽底面的挤压力和轴毂接触后上的摩擦力来传递运动和转矩。

一副切向键只能传递单方向的转矩,如图 3-31(a)所示;当需传递两个方向的转矩时,用两副切向键在轴上互成 120°角分布,如图 3-31(b)所示。切向键联结一般用于精度要求不高、低速、重载、轴径大于 100 mm 的场合。

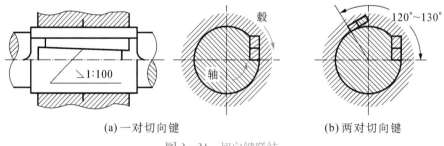

(a) 一对切向键　　　　(b) 两对切向键

图 3-31 切向键联结

(5) 花键联结 花键联结是由在轴上加工出的外花键和轮毂孔壁上加工出的内花键所构成的联结,如图 3-32 所示。花键联结的特点是:由于工作面互为均匀多齿的齿侧面,故承载能力高;由于齿槽较浅,故对轴的强度削弱较轻,有良好的精度和导向性能;但加工时,需专用设备、精度要求高、成本高。

花键已标准化,按其剖面齿形可分为矩形花键和渐开线花键等。

① 矩形花键。矩形花键,如图 3-33(a)所示,齿侧为直线,加工方便;一般以小径定心,定心精度高、稳定性好,因此应用广泛。

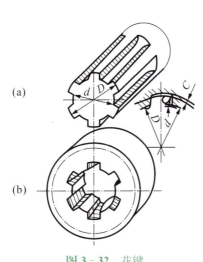

图 3-32 花键

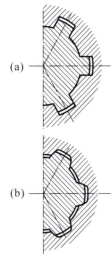

图 3-33 花键联结

② 渐开线花键。渐开线花键,如图 3-33(b)所示,齿侧为渐开线,分度圆压力角有 30°和 45°两种,后者又称为三角形花键。渐开线花键齿根宽、强度高,可用加工渐开线齿轮的方法加工。故工艺性好、精度高,适用于重载、定心精度高和尺寸较大的联结。

2. 平键联结的强度计算

(1) 键的选择　键的选择包括类型选择和尺寸选择两个方面。键的类型,应根据键联结的结构特点、使用要求和工作条件来选择;键的尺寸,则按符合标准规格和强度要求来取定。键的主要尺寸定为其截面尺寸(一般以键宽 b×键高 h 表示)与长度 L。键的截面尺寸 $b×h$ 按轴的直径 d 由标准中选定。键的长度 L 一般可按轮毂的长度而定,即键长等于或略短于轮毂的长度;而导向平键,则按轮毂的长度及其滑动距离而定。一般轮毂的长度可取为 $L'≈(1.5～2)d$,这里 d 为轴的直径。所选定的键长亦应符合标准规定的长度系列。普通平键和普通楔键的主要尺寸,如表 3-8 所示。重要的键联结在选出键的类型和尺寸后,还应进行强度校核计算。

表 3-8　普通平键和普通楔键的主要尺寸

轴的直径 d	6～8	>8～10	>10～12	>12～17	>17～22	>22～30	>30～38	>38～44
键宽 b×键高 h	2×2	3×3	4×4	5×5	6×6	8×7	10×8	12×8
轴的直径 d	>44～50	>50～58	>58～65	>65～75	>75～85	>85～95	>95～110	>110～130
键宽 b×键高 h	14×9	16×10	18×11	20×12	22×14	25×14	28×16	32×18
键的长度系列 L	6, 8, 10, 12, 14, 16, 18, 20, 22, 25, 28, 32, 36, 40, 45, 50, 56, 63, 70, 80, 90, 100, 110, 125, 140, 180, 200, 220, 250, …							

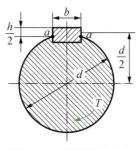

图 3-34 平键联结受力

(2) 平键联结的强度计算 平键联结的主要失效形式,对静联结来讲,是较弱零件(一般为轮毂)的工作面被压溃;对动联结(如导向键联结)来讲,是较弱零件工作面的过度磨损。除非严重过载,一般不会出现键的剪断(见图 3-34,沿 a—a 面剪断)。因此,平键联结一般只需进行挤压强度计算或耐磨性计算。

假设载荷为均匀分布,由图 3-34 可得平键联结的强度条件为

挤压强度条件(静联结) $\qquad \dfrac{4T}{dhl} \leqslant [\sigma_p];$ (3-13)

耐磨性条件(动联结) $\qquad \dfrac{4T}{dhl} \leqslant [p]。$ (3-14)

式中,$[\sigma_p]$,$[p]$ 分别为许用挤压应力和许用压力,如表 3-9 所示;l 为键的工作长度,A 型键 $l=L-b$,B 型键 $l=L$,C 型键 $l=L-0.5b$。

表 3-9 键联结的许用挤压应力、许用压力

许用挤压应力、许用压力	联结工作方式	键或毂、轴的材料	载荷性质		
			静载荷	轻微冲击	冲击
$[\sigma_p]$	静联结	钢	120~150	100~120	60~90
		铸铁	70~80	50~60	30~45
$[p]$	动联结	钢	50	40	30

注:如与键有相对滑动的被联结件表面经过淬火,则动联结的许用压力 $[p]$ 可提高 2~3 倍。

若发现强度不足,可适当增大键的工作长度或采用双键(按 180°布置)。考虑到载荷分布的不均匀性,在强度校核中双键只能按 1.5 个键计算。

3. 销联结

销联结主要用于固定零、部件之间的相对位置,称为定位销,如图 3-35 所示,它是组合加工和装配时的重要辅助零件;也可用于联结,称为联结销,如图 3-36 所示,可传递不大的载荷;还可作为安全装置中的过载剪断元件,称为安全销,如图 3-37 所示。

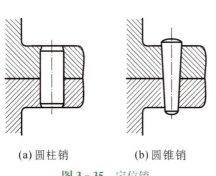

(a) 圆柱销　　(b) 圆锥销

图 3-35 定位销

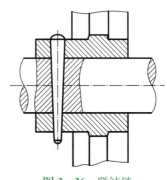

图 3-36 联结销

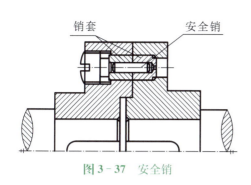

图 3-37 安全销

图 3-38 开口销

销是标准件,其类型有圆柱销、圆锥销、开口销(见图 3-38)、菱形销等,使用时可查阅有关手册。

4. 销联结的强度计算

根据键、销联结的工作原理可知,键、销实际承载的载荷是剪切和挤压。为使键联结可靠,应根据其失效形式,建立相应的准则,进行分析。

必要时,应对销联结进行剪切强度或挤压强度计算。销的材料常用 35,45 钢,剪切强度可按下式验算:

受横向力 F 作用时,如图 3-39(a)所示,则

$$\frac{4F}{\pi d^2} \leqslant [\tau]; \qquad (3-15)$$

受转矩 T 作用时,如图 3-39(b)所示,则

$$\frac{8T}{\pi d^2 D} \leqslant [\tau]。 \qquad (3-16)$$

式中,d 为销危险截面的直径;D 为轴径。$[\tau]$ 许用切应力可从有关手册查得。另外,对于钢材,根据试验结果常取 $[\tau] = (0.6 \sim 0.8)[\sigma]$,$[\sigma]$ 为许用正应力。

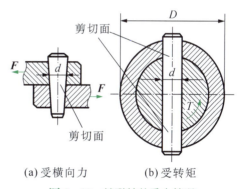

图 3-39 销联结的受力情况

挤压强度可按下式验算,即

$$\sigma_{jy} = \frac{F_{jy}}{A_{jy}} \leqslant [\sigma_{jy}], \qquad (3-17)$$

式中,$[\sigma_{jy}]$ 为材料的许用挤压应力(MP),可从有关手册中查得;F_{jy} 为挤压力(N);A_{jy} 为挤压面积(mm)。

对于金属材料,也可以按如下经验公式确定:

塑性材料 $[\sigma_{jy}] = (1.7 \sim 2.0)[\sigma]$,
脆性材料 $[\sigma_{jy}] = (0.9 \sim 1.5)[\sigma]$。

$[\sigma]$ 为材料的许用挤压应力(MPa)。

学生操作题1：图3-40所示为一刚性凸缘联轴器，材料为Q215钢，传递的最大转矩为1 400 N·m(静载荷)，联轴器用4个M16的铰制孔用螺栓联结，螺栓材料为Q235钢。试选择合适的螺栓长度，并校核该联结的强度。

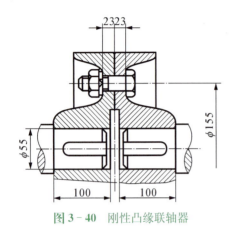

图3-40 刚性凸缘联轴器

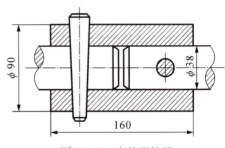

图3-41 套筒联轴器

学生操作题2：已知轴和带轮的材料分别为钢和铸铁，带轮与轴配合直径 $d=40$ mm，轮毂长度 $l=80$ mm，传递的功率 $P=10$ kW，转速 $n=1\,000$ r/min，载荷性质为轻微冲击。

(1) 试选择带轮与轴联结用的A型普通平键；

(2) 按1∶1比例绘制联结剖视图，并注出键的规格和键槽尺寸。

学生操作题3：一套筒联轴器，如图3-41所示。已知轴传递的扭矩 $T=50$ N·m，联轴器材料为Q235，轴的材料为45钢，工作时载荷平稳。试选择圆锥销并验算其强度。

任务3-2　轴

轴是机器中的重要零件之一，用来支撑旋转的机械零件，如齿轮、带轮等，并传递运动和动力。机械工程中较常见的圆形直杆，称为圆轴，简称轴。轴的主要变形是扭转、弯曲，以及扭转与弯曲的组合变形。通常将仅承受扭矩的轴称为传动轴，如图3-42(a)所示汽车的传动轴；仅承受弯矩轴称为心轴，如图3-42(b)所示的固定心轴；同时承受扭矩和弯矩的轴称为转轴，如图3-42(c)所示的齿轮减速器输出轴等。

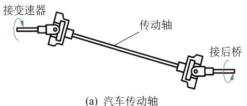

(a) 汽车传动轴

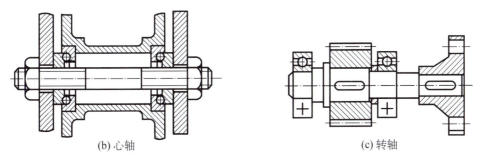

(b) 心轴   (c) 转轴

图 3-42　轴按承载不同分类

按轴线形状还可分为直轴(图 3-42)、曲轴(图 3-43)和挠性钢丝轴(图 3-44)。曲轴常用于往复式机械中,挠性钢丝轴是由几层紧贴在一起的钢丝层构成的,可以把转矩和旋转运动灵活地传到任何位置,常用于捣振器等设备中,本任务只研究直轴。

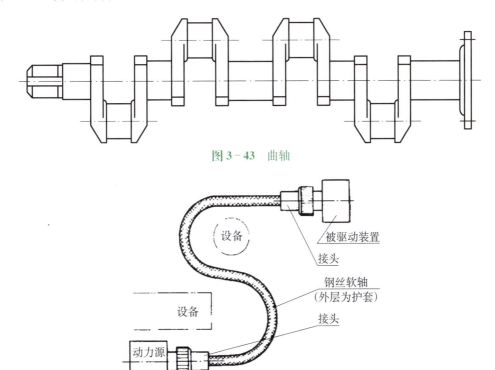

图 3-43　曲轴

图 3-44　挠性钢丝轴

3.2.1　杆件的拉、压变形与强度计算

我们研究物体的受力情况和平衡条件时,均把构件看成是不可变的刚体,忽略了变形的存在,使所研究的问题大大简化。但在设计构件时,为了使其能正常的工作,就必须考虑它的变形。事实上,任何机械构件受到外力作用时,都会发生变形,如果外力过大,还会发生破

坏。为了保证机械设备安全、可靠地工作,必须要求构件具有足够的抵抗破坏的能力,这种能力就称作强度。

对某些构件除要求具有足够的强度之外,还要求具有足够的抵抗变形的能力,这种能力称作刚度。

由于载荷种类、作用方式以及约束类型不同,杆件受载后就会发生不同形式的变形。可归纳为4种基本变形,即轴向拉伸与压缩(见图3-45(a))、剪切(见图3-45(b))、扭转(见图3-45(c))和弯曲(见图3-45(d))。实际杆件的变形是多种多样的,可能只是某一种基本变形,也可能是这4种基本变形中两种或两种以上的组合,称为组合变形。

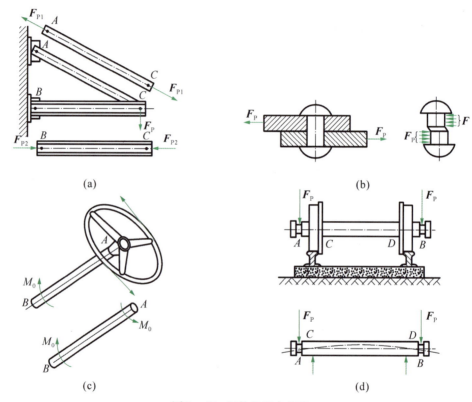

图 3-45 杆件的基本变形

1. **杆件轴向拉伸与压缩变形**

(1) 轴向拉伸与压缩的概念 工程实际中,常见到一些承受轴向拉伸或压缩的构件。如图3-46(a)所示,固紧螺栓受到沿轴线拉力作用,螺栓杆产生伸长变形;内燃机中气缸连杆 BC,在工作中将产生压缩变形,如图3-47(a)所示。这些构件的结构形式各有差异,受力方式各不相同,但它们具有共同的特点,作用于构件上的外力与构件的轴线重合,构件的变形是沿着轴线方向伸长或缩短。图3-46(b)、图3-47(b)所示为螺栓和气缸连杆计算简图。

(2) 内力 构件的载荷与约束力,称为外力;构件内各质点之间相互作用力,称为内力。

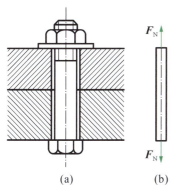
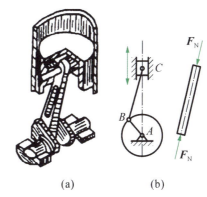

图 3-46　螺栓受到轴向拉伸　　　　图 3-47　气缸杆受到轴向压缩

当构件受外力作用后而变形时,它的内力也随之变化。内力随着外力的增大而增大,达到一定限制时,构件就会发生破坏。

（3）截面法　求内力的基本方法是截面法。如图 3-48(a)所示,构件两端受拉力 F_P 作用。欲求某一截面 m—m 上的内力,可假想用一截面将构件在 m—m 处切开,分为左、右两部分,任取其中一部分作为研究对象,如图 3-48(b)所示,设其内力的合力为 F_N,由于构件原来处于平衡状态,切开后也处于平衡状态。由平衡方程 $\sum F_x = 0$,$F_N - F_P = 0$,求得

$$F_N = F_P。$$

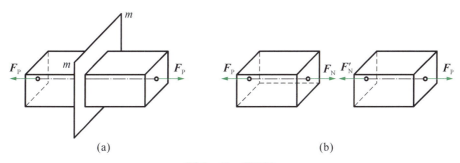

图 3-48　截面法

由于内力的作用线垂直构件(杆)的横截面,并通过截面的形心,这种内力也称为轴力。当轴力的方向背离截面时,杆受拉,规定轴力为正;反之,杆受压,轴力为负。

采用截面法求内力的步骤如下:
① 将构件分成两部分;
② 任取其中一部分为研究对象,画受力图;
③ 列研究对象的平衡方程,求解内力。

例 3-2　如图 3-49(a)所示,构件在 $F_P = 10$ kN 作用下处于平衡状态。试求 1—1,2—2,3—3 截面上的轴力。

解：用截面法,将所求各截面截开,取左段为研究对象,由平衡方程 $\sum F_x = 0$ 可得各

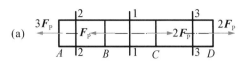

图 3-49 构件受力图

轴力。

1—1 截面,如图 3-49(b)所示,即

$$F_{N1} - 3F_P - F_P = 0,$$
$$F_{N1} = 3F_P + F_P = 4F_P = 4 \times 10 \text{ kN} = 40 \text{ kN};$$ ①

2—2 截面,如图 3-49(c)所示,即

$$F_{N2} - 3F_P = 0,$$
$$F_{N2} = 3F_P = 3 \times 10 \text{ kN} = 30 \text{ kN};$$ ②

3—3 截面,如图 3-49(d)所示,即

$$F_{N3} + 2F_P - 3F_P - F_P = 0,$$
$$F_{N3} = 3F_P + F_P - 2F_P = 2 \times 10 \text{ kN}.$$ ③

由①、②和③式,得到以下结论:

拉(压)杆各截面上的内力,在数值上等于该截面一侧外力的代数和;外力背离截面取为正(受拉),外力指向截面取为负(受压)。

(4) 横截面上的应力　确定了横截面上拉伸或压缩的轴力后,并不能解决构件的强度问题。例如,两根材料相同、粗细不同的拉杆,若两者所受的轴力相同,随着拉力的增加,细杆首先被拉断。这说明杆件的强度不仅与轴力有关,而且还与横截面的尺寸有关。可见,构件是否被破坏,不取决于横截面内力的大小,而取决于单位面积上内力的大小。

单位面积上的内力,称为应力。应力单位为 N/m^2,称为 Pa。由于 Pa 这一单位太小,工程上常用 MPa(N/mm^2) 或 GPa 作为应力单位,它们之间的换算关系为

$$1 \text{ GPa} = 10^3 \text{ MPa} = 10^9 \text{ Pa}。$$

要确定横截面上任何一点的应力,必须了解内力系在横截面上的分布规律。由于内力与变形之间存在着一定的关系,因此,需通过实验观察构件的变形情况。

取一等截面直杆,实验前,在杆件表面上画上与杆轴垂直的横线,再画上与杆轴平行的纵向线,如图 3-50(a)所示。然后在杆的两端加一对轴向力 F_P,使杆件发生变形,如图 3-50(b)所示。变形后看到横向线均为直线,并且仍垂直于杆的轴线,只是横向线间距增大,纵向间距减少。从这一变形现象可知,变形前为平面的横截面,变形后仍保持为平面,或将其看作两截面作相对移动。所有纵向线伸长都相同,因此可推断横截面上的内力分布是均匀的。所以,横截面上各点的应力大小都是相等的,

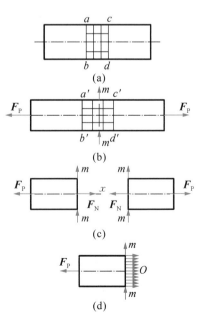

图 3-50　横截面上正应力

方向垂直于横截面上正应力,计算公式为

$$\sigma = \frac{F_N}{A},\qquad(3-18)$$

式中,σ 为横截面上的正应力(MPa);F_N 为横截面上的内力(N);A 为横截面的面积(mm^2)。

对于 σ 的方向,规定拉应力为正,压应力为负。

例 3-3　一阶梯轴如图 3-51 所示,AB 段横截面面积为 $A_1 = 80\ mm^2$,BC 段横截面面积为 $A_2 = 160\ mm^2$。试求各段轴横截面上的正应力。

解：(1) 计算各段轴力。由截面法,求出各段轴力：
AB 段　$F_{N1} = 8\ kN$(拉力),BC 段　$F_{N2} = -15\ kN$(压力)。

(2) 确定应力。根据(3-18)式,各段轴的正应力为

AB 段　　$\sigma_1 = \dfrac{F_{N1}}{A_1} = \dfrac{8 \times 10^3}{80}\ MPa = 100\ MPa$　(拉应力),

BC 段　　$\sigma_2 = \dfrac{F_{N2}}{A_2} = \dfrac{-15 \times 10^3}{160}\ MPa = -93.75\ MPa$　(压应力)。

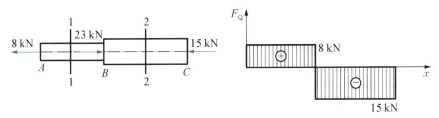

图 3-51　阶梯轴

(5) 轴向拉伸与压缩变形　实验证明,变形有几种表示形式。

① 变形和应变。当拉杆沿其纵向伸长时,其横向将缩短,如图 3-52(a)所示;压杆则相反,纵向缩短、横向增大,如图 3-52(b)所示。设 L,d 为直杆变形前的长度和直径,L_1,d_1 为直杆变形后长度和直径,则纵向变形与横向变形分别为

$$\Delta L = L_1 - L,\ \Delta d = d_1 - d,$$

称为绝对变形,即总的伸长量及直径缩短量。

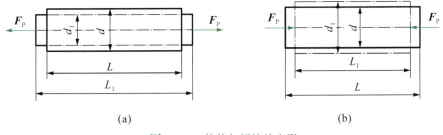

(a)　　　　　　　　　　　(b)

图 3-52　拉伸与压缩的变形

绝对变形的大小不能反映杆的变形程度。例如，长度分别为 1 cm 与 5 cm 的两根橡皮条，它们的绝对变形均为 1 mm，显然变形程度不同。因此，为了度量杆的变形程度，必须计算单位长度的变形量。对于轴力为常量的等截面直杆，其变形处处相等，可将 ΔL 除以 L 表示单位长度的变形量，即

$$\varepsilon = \frac{\Delta L}{L}, \ \varepsilon_1 = \frac{\Delta d}{d}。$$

式中，ε 为轴向相对变形或轴向线应变；ε_1 为横向线应变。

应变是单位长度的变形，是无因次的量。由拉伸和压缩可知，拉伸时 $\Delta L > 0$，$\Delta d < 0$，$\varepsilon > 0$，$\varepsilon_1 < 0$；压缩时，则相反。其中，ε 与 ε_1 符号相反。

② 泊松比。当应力未超过某一限度时，横向应变 ε_1 与轴向应变 ε 成正比关系，即

$$\varepsilon_1 = -\mu\varepsilon，$$

式中，负号表示 ε 与 ε_1 的正、负总是相反；μ 为泊松比，是无因次量，与材料有关，其值列于表 3-10 中供参考。

表 3-10　常用材料的弹性模量和泊松比

材料名称	弹性模量 E/GPa	泊松比 μ
碳钢	196～216	0.24～0.28
铸钢	80～160	0.23～0.27
合金钢	206～216	0.25～0.30
铝合金	70～128	0.26～0.33
铜及其合金	71～128	0.31～0.42

③ 胡克定律。通过试验证明，在弹性范围内，杆的变形 ΔL 与轴力 N、杆件长度 L 成正比，而与杆件截面面积 A 成反比，即

$$\Delta L \propto \frac{NL}{A}。$$

考虑材料性能不同，引入与材料有关的比例常数 E，得

$$\Delta L = \frac{NL}{EA}, \tag{3-19}$$

式中，E 为材料拉（压）弹性模量（GPa），随材料而异，其值如表 3-10 所示。

由 (3-19) 式可知，对于长度相同、受力相等的杆件，EA 值愈大，则变形愈小。所以，称为杆件的抗拉（压）刚度。它反映了杆件抵抗拉（压）变形的能力。

若将 $\sigma = \frac{N}{A}$，$\varepsilon = \frac{\Delta L}{L}$ 代入 (3-19) 式中，即得胡克定律的另一种表达形式

$$\sigma = E\varepsilon, \qquad (3-20)$$

即在弹性范围内,正应力与线应变成正比。

例 3-4 若例 3-3 中构件的受力情况,其截面尺寸不变,并知长度 $L_{AB}=2\text{ m}$, $L_{BC}=2.2\text{ m}$,材料的弹性模量 $E=210\text{ GPa}$。试求构件的总变形量的代数和。

解:此构件有两段,总变形量等于两段变形量的代数和,即

$$\Delta L = \frac{F_{N1}L_{AB}}{EA_1} + \frac{F_{N2}L_{BC}}{EA_2} = \frac{8\times10^3\times2\times10^3}{2.10\times10^5\times80} + \frac{-15\times10^3\times2.2\times10^3}{2.10\times10^5\times160}$$
$$= 0.9524 - 0.9821 = -0.029 \text{(mm)}。$$

压缩量为 0.029 mm。

2. 材料拉伸与压缩时的力学性能

(1) 塑性材料拉伸与压缩时的力学性能　工程上,广泛应用的塑性材料为低碳钢、铜和铝等。低碳钢在拉伸试验中具有经典性,所以选择它来阐述钢材的一些特性。拉伸试验是采用国家标准规定的试件,如图 3-53(a,b)所示。

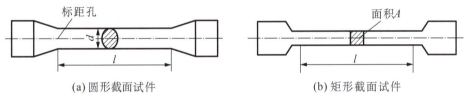

(a) 圆形截面试件　　　　　(b) 矩形截面试件

图 3-53　拉伸试件

拉伸是在材料实验机上进行,用夹头夹紧两端,缓慢加载,直至试件被拉断为止。一般实验机均装有自动绘图装置,能自动绘制载荷 F 与伸长 ΔL 之间的关系曲线,该曲线称为拉伸图。为了消除试件尺寸的影响,将拉伸图中纵坐标 F 与横坐标 ΔL 分别除以试件原始截面面积 A 和原始长度 L,绘制出应力-应变曲线,即 σ-ε。如图 3-54 所示,为低碳钢 Q235 拉伸时的 σ-ε 曲线。

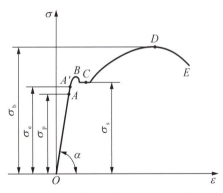

图 3-54　低碳钢拉伸时的 σ-ε 曲线

根据实验结果,将 σ-ε 曲线分成 4 个阶段讨论。

① 弹性阶段。图中 OA 段为一直线,说明在此阶段内应力和应变成正比,即 $\sigma\varpropto\varepsilon$。此阶段的最高点 A 所对应的应力值,称为材料的比例极限,用 σ_p 表示。比例极限是使应力、应变保持正比关系的最大的应力值。在该段内,材料只产生弹性变形,OA 段直线的斜率为试件的弹性模量,即

$$\tan\alpha = \frac{\sigma}{\varepsilon} = E。$$

弹性模量 E 是衡量材料产生弹性变形难易程度的指标。E 愈大，材料抵抗材料性形变的能力也愈大，故 E 又称为材料的刚度。

② 屈服阶段。当应力超过 σ_p 后，曲线出现波动的锯齿形线段，这表示应力虽然不再增加，但变形却迅速增大，材料犹如失去了变形的抵抗能力，这种现象称为材料屈服。屈服阶段的最低应力值 σ_s，称为材料的屈服极限。在这一阶段，材料将出现不能消失的塑性变形，这在工程中是不允许的。所以，屈服点是衡量材料强度的一个重点指标。例如，Q235 钢的屈服极限 $\sigma_s \approx 235$ MPa。

③ 强化阶段。经过屈服强化以后，曲线又逐渐上升，材料又恢复了抵抗变形能力，这种现象称为材料的强化。该阶段又称为强化阶段，其最高点 D 所对应的应力 σ_b 是材料承受的最大应力，称为强度极限。例如，Q235 钢的强度极限 $\sigma_b \approx 400$ MPa。

④ 颈缩阶段。应力达到 σ_b 后，试件在某一局部范围内横向尺寸突然变小，形成"缩颈"现象，如图 3-55 所示。这时承载能力急剧下降，最后在缩颈处被拉断。

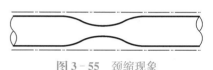

图 3-55 颈缩现象

⑤ 伸长率和断面收缩率。材料的塑性以试件拉断后遗留下来的塑性变形来表示。塑性大小用伸长率 δ 和断面收缩率 φ 来表示，有

$$\delta = \frac{L_1 - L}{L} \times 100\%, \quad \varphi = \frac{A - A_1}{A} \times 100\%,$$

式中，L_1 为试件拉断后的长度（mm）；L 为试件原始长度（mm）；A_1 为试件拉断处的横截面面积（mm²）；A 为试件原始横截面面积（mm²）。

δ，φ 愈大，表示材料的塑性愈好。金属材料应具有一定的塑性才能顺利地承受各种变形加工；另一方面材料具有一定的塑性，可以提高构件使用的可靠性，防止突然断裂。

工程上，通常将 $\delta > 5\%$ 的材料称为塑性材料；$\delta \leqslant 5\%$ 的材料称为脆性材料，如铸铁、玻璃、陶瓷等。

塑性材料压缩时，在屈服阶段以前，两曲线基本重合。屈服阶段后，试件愈压愈扁，曲线不断上升，得不到材料压缩时的强度极限。图 3-56 所示为低碳钢在压缩时的 σ-ε 曲线。

（2）脆性材料拉伸与压缩时的力学性能　以灰铸铁为例，它在拉伸时 σ-ε 曲线是一条微弯的曲线，如图 3-57 所示。图中，无明显的直线部分、无屈服现象、不产生颈缩、变形小，当应力达到一定数值时，突然断裂。衡量铸铁强度的唯一指标，是强度极限 σ_b。在应力较小的范围内，曲线近似为一直线，在这一范围内服从胡克定律。

灰铸铁压缩时也无明显的直线部分，如图 3-58 所示，无屈服点，但是强度极限超过拉伸强度极限 4~5 倍，

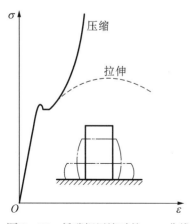

图 3-56　低碳钢压缩时的 σ-ε 曲线

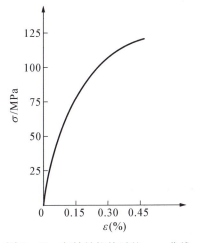
图 3-57　灰铸铁拉伸时的 σ-ε 曲线

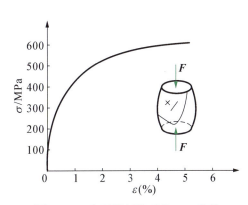
图 3-58　灰铸铁压缩时的 σ-ε 曲线

其他脆性材料也具有这样的性质。

(3) 构件拉伸与压缩时的强度计算　涉及以下两方面问题。

① 许用应力。机械或工程结构中的每一个构件,所能承受的应力都是有一定限度的。如果构件受到载荷时,发生过大的塑性变形或断裂,就丧失了正常的工作能力,这些现象称为失效。材料失效时的应力,称为极限应力。一般认为,塑性材料的极限应力是屈服强度 σ_s,脆性材料的极限应力是强度极限 σ_b。

构件在正常工作时,材料所允许承受的最大应力称为许用应力,$[\sigma]$ 必须小于极限应力。

常温、静载情况下,塑性材料在拉伸、压缩时的屈服极限相同,所以拉、压许用应力相同,即

$$[\sigma] = \frac{\sigma_s}{S},$$

式中,σ_s 为塑性材料的屈服极限(MPa);S 为安全系数。

脆性材料拉伸和压缩强度极限不同,故许用应力分别为 $[\sigma_L]$ 及 $[\sigma_Y]$,且

$$\text{拉伸许用应力}\quad [\sigma_L] = \frac{\sigma_{bL}}{S_L}, \quad \text{压缩许用应力}\quad [\sigma_Y] = \frac{\sigma_{bY}}{S_Y},$$

式中,σ_{bL},σ_{bY} 分别为脆性材料的拉伸和压缩强度极限(MPa);S_L,S_Y 分别为脆性材料的拉伸和压缩的安全系数。

安全系数要兼顾安全和经济两方面,取值过小,构件安全性差,取值过大,材料利用率低,造成浪费。一般的机械,按经验选取,塑性材料安全系数取 1.2～2.2;脆性材料安全系数取 2～3.5(或更大)。

值得注意的是,压缩变形长度比超出一定范围时,会出现另一种失效形式,称为失稳(请参阅材料力学有关内容)。

② 拉伸(压缩)强度条件。为了保证拉、压杆具有足够的强度,必须使其最大正压力 σ_{max}

（工作应力）小于或等于材料在拉伸（压缩）时的许用应力$[\sigma]$，即

$$\sigma_{\max} = \frac{F_N}{A} \leqslant [\sigma]。 \quad (3-21)$$

(3-21)式称为拉(压)杆的强度条件，F_N，A 分别为构件危险截面处的轴力和截面面积。利用强度条件可解决以下3方面的问题：

a. 强度校核。根据构件的材料、尺寸及所受载荷（已知$[\sigma]$，A 及 F_N），校验构件的强度是否足够。若(3-21)式成立，表明构件强度足够；否则，强度不满足。

b. 设计截面。根据构件所用材料及所受载荷（已知$[\sigma]$和 F_N），确定截面尺寸。

c. 确定许可载荷。根据构件材料及尺寸（已知$[\sigma]$及 A），确定构件能承受的载荷。

例 3-5 如图 3-59 所示，活塞受气体压力为 $F_P = 100$ kN，曲柄 OA 长度为 120 mm，连杆 AB 长度为 $L = 300$ mm，截面尺寸 $b = 50$ mm，$h = 65$ mm，材料许用应力$[\sigma] = 50$ MPa。当 OA 与 AB 垂直时，试校核连杆的强度。

解：根据活塞的平衡条件，求出连杆所受的轴力，如图 3-59(c)所示，有

$$\sum F_y = 0, \; F'_N \cos\alpha - F_P = 0,$$

$$F'_N = \frac{F_P}{\cos\alpha} = \frac{F_P}{L}\sqrt{L^2 + (OA)^2}$$

$$= \frac{100}{300}\sqrt{300^2 + 120^2} \text{ kN}$$

$$= 130.12 \text{ kN}。$$

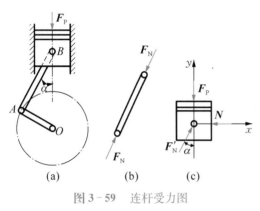

图 3-59 连杆受力图

计算截面面积为 $A = bh = 50 \times 65 \text{ mm}^2 = 3250 \text{ mm}^2$。

校核连杆的强度，由强度条件得

$$\sigma = \frac{F_N}{A} = \frac{F_N}{bh} = \frac{130.12 \times 10^3}{3250} \text{ MPa} = 40.04 \text{ MPa}。$$

因为 $\sigma < [\sigma]$，所以连杆强度足够。

例 3-6 三角架如图 3-60 所示，两件截面均为圆形，材料为钢，许用应力 $\sigma = 58$ MPa，作用于 B 点的载荷 $G = 30$ kN。试确定两杆的直径 d（杆自重不计）。

解：画两杆的计算简图，求作用于两杆上的外力，两杆为二力杆，受力如图 3-60(b)所示。取 B 点为研究对象，如图 3-60(c)所示，用截面法在图 3-60(a)上 n—m 截面截取研究对象，列平衡方程式，即

$$\sum F_y = 0, \; F_{N1}\sin 60° - G = 0,$$

$$F_{N1} = \frac{G}{\sin 60°} = \frac{30 \times 10^3}{0.866} \text{ N} = 34642 \text{ N};$$

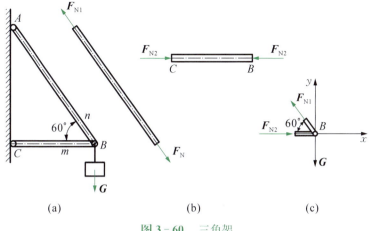

图 3-60 三角架

$$\sum F_x = 0, \ F_{N2} - F_{N1}\cos 60° = 0,$$

$$F_{N2} = F_{N1}\cos 60° = 34642 \times \frac{1}{2} \text{ N} = 17321 \text{ N}。$$

确定两杆直径，由(3-21)式得 $A = \dfrac{F_N}{[\sigma]}$。因 $A = \dfrac{\pi d^2}{4}$，所以 $\dfrac{\pi}{4}d^2 \geqslant \dfrac{F_N}{[\sigma]}$。

圆杆 AB 直径　$d_{AB} \geqslant \sqrt{\dfrac{4F_{N1}}{\pi[\sigma]}} = \sqrt{\dfrac{4 \times 134642}{\pi \times 58}}$ mm = 27.58 mm，

取 $d_{AB} = 28$ mm。

圆杆 BC 直径　$d_{BC} \geqslant \sqrt{\dfrac{4F_{N2}}{\pi[\sigma]}} = \sqrt{\dfrac{4 \times 17321}{\pi[\sigma]}}$ mm = 19.5 mm，

取 $d_{BC} = 20$ mm。

3.2.2　汽车传动轴设计

1. 扭转时横截面上的扭矩和扭矩图

（1）外力偶矩的计算　轴的两端受到大小相等、方向相反的力偶矩的作用，使横截面绕轴线发生相对转动，使轴产生扭转变形，其中 φ 称为扭转角，如图 3-61 所示。

在工程实例中，通常无法直接知道外力偶矩的大小，而是给出轴所传递的功率和轴的转速。这时可利用功率、转速和外力偶矩之间的关系，求出作用在轴上的外力偶矩，其关系为

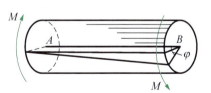

图 3-61 受力偶矩作用的轴

$$M = 9.550 \times 10^6 \frac{P}{n}, \qquad (3-22)$$

式中，M 为作用在轴上的外力偶矩（N·mm）；P 为轴传递的功率（kW）；n 为轴的转速（r/min）。

（2）传动轴横截面上的内力——扭矩和扭矩图　如图 3-62 所示，圆轴在外力偶矩作用下产生扭转变形，其横截面上将有内力产生，用截面法可以求出横截面的内力。现假想用 m—m 截面将其截开，并取左段为研究对象。为保持平衡，该截面上必有内力偶作用，其内力偶矩称为扭矩，用 T 表示。

由　　$\sum M = 0$，$T - M = 0$，得 $T = M$。

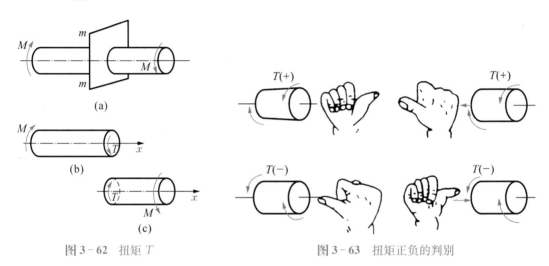

图 3-62　扭矩 T　　　　　　　　　图 3-63　扭矩正负的判别

当然也可取截面右段为研究对象，为了使取左段或右段求得的同一截面上的扭矩一致，通常采用右手螺旋法则规定扭矩的正、负。即右手四指弯曲表示扭矩的转向，拇指指向与截面外法线方向一致时扭矩为正，反之为负，如图 3-63 所示。应用截面法时，先假设截面上的扭矩为正，由此法可得出图 3-62(b, c)所示 m—m 截面的扭矩均为正值。

当轴上同时有几个外力偶矩时，一般而言，各段截面上的扭矩是不同的。为了形象地表示各截面扭矩的大、小和正、负，以便分析危险截面，常需画出各截面扭矩的分布图，称为扭矩图。其画法为：取平行于轴线的横坐标 x 表示各截面位置，垂直于轴线的纵坐标表示扭矩 T。正扭矩画在 x 轴的上方，负扭矩画在 x 轴的下方。

例 3-7　某机械传动轴，如图 3-64(a)所示，输入轮 $M_B = 3 \text{ kN·m}$，输出两轮 $M_A = 1.8 \text{ kN·m}$，$M_C = 1.2 \text{ kN·m}$。求出截面 1—1，2—2 的扭矩，并画扭矩图。

解：取截面 1—1 左侧为研究对象，可得

$$T_{1-1} = -M_A = -1.8 \text{ kN·m}。$$

取截面 2—2 右侧为研究对象，可得

$$T_{2-2} = M_C = 1.2 \text{ kN·m}。$$

作扭矩图，如图 3-64(b)所示。

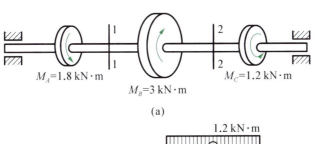

(a)

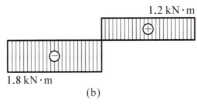

(b)

图 3-64 扭矩图

由图 3-64(b)可知,传动轴 B 点处的截面上,扭矩发生突变,突变量等于该截面上外力偶矩的数值。

2. 传动轴扭转时横截面上的应力

在研究了圆轴扭转时横截面的内力(扭矩)后,还得计算截面上的应力。由于应力与变形有关,因此先观察圆周的扭转变形情况。

取等截面圆轴,将左端固定,在圆轴的表面上画两条相互平行的圆周线和纵向线,如图 3-65(a)所示。在轴的右端面作用一力偶矩使其变形,如图 3-65(b)所示,这时可以观察到:

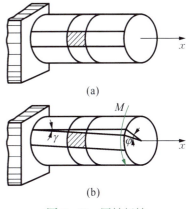

图 3-65 圆轴扭转

(1) 圆周线的形状、大小及圆周线之间的距离均无变化,圆周线绕轴线作相对转动。

(2) 纵向线仍近似地为直线,只是同时倾斜了同一角度 γ,表明横截面上没有正应力。由于相邻截面相对地转过一个角度,即横截面上有切应力存在,且与半径方向垂直。

切应力计算公式可通过几何关系、物理关系及静力学关系导出。

传动轴扭转时,横截面上任意点处的切应力计算公式为

$$\tau_\rho = \frac{T\rho}{I_P},$$

式中,τ_ρ 为横截面任意点的切应力(MPa);T 为横截面上的扭矩(N·mm);ρ 为横截面任意点到圆心的距离(mm);I_P 为截面对圆心的极惯性矩(mm⁴),是仅与截面的形状有关的几何量。

由上式可看出,切应力与点到圆心的距离成正比,并沿圆轴半径方向呈线性分布,圆心处为零,边缘处的切应力最大。其应力分布规则,如图 3-66 所示。

当圆截面 $\rho = R$ 时,切应力达到最大值为

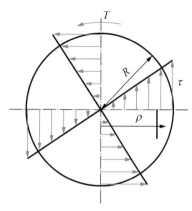

图 3-66 切应力分布规律

$$\tau_{\max} = \frac{TR}{I_P} \text{。} \quad (3-23)$$

令 $W_P = \dfrac{I_P}{R}$,则

$$\tau_{\max} = \frac{T}{W_P}, \quad (3-24)$$

式中,W_P 为抗扭截面模量($\mathrm{m^3}$ 或 $\mathrm{mm^3}$)。

极惯性矩与抗扭截面模量表示截面的几何性质,其大小与截面的形状和几何尺寸有关。通常,工程上常用的圆轴有实心圆轴和空心圆轴,它们的极惯性矩与抗扭模量按下式计算:

实心轴,设直径为 d,则

$$I_P = \frac{\pi}{32}d^4 \approx 0.1d^4, \ W_P = \frac{\pi}{16}d^3 \approx 0.2d^3;$$

空心轴,设外径为 D_1,内径为 d_1,则

$$I_P = \frac{\pi}{32}D_1^4(1-\alpha^4) \approx 0.1D_1^4(1-\alpha^4), \ W_P = \frac{\pi}{16}D_1^3(1-\alpha^4) \approx 0.2D_1^3(1-\alpha^4),$$

其中 $\alpha = \dfrac{d_1}{D_1}$。

3. 传动轴扭转时的强度计算

传动轴扭转时,产生最大切应力的截面称为危险截面。显然,为了保证传动轴扭转时具有足够的强度,必须使最大切应力小于材料的许用切应力 $[\tau]$,即

$$\tau_{\max} = \frac{T}{W_P} \leqslant [\tau] \text{。} \quad (3-25)$$

许用切应力 $[\tau]$ 值是根据试验确定的,可查阅有关手册。它与许用拉应力 $[\sigma]$ 有如下关系:
塑性材料 $[\tau] = (0.5 \sim 0.6)[\sigma]$, 脆性材料 $[\tau] = (0.8 \sim 1.0)[\sigma]$。

应用扭转切应力强度条件,可以解决传动轴强度校核、截面设计和确定许用载荷等 3 类扭转强度问题。

例 3-8 实心轴与空心轴通过牙嵌式离合器联结传递转矩,如图 3-67 所示。已知轴的转速 $n = 120\ \mathrm{r/min}$,传递的功率 $P = 10\ \mathrm{kW}$,材料的许用切应力 $[\tau] = 40\ \mathrm{MPa}$,空心轴内径为 d_1,外径为 D_1,空心轴内外径之比 $\alpha = d_1/D_1 = 0.6$。试设计实心轴的直径 d 和空心轴的外径 D_1。

解:(1)计算外力偶矩及扭矩,即

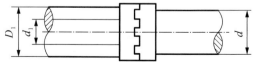

图 3-67 牙嵌式离合器

$$T = M = 9550\frac{P}{n} = 9550 \times \frac{10}{120}\ \text{N·m} = 795.8\ \text{N·m}。$$

(2) 设计轴的直径,由(3-25)式可知抗扭截面模量,并求得轴的直径。

实心轴 $$W_P = 0.2d^3 \geqslant \frac{T}{[\tau]},$$

$$d = \sqrt[3]{\frac{T}{0.2[\tau]}} = \sqrt[3]{\frac{795.8 \times 10^3}{0.2 \times 40}}\ \text{mm} = 46.3\ \text{mm};$$

空心轴 $$W_P = 0.2D_1^3(1-\alpha^4) \geqslant \frac{T}{[\tau]},$$

$$D_1 = \sqrt[3]{\frac{T}{0.2(1-\alpha^4)[\tau]}} = \sqrt[3]{\frac{795.8 \times 10^3}{0.2(1-0.6^4) \times 40}}\ \text{mm} = 48.5\ \text{mm}。$$

取 $d = 47\ \text{mm}$,$D_1 = 50\ \text{mm}$。

3.2.3 火车轮轴设计

心轴弯曲变形是工程实际中常见的一种变形。例如,火车轮轴(见图 3-68)和承受弯曲变形的齿轮轴(见图 3-69),它们的受力和变形特点是,作用在轴上的外力垂直轴的轴线,使轴产生弯曲变形。

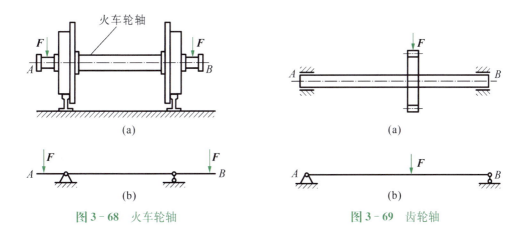

图 3-68 火车轮轴　　　　　图 3-69 齿轮轴

1. 轴的计算简图及载荷的简化

(1) 轴的计算简图　承受弯曲作用的心轴的外形较承受扭转作用的轴的外形复杂些。但不论心轴的外形多么复杂,在心轴的分析计算时,均以轴线代表轴。图 3-68(a)所示的火车轮轴和图 3-69(a)所示的轮齿轴,其计算简图分别如图 3-68(b)和 3-69(b)所示。

(2) 载荷的简化　作用在轴上的载荷,通常简化为以下 3 种形式:

① 集中力。轴上力的作用范围相对轴的长度很小时,可简化为作用一点的集中力。例

如火车车厢对轮轴的压力、轮齿对轴的作用等，都可简化为集中力。

② 分布载荷。指载荷连续分布在心轴的全长或部分长度上，其大小与分布情况，用单位长度上的力 q 表示，称为载荷集度。如图 3-70 所示的薄板轧机的示意图，轧机工作时，上下轧辊在中部为 L_0 的范围内受到轧制力为均布载荷，以总轧制力除以 L_0 得均布载荷集度为 $q = F/L_0$，其单位为 N/m 或 kN/m。

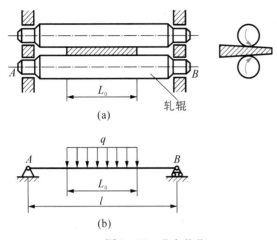

图 3-70 分布载荷

③ 集中力偶。当力偶作用范围远远小于轴的长度时，可简化为集中作用于某一截面的集中力偶。如图 3-71 所示的 F_a 为齿轮啮合中的轴向分量，把 F_a 向轴线简化后，F_a 除引起 AC 段的压缩外，还形成集中力偶 $T = F_a r$，使轴产生弯曲变形。

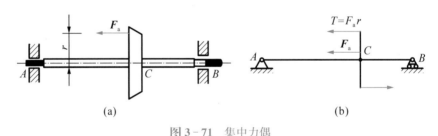

图 3-71 集中力偶

2. 心轴横截面上的内力——剪力和弯矩

心轴横截面上的内力仍可用截面法求出。设跨度为 l 的轴上作用集中力 F，如图 3-72 所示，由静力平衡方程求出支座反力为

$$F_A = \frac{Fb}{l}, \quad F_B = \frac{Fa}{l}.$$

为了分析某一截面上的内力，可运用截面法沿横截面 $m—m$ 将轴分成两段，取左段为研究对象，如图 3-72(b,c) 所示。由于整个轴是平衡的，它的任一部分也应处于平衡状况，即左端上的内、外力应保持平衡。由于外力有使左段上移和顺时针转动的趋势，因此，$m—m$ 截面上必然有垂直向下的内力 F_Q 和逆时针转动的内力偶矩 M 与之平衡，如图 3-72(b) 所示。

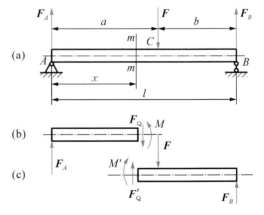

图 3-72 轴横截面上的内力

由平衡方程 $\sum \boldsymbol{F}_y = 0$,$F_A - F_Q = 0$,得 $F_Q = F_A = \dfrac{Fb}{l}$;

由 $\sum M = 0$,$M - F_A x = 0$,得 $M = F_A x = \dfrac{Fb}{l} x$。

由上式分析可知,轴 AB 发生弯曲变形时,横截面面上的内力由两部分组成,作用线切于截面并通过截面形心的内力 $\boldsymbol{F}_Q$ 和位于纵向对称面内的力偶 M,它们分别称为剪力和弯矩。

若取右端为研究对象,$m-m$ 截面上的剪力和弯矩分别用 $\boldsymbol{F}'_Q$,M' 表示,与 $\boldsymbol{F}_Q$,M 互为作用与反作用,它们的大小相等,方向(转向)相反。

为使取左段或取右段得到的同一截面上的符号一致,根据轴的变形情况,对剪力和弯矩的符号作如下规定:截面处的左、右两段轴发生在左上、右下的相对错动时,如图 3-73 所示,该截面上的剪力为正,反之为负;截面处的弯曲变形为上凹、下凸时,该截面的弯矩为正,反之为负,如图 3-74 所示。

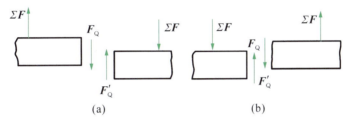

图 3-73 弯曲时剪力的符号

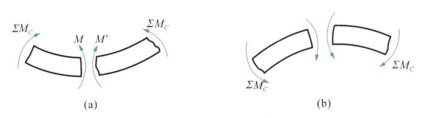

图 3-74 弯曲时弯矩的符号

利用截面法计算指定截面内力时,一般均设剪力和弯矩为正。这样计算所得结果的正、负,即为内力的实际正、负。

3. 剪力图和弯矩图

任意横截面上剪力和弯矩的大小、方向,随横截面的位置变化而变化。若取轴的轴线为 x 轴,坐标 x 表示截面的位置,则各截面上剪力和弯矩可以表示为坐标 x 的函数,即

$$F_Q = F_Q(x),\ M = M(x)。$$

以上函数式称为剪力方程和弯矩方程,表达了剪力和弯矩沿轴线变化的规律。为了能直观地表示剪力和弯矩沿轴线变化情况,根据剪力方程和弯矩方程所绘制的图线,分别称为剪力图和弯矩图。

作剪力图和弯矩图的基本方法是：先建立剪力和弯矩方程，然后按方程描点作图。下面举例说明剪力图和弯矩图的作法。

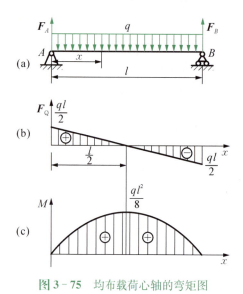

图 3-75 均布载荷心轴的弯矩图

例 3-9 轴自重为均布载荷，载荷集度为 q，轴长为 l，如图 3-75(a)所示。试求轴 AB 的弯矩图。

解：(1) 求支座反力。取整个轴为研究对象，由平衡方程求得支座反力为

$$F_A = F_B = \frac{1}{2}ql。$$

(2) 列剪力方程和弯矩方程。在轴上任取一截面，到支座 A 的距离为 x，由截面法得该截面的剪力方程和弯矩方程为

$$F_Q = F_A - qx = \frac{1}{2}ql - qx，$$

$$M = \frac{1}{2}qlx - \frac{1}{2}qx^2。$$

(3) 作剪力图与剪矩图。剪力 F_Q 是 x 的一次函数，剪力图是一条斜直线。两点可以确定一条直线，当 $x=0$，$F_Q = \frac{1}{2}ql$；当 $x=l$，$F_Q = -\frac{1}{2}ql$。连接两点可得剪力图，如图 3-75(b)所示。

弯矩 M 是 x 的二次函数，表明弯矩是一抛物线，作抛物线时，至少要确定 3 个点（本例确定 5 个点）。当 $x=0$ 时，$M=0$；当 $x=\frac{1}{4}l$ 时，$M=\frac{3}{32}ql^2$；当 $x=\frac{3}{4}l$ 时，$M=\frac{3}{32}ql^2$；当 $x=l$ 时，$M=0$；根据剪力图可见，剪力等于零所对应的截面为 $x=\frac{l}{2}$，此截面所对应的弯矩取得极值。即当 $x=\frac{l}{2}$ 时，$M=\frac{ql^2}{8}$。

将以上 5 点的坐标值按比例描点，并用光滑曲线连成弯矩图，如图 3-75(c)所示。

由该例可知，在均布载荷作用范围内，剪力图为一斜直线，弯矩图为二次曲线，且在剪力等于零所对应截面处，弯矩取得极值。

例 3-10 图 3-76 所示的齿轮轴受集中力作用，试作轴的剪力图和弯矩图。

解：(1) 求支座反力。如图 3-76(a)所示，取整个轴

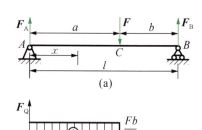

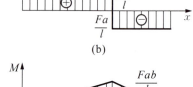

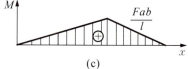

图 3-76 受集中力作用齿轮轴的弯矩图

为研究对象,由平衡方程求得。

因 $\sum M_B = 0$, $F_A l - Fb = 0$, 得 $F_A = \dfrac{Fb}{l}$;

因 $\sum M_A = 0$, $F_B l - Fa = 0$, 得 $F_B = \dfrac{Fa}{l}$。

(2) 求剪力方程和弯矩方程。截面 C 处有集中力 **F** 作用,AC 段与 BC 段的弯矩方程表达式不同,需分段建立方程。

AC 段
$$F_Q = F_A = \dfrac{Fb}{l}, \qquad ①$$
$$M = F_A x = \dfrac{Fb}{l} x; \qquad ②$$

BC 段
$$F_Q = -F_B = -\dfrac{Fa}{l}, \qquad ③$$
$$M = F_B(l-x) = \dfrac{Fa}{l}(l-x)。 \qquad ④$$

(3) 作剪力图和弯矩图。由①、②式可知,剪力是常量,两段剪力图均为水平线;由③、④式可知,弯矩均为 x 的一次函数,弯矩图均为斜直线。采用描点作图法,分别绘制出剪力图和弯矩图。如图 3-76(b) 所示和 3-76(c) 所示。

由该例可见,在无均布载荷作用处,剪力图为水平线,弯矩图为斜直线。在集中力作用处,剪力图左、右两侧发生突变,其突变值等于该处集中力的大小,而弯矩图在此处出现转折点。

例 3-11 如图 3-77(a) 所示,齿轮轴 C 处作用集中力偶,作轴的剪力图和弯矩图。

解:(1) 求支座反力,即

$$\sum M_B = 0, \; -F_A l + M = 0, \; F_A = \dfrac{M}{l};$$

$$\sum M_A = 0, \; F_B l + M = 0, \; F_B = -\dfrac{M}{l}。$$

(2) 求剪力方程和弯矩方程。由于截面处于集中力偶作用,AC 段和 BC 段的弯矩方程表示不同,需分段建立方程。

AC 段 $F_Q = F_A = \dfrac{M}{l}, \; M = F_A x = \dfrac{M}{l} x;$

BC 段 $F_Q = F_B = \dfrac{M}{l}, \; M = F_B(l-x)$
$\qquad\quad = -\dfrac{M}{l}(l-x)。$

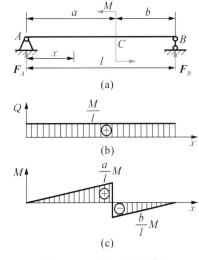

图 3-77 受集中力偶作用轴的弯矩图

(3) 作剪力图和弯矩图。剪力图是一平行于轴线的直线,如图 3-77(b) 所示。弯矩图是斜直线,如图 3-77(c) 所示。

由图可见,在集中力偶作用处,剪力图不变而弯矩图发生突变,突变值即为该处的力偶矩。若力偶为顺时针转向,则弯矩图从左向右向上突变;反之,则向下突变。

由以上分析可知,剪力图和弯矩图有以下规律:

① 轴上某段无均布载荷时,该段剪力图为水平线,弯矩图为斜直线。

② 均布载荷在一常量的轴段上,剪力图为斜直线,弯矩图为抛物线。

③ 轴上有集中力作用时,剪力图在集中力作用处有突变,突变值为集中力大小。从左向右作图时,突变的方向与集中力的方向相同;且集中力作用处,弯矩图发生转折。

④ 轴上有集中力偶作用时,剪力图在集中力偶作用处不变;弯矩图在集中力偶作用处有突变,突变值等于集中力偶矩,当从左向右作图时,若集中力偶顺时针转向,则弯矩图向上突变;反之,向下突变。

运用以上规律,可以检查剪力图和弯矩图是否正确,也可以列出剪力方程和弯矩方程,便可以快捷地绘制剪力图和弯矩图。

例 3-12 在图 3-78 所示的轴上,作用均布载荷 q,集中力偶 $M=\dfrac{3qa^2}{2}$,集中力 $F=\dfrac{qa}{2}$。试用剪力、弯矩与载荷变化规律,画该轴的剪力图和弯矩图。

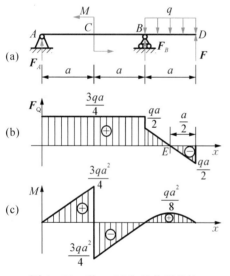

图 3-78 受 q,M 和 F 作用的轴

解:(1) 求支座反力,即

$$\sum M_B = 0, \quad M - F_A 2a + Fa - qa\frac{a}{2} = 0,$$

$$F_A = \frac{3qa}{4};$$

$$\sum F_Y = 0, \quad F_B + F_A - qa + F = 0, \quad F_B = -\frac{qa}{4}。$$

(2) 作剪力图。AB 段为水平线,BD 段为斜直线,确定以下控制点:

A 点向下突变,突变量为 $F_{QA} = \dfrac{3qa}{4}$。因 F_B 为负值,说明 B 点实际受力方向向下。故剪力图在 B 点向下有突变,突变值为 $\dfrac{qa}{4}$。得 B 点右侧临近截面剪力为 $F_{QB+} = \dfrac{qa}{2}$。

D 点作用力向上,向上有突变,突变量为 $\dfrac{qa}{2}$。D 点左侧临近截面剪力值为 $F_{QD-} = -\dfrac{qa}{2}$。

综上,剪力图如图 3-78(b)所示。

(3) 作弯矩图。C 处有集中力偶,弯矩图在 C 处有突变,AC 段与 CB 段的弯矩图为斜直线,BD 段的弯矩图为抛物线,求出以下控制点,即

$$M_A = 0, \quad M_D = 0;$$

C 点左侧临近截面弯矩值 $\quad M_{C-} = F_A AC = \dfrac{3qa}{4}a = \dfrac{3}{4}qa^2$;

C 点右侧临近截面弯矩值 $\quad M_{C+} = M_{C-} - M = \dfrac{3}{4}qa^2 - \dfrac{3}{2}qa^2 = -\dfrac{3}{4}qa^2$;

B 点处弯矩值 $\quad M_{B-} = M_{B+} = Fa - qa\dfrac{a}{2} = 0$;

E 点处弯矩值为 $\quad M_E = F\dfrac{a}{2} - \dfrac{qa}{2}\dfrac{a}{4} = \dfrac{1}{8}qa^2$。

综上,弯矩图如图 3-78(c)所示。

4. 纯弯曲时轴横截面上的应力

(1) 纯弯曲概念　轴产生弯曲变形时,截面上既有弯矩,又有剪力,这种弯曲称为剪力弯曲。如果轴的横截面上只有弯矩而无剪力时,则称为纯弯曲。

如图 3-79 所示的矩形截面构件,在 CD 段内剪力 $F_Q = 0$,内力只有弯矩 M,这种弯曲就是纯弯曲。该段构件横截面上相应地只有正应力 σ,没有切应力 τ。

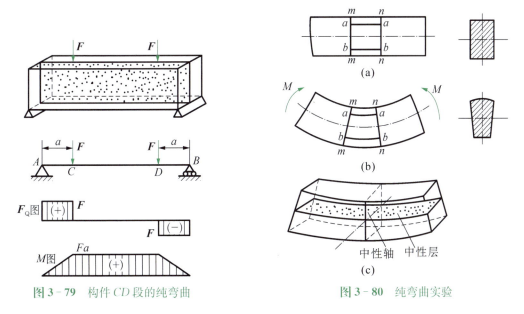

图 3-79　构件 CD 段的纯弯曲　　　　图 3-80　纯弯曲实验

(2) 弯曲正应力分布规律　分析轴截面上正应力分布规律的方法与扭矩相似。取一矩形截面构件,在其表面画上纵向线 aa,bb 和横向线 mm,nn,如图 3-80(a)所示。然后在构件的两端作用一对位于纵向对称面内的力偶,使构件发生弯曲变形,如图 3-80(b)所示。

① 通过构件的弯曲实验可以观察到如下现象:

a. 纵向线弯曲成弧线,靠近内凹一侧纵向线缩短了,靠近外凸一侧纵向线伸长了;

b. 横向线仍为直线,且和纵向线正交,横向线间相对地转过了一个微小角度。

② 根据该表面变形现象,可作出如下假设:

a. 平面假设。横截面变形后仍保持平面,且仍垂直于变形后的轴线,只是绕某轴转了一个微小的角度;

b. 单向受力假设。设构件由无数根纤维组成,各纵向纤维之间无挤压或压缩作用,只是纤维方向处于单向受拉或单向受压状态。

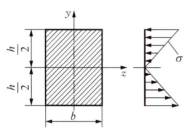

图 3-81 正应力分布规律

由变形分析可知,构件一部分纵向纤维伸长,另一部分缩短,从缩短区到伸长区必存在一层既不伸长也不缩短的纤维,称为中性层,如图 3-80(c)所示。中性层与横截面的交线称为中性轴。距中性层越远的纵向纤维伸长量(或缩短量)越大,其大小与所在点到中性轴的距离 y 成正比;横截面上距心轴距离相等的各点,正应力相等;中性轴上各点($y=0$ 处)正应力为零,离中性轴最远的点正应力最大。由此可知,正应力沿 y 轴呈线性分布,如图 3-81 所示。

(3) 弯曲正应力的计算 构件弯曲时截面上的弯矩,可看作为整个截面上各点的内力对中性轴的力矩和所组成。横截面上的正应力一般表达式,经推导为

$$\sigma = \frac{My}{I_z},$$

式中,σ 为横截面上任意点处的正应力(MPa);M 为横截面上的弯矩(mm);I_z 为截面对中性轴 z 的惯性矩(m^4 或 mm^4);y 为横截面上该点到中性轴的距离。

对轴进行强度计算,必须计算轴的最大正应力,其最大正应力为

$$\sigma_{max} = \frac{My_{max}}{I_z},$$

式中,y_{max} 为横截面上、下缘距中性轴最大的距离(m 或 mm)。令 $\dfrac{I_z}{y_{max}} = W_z$,称为抗弯截面模量,单位为 m^3 或 mm^3,则上式可写成

$$\sigma_{max} = \frac{M}{W_z}。 \tag{3-26}$$

I_z,W_z 是仅与截面形状、尺寸有关的几何量。常用截面的 I_z,W_z 计算公式,如表 3-11 所示。

表 3-11 常用截面的 I_z,W_z 计算公式

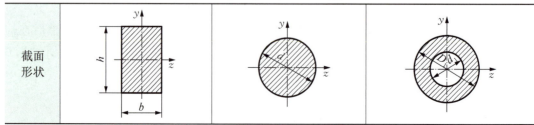

惯性矩	$I_z = \dfrac{bh^3}{12}$ $I_y = \dfrac{hb^3}{12}$	$I_z = I_y = \dfrac{\pi d^4}{64} \approx 0.05 d^4$	$I_z = I_y = \dfrac{\pi}{64}(D_1^4 - d_1^4)$ $\approx 0.05 D_1^4 (1-\alpha^4)$, 式中 $\alpha = \dfrac{d_1}{D_1}$
抗弯截面模量	$W_z = \dfrac{bh^2}{6}$ $W_y = \dfrac{hb^2}{6}$	$W_z = W_y = \dfrac{\pi d^3}{32} \approx 0.1 d^3$	$W_z = W_y = \dfrac{\pi D_1^3}{32}(1-\alpha^4)$ $\approx 0.1 D_1^3 (1-\alpha^4)$, 式中 $\alpha = \dfrac{d_1}{D_1}$

5. 弯曲强度计算

轴弯曲时,产生最大正应力的截面为危险截面,最大正应力所在的点为危险点。由于忽略切应力的影响,轴的正应力强度条件为:轴的最大弯曲正应力不得超过材料的许用应力,即

$$\sigma_{\max} = \dfrac{M}{W_z} \leqslant [\sigma], \tag{3-27}$$

式中,$[\sigma]$为材料的许用应力(MPa)。此式用于抗拉和抗压强度相等的材料(如碳钢);对于抗拉和抗压强度不相等的材料(铸铁),则要求对抗拉强度和抗压强度分别进行计算,即

$$\sigma_{L\max} = \dfrac{My_{\max}}{I_z} \leqslant [\sigma_L], \quad \sigma_{y\max} = \dfrac{My_{\max}}{I_z} \leqslant [\sigma_y],$$

式中,$[\sigma_L]$,$[\sigma_y]$为材料的拉、压许用应力。

常用截面的I_z,W_z计算公式,如表3-11所示。

例3-13 火车轮轴如图3-82所示,承受重力$F=35$ kN,轴直径$d=115$ mm,材料许用应力$[\sigma]=80$ MPa。试校核此轴的弯曲强度。

解:(1)确定最大弯矩。作弯矩图如图3-82(b)所示,最大弯矩为

$$M_{\max} = 8.4 \text{ kN} \cdot \text{m}。$$

(2)计算轮轴抗弯截面因素W_z,即

$$W_z = 0.1 d^3 = 0.1 \times 115^3 \text{ mm}^3 = 152 \times 10^3 \text{ mm}^3。$$

(3)校核强度为

$$\sigma_{\max} = \dfrac{M}{W_z} = \dfrac{8.4 \times 10^6}{152 \times 10^3} \text{ MPa} = 55.3 \text{ MPa} < [\sigma] = 80 \text{ MPa}。$$

故轮轴的强度足够。

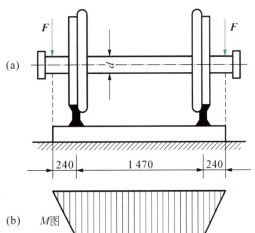

图3-82 火车轮轴的弯曲应力

3.2.4 单级减速器从动轴设计

1. 转轴受力分析

机械中的转轴,通常是在弯曲和扭转变形下工作,如减速器中的轴(见图3-83)、输送机的电动机轴(见图3-84)。现以输送机的电动机轴为例,讨论弯曲与扭转组合变形时的受力分析。

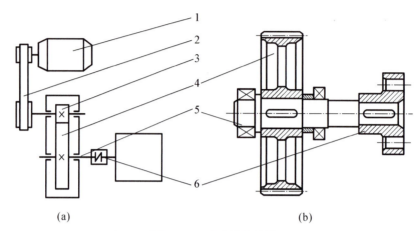

图3-83 减速器中的轴

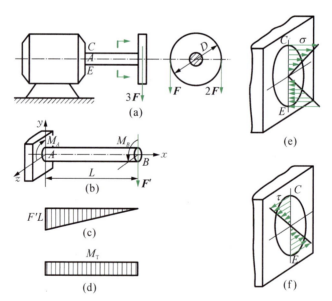

图3-84 弯曲和扭转组合变形的圆轴

(1) 外力分析 设电动机轴右端带轮受到 F 和 $2F$ 垂直拉力,带轮的直径为 D,将力平移至轴心,得到力 $F' = 3F$ 和附加力偶 M_T,则

$$M_T = 2F\frac{D}{2} - F\frac{D}{2} = \frac{FD}{2}。$$

垂直于轴线的力使轴产生弯曲,而附加力偶 M_T 使轴产生扭转,电动机轴即为扭转与弯曲组合变形的转轴。

(2) 内力分析及危险截面的确定　分别画出轴的弯矩图(见图 3-84(c))和扭转图(见图 3-84(d))。由图可见,固定端 A 处为危险截面,其上的弯矩 M 和扭矩值 T 分别为

$$M = F'L, \quad T = \frac{FD}{2}。$$

(3) 应力分析　图 3-84(e,f)所示为转轴 A 截面处弯曲正应力与扭转切应力的分布情况。在 C,E 两点的正应力和切应力分别达到最大值,因此,两点为危险点,该两点的弯曲正应力 σ 与扭转切应力 τ 分别为

$$\sigma = \frac{M}{W_z}, \quad \tau = \frac{T}{W_P},$$

式中,W_z 为抗弯截面模数,实心圆轴 $W_z = 0.1d^3$;W_P 为抗扭截面因素,实心圆轴 $W_P = 0.2d^3$。

对弯、扭组合变形的转轴,经理论推证可得强度条件为

$$\sigma_e = \sqrt{\sigma^2 + 4\tau^2} \leqslant [\sigma]。$$

将 σ,τ 代入上式,并注意到实心圆轴有 $W_P = 2W_z$,则上式可写成

$$\sigma_e = \sqrt{\left(\frac{M}{W_z}\right)^2 + 4\left(\frac{M_T}{W_P}\right)^2} = \frac{\sqrt{M^2 + T^2}}{W_z} \leqslant [\sigma]。 \tag{3-28}$$

2. 轴的结构设计

轴设计的基本要求是:具有足够的承载能力,即轴必须具有足够的强度,以保证轴能正常工作;具有合理的结构形状,即应使轴上零件能正确定位、可靠固定及易于装拆,同时能使轴加工方便、成本低廉;选材正确、经济适用。

(1) 轴的材料　转轴工作时,承受扭矩和弯矩的复合作用,且多为交变应力,其主要失效形式为疲劳破坏。因此,轴的材料应满足强度、耐磨性、耐腐蚀性等多方面的要求,并且易于加工和热处理,对应力集中敏感性小及价格合理。

轴的常用材料及其力学性能,如表 3-12 所示。

表 3-12　轴的常用材料及其力学性能

材料牌号	热处理类型	毛坯直径/mm	硬度 HBS	抗拉强度 σ_b/MPa	屈服点 σ_s/MPa	应用说明
Q275~Q235				149~610	275~235	用于不重要的轴
35	正火	≤100	149~187	520	270	用于一般轴
		>100~300	143~187	500	260	

续 表

材料牌号	热处理类型	毛坯直径/mm	硬度HBS	抗拉强度 σ_b/MPa	屈服点 σ_s/MPa	应用说明
35	调质	≤100	156～207	550	300	用于一般轴
		>100～300		540	280	
45	正火	≤100	170～217	600	300	用于强度高、韧性中等的重要轴
		>100～300	162～217	580	290	
	调质	≤200	217～255	650	360	
40Gr	调质	25	≤207	1 000	800	用于强度要求高、强烈磨损、冲击小的重要轴
		≤100	241～286	750	550	
		>100～300		700	500	
35SiM		25	≤229	900	750	可代替40Gr，用于中、小型轴
		≤100	229～286	800	520	
		>100～300	217～269	750	450	
42SiMn		25	≤220	900	750	与35SiMn相同，但专供表面淬火用
		≤100	229～286	800	520	
		>100～200	217～269	750	470	
		>200～300	217～255	700	450	
40MnB		25	≤207	1 000	800	可代替40Gr，用于小型轴
		≤200	241～286	750	500	
35GrMo		25	≤229	1 000	350	用于重载的轴
		≤100	207～269	750	500	
		>100～300		700	500	
38GrMnMo		≤100	229～285	750	600	可代替35GrMo
		>100～300	217～269	700	550	

(2) 轴的结构设计　轴与传动零件(联轴器、齿轮)配合的部分称为轴头，与轴承配合的部分称为轴颈，联结轴头与轴颈部分称为轴身。

① 轴结构设计的基本要求是：

a. 轴及轴上零件定位要准确、固定可靠，不允许轴上零件沿轴向及周向有相对转动；

b. 轴上零件位置合理，轴的受力合理，有利于提高轴的强度和刚度；

c. 轴应便于加工，具有良好的工艺性，轴上零件易于拆装和调整；

d. 尽量减少应力集中。

② 轴结构设计应考虑的问题：

a. 轴上零件装配方案。为了便于轴上零件装拆,常将轴做成阶梯形,如图 3-85 所示。从左端装拆的零件有齿轮 6、套筒 5、轴承 4、轴承盖 3 和联轴器 1。从右端装拆的零件为轴承 7 和轴承盖 8。为了使轴上零件便于装拆,轴端及各轴端部应有倒角。

b. 轴上零件的周向固定。轴上零件的周向定位的目的是限制轴上零件相对于轴的转动。常用的固定方法有键联结、花键联结、销联结和过盈配合等。

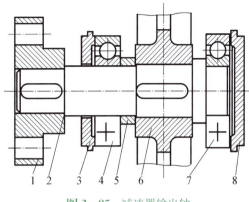

图 3-85 减速器输出轴

c. 轴上零件的轴向定位。为了防止轴上零件的轴向转动,必须轴向定位,常用的轴向定位方式、特点及应用如表 3-13 所示。为使轴上零件断面能与轴肩贴紧,轴肩的圆角半径 r 必须小于零件孔端的圆角半径 R 或倒角 C,轴肩和轴环的高度 h 必须大于 R 和 C。轴肩尺寸 h 及零件孔端圆角半径 R 和倒角 C 的数值如表 3-14 所示,与滚动轴承相匹配的尺寸见机械零件设计手册。

表 3-13 轴上零件轴向定位及固定方式

轴向定位和固定方式	特点和应用
轴肩和轴环	能承受较大的轴向力,加工方便、定位可靠、应用广泛
套筒	定位可靠、加工方便,可简化轴结构,用于轴上两零件的间距不大的轴向定位和固定 与滚动轴承组合时,套筒的厚度不应超过轴承内圈的厚度,以便轴承拆卸

续 表

轴向定位和固定方式		特点和应用
圆螺母和止动垫圈	止动垫圈 圆螺母 止动垫圈	固定可靠,能承受较大的轴向力
轴端挡圈	挡圈	能承受较大的轴向力及冲击载荷,常用于轴端零件的固定
圆锥面	圆锥面	能承受较大的冲击载荷、装拆方便,常用于轴端零件的定位和固定,但配合面加工比较困难
弹性挡圈	弹性挡圈	能承受较小的轴向力,结构简单、装拆方便、可靠性差,常用于固定滚动轴承和滑移齿轮的限位

表 3-14 轴肩尺寸 h 及零件孔端圆角半径 R 和倒角 C （单位:mm）

轴径 d	>10~18	>18~30	>30~50	>50~80	>80~100
r	0.8	1.0	1.6	2.0	2.5
R 或 C	1.6	2.0	3.0	4.0	5.0
$h_{\min}$	2.0	2.5	3.5	4.5	5.5
b	轴环的宽度 $b = 1.4h$				

d. 轴的结构工艺性。轴上需磨削的表面,如轴与滚动轴承配合,要在轴肩处留有砂轮越程槽,如图3-86所示,砂轮可磨削到轴肩端部,以保证轴肩的垂直度。轴上螺纹尾部,拥有退刀槽,如图3-87所示,以保证车刀能退刀。如轴上有多个键槽时,为加工及装配方便,应使键槽布置在同一直线上。

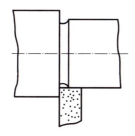
图3-86 砂轮越程槽

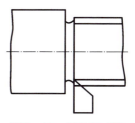
图3-87 螺纹退刀槽

轴的两端应采用标准中心孔为加工和测试基准。

要根据实际情况确定轴的直径。滚动轴承的轴段直径,要符合滚动轴承内径的标准系列;安装联轴器的轴段直径,必须与联轴器的孔径相适应;与零件(如齿轮、带轮)相配合的轴段直径,应采用标准直径。轴的标准直径,如表3-15所示。

表3-15 轴的标准直径 (单位:mm)

10	12	14	16	18	20	22	24	25	26	28	30	32	34	36	38
40	42	45	48	50	53	56	60	63	67	71	75	80	85	90	95

3. 转轴的强度计算

(1) 直径估算 对承受弯曲和扭转复合作用的转轴,由于轴上零件的位置和两轴承间的距离通常尚未确定,所以对轴所承受弯矩无法进行计算。因此,常用扭矩法作轴径的估算。由(3-25)式可知,圆轴扭转时的强度条件为 $\tau = \dfrac{T}{W_P} \leqslant [\tau]$。其中,扭矩 $T = 9.55 \times 10^6 \dfrac{P}{n}$,抗扭截面模量 $W_P \approx 0.2 d^3$,则轴直径的设计式为

$$d \geqslant \sqrt[3]{\dfrac{9.55 \times 10^6 P}{0.2[\tau]n}} \geqslant c\sqrt[3]{\dfrac{P}{n}}, \tag{3-29}$$

式中,P 为轴所传递的功率(kW);n 为轴的转速(r/min);c 为由轴的材料和许用切应力所确定的系数,可按表3-16所示确定。

表3-16 常用材料和 c 值

轴的材料	Q235,20	35	45	40Cr,35SiMn
$[\tau]$/MPa	12~20	20~30	30~40	40~52
c	160~135	135~118	118~107	107~98

注:当作用在轴上的弯矩比传递的转矩小或只传递转矩时,c 取较小值,否则取大值。

当轴上开有键槽时,会削弱轴的强度。因此,轴的直径应适当增大。一般情况下,轴上同一截面开有一个键槽时,轴径增大3%;开有两个键槽增大7%。

(2) 按弯扭组合校核轴的强度　轴的最小轴径确定后,可根据表3-15依次确定其他各段轴径;轴上零件位置得以确定后,轴各截面的弯矩即可算出。这时,可按弯扭组合作用校核轴的强度。由(3-28)式知,弯矩组合强度条件为

$$\sigma_e = \frac{\sqrt{M^2 + T^2}}{W_z} \leqslant [\sigma]。$$

由于一般转轴的弯矩 M 为对称循环变应力,而 τ 的循环特性与 M 不同。考虑两者不同循环特性的影响,对上式中的扭矩乘以折算系数 α,即得危险截面处强度校核式为

$$\sigma_e = \frac{M_e}{W_z} = \frac{\sqrt{M^2 + (\alpha T)^2}}{0.1 d^3} \leqslant [\sigma_{-1b}]。 \qquad (3-30)$$

由(3-29)式,可得轴危险截面处直径 d 的计算公式为

$$d \geqslant \sqrt[3]{\frac{M_e}{0.1 [\sigma_{-1b}]}}, \qquad (3-31)$$

式中,M_e 为当量弯矩(MPa)。

α 为折算系数。对于不变的扭矩,$\alpha = \frac{[\sigma_{-1b}]}{[\sigma_{+1b}]} \approx 0.3$;对于脉动扭矩 $\alpha = \frac{[\sigma_{-1b}]}{[\sigma_{0b}]} \approx 0.6$;对于正、反转频繁的轴,可按对称循环扭矩处理,取 $\alpha = 1$;若扭矩变化不清时,一般按脉动循环变化处理。$[\sigma_{-1b}]$,$[\sigma_{0b}]$ 和 $[\sigma_{+1b}]$ 分别为对称循环、脉动循环及静应力状态下轴的许用弯曲应力各种材料的情况,如表3-17所示。

表3-17　轴的许用弯曲应力　　　　　　　　　　　　　　　　　　　　　(单位:MPa)

材料	σ_b	$[\sigma_{+1b}]$	$[\sigma_{0b}]$	$[\sigma_{-1b}]$	材料	σ_b	$[\sigma_{+1b}]$	$[\sigma_{0b}]$	$[\sigma_{-1b}]$
碳素钢	400	130	70	40	合金钢	900	300	140	80
碳素钢	500	170	75	45	合金钢	1 000	330	150	90
碳素钢	600	200	95	55	铸钢	400	100	50	30
碳素钢	700	230	110	65	铸钢	500	120	70	40
合金钢	800	270	130	75					

按弯扭组合强度校核的步骤为:

① 画出轴的受力图(多数情况下为空间力),计算出水平面内的支反力和垂直面内的支反力;

② 作水平面内的弯矩图和垂直面内的弯矩图;

③ 求出合成弯矩,并作出合成弯矩图;

④ 画出轴的扭矩图；

⑤ 计算危险截面的当量弯矩。

轴的设计与轴上零件同时进行，先确定轴的结构，再进行强度计算。当校核的强度不够时，必须重新进行设计。

(3) 转轴强度计算应用举例　见例 3-14。

例 3-14　如图 3-88 所示的带式输送机单级斜齿圆柱齿轮减速器，从动轴输出端与联轴器相接。已知该轴传递功率 4.5 kW，转速 $n = 140$ r/min，轴上齿轮参数为 $z = 60$，$m_n = 3.5$ mm，$\beta = 12°$，法向压力角 $\alpha_n = 20°$，齿宽 $B = 80$ mm，载荷平稳，工作时单向运转。试设计减速器的从动轴。

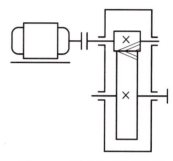

图 3-88　输送机减速器简图

解：(1) 选择轴的材料，确定许用应力。选用轴的材料为 45 钢，正火处理，查表 3-12 可知，$\sigma_b = 600$ MPa，$\sigma_s = 300$ MPa。

(2) 按扭转强度，初估轴的最小直径，输出端与联轴器相接的轴段轴径最小。查表 3-16，$c = 118$，则

$$d_{\min} \geqslant c\sqrt[3]{\frac{P}{n}} = 118\sqrt[3]{\frac{4.5}{140}} \text{ mm} = 37.52 \text{ mm}。$$

考虑键槽影响及联轴器标准系列，取 $d_{\min} = 38$ mm。

(3) 计算齿轮受力如下：

分度圆直径　　$d = \dfrac{m_n z}{\cos \beta} = \dfrac{3.5 \times 60}{\cos 12°}$ mm $= 214.7$ mm；

扭矩　$T = 9.55 \times 10^6 \dfrac{P}{n} = 9.55 \times 10^6 \dfrac{5}{140}$ N·mm $= 314 \times 10^3$ N·mm；

圆周力　　　　$F_t = \dfrac{2T}{d} = \dfrac{2 \times 341 \times 10^3}{214.7}$ N $= 3176.5$ N；

径向力　　　　$F_r = \dfrac{F_t \tan \alpha_n}{\cos \beta} = \dfrac{3176.5 \times \tan 20°}{\cos 12°}$ N $= 1182$ N；

轴向力　　　　$F_a = F_t \tan \beta = 3176.5 \times \tan 12°$ N $= 675$ N。

(4) 轴的结构设计。根据轴及轴上零件配置情况，绘制轴系结构图，如图 3-89 所示。

① 定位及固定方式。斜齿轮传动有轴向力，采用角接触球轴承；轴通过两端轴承盖实现轴向定位；齿轮靠轴环和套筒轴向固定，周向定位靠平键和过盈配合实现；联轴器靠轴肩、平键和过盈配合分别实现轴向定位和周向定位。

② 联轴器的选择。查设计手册，其规格为 HL₃40×112GB/T5014—1985。

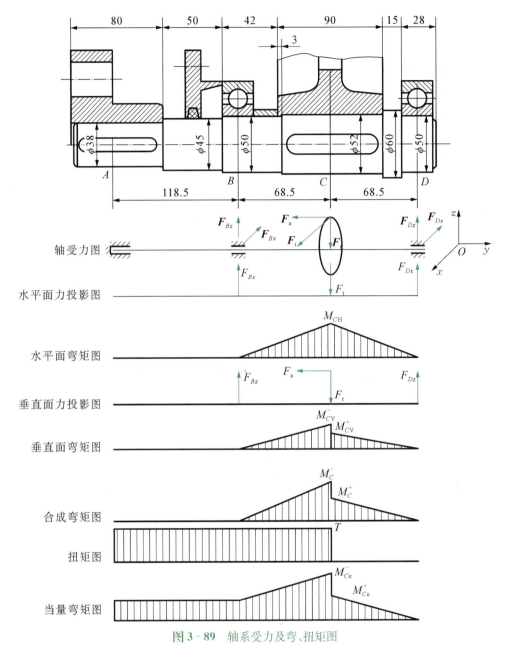

图 3-89 轴系受力及弯、扭矩图

③ 确定各段轴的直径。估算直径,设 $d_{min} = d_1 = 38$ mm 与联结器相配合,同时,联轴器靠轴肩定位,轴肩尺寸查表 3-14 得最小轴肩高度为 $h_{min} = 3.5$ mm,所以(由左向右)第二段轴径 $d_2 = 44$ mm,取标准轴径为 $d_2 = 45$ mm,轴颈直径 $d_3 = 50$ mm($d_3 > d_2$,装拆方便,同时必须符合轴承内径标准系列)。为便于齿轮装拆,与齿轮配合处的轴径 d_4 应大于 d_3,取 $d_4 = 52$ mm。轴环为齿轮定位轴段,既要符合齿轮定位要求,又要符合右侧轴承的安装要求,右端轴径与左端轴径相同,取 $d_6 = 50$ mm。

④ 轴承型号应选用角接触球轴承,代号 7310,查手册知轴承宽度 $B = 27$ mm,安装尺寸 $D_1 = 60$ mm。

⑤ 确定各段轴的长度。与传动零件(如齿轮、带轮、联轴器等)相配合的轴段长度,一般小于传动零件的轮毂宽度 $2\sim 3$ mm。轴承端盖螺钉至联轴器距离,一般为 $10\sim 15$ mm。其次,轴承的长度与箱体等设计有关,可由齿轮开始向两侧逐步确定。

(5) 轴的强度校核的步骤如下:

① 绘制轴的受力简图,如图 3-89 所示。

② 计算支承反力及弯矩。

水平平面的支反力　　$F_{Br} = F_{Dr} = \dfrac{1}{2} F_t = \dfrac{1}{2} \times 3176.5 \text{ N} = 1588.25 \text{ N}$;

水平平面的弯矩　　$M_{CH} = F_{Br} \times 68.5 = 1588.25 \times 68.5 \text{ N} \cdot \text{mm} = 108795 \text{ N} \cdot \text{mm}$;

垂直面的支反力　　$\sum M_B(\boldsymbol{F}) = 0, F_{Dz} \times 137 - F_r \times 68.5 + F_a \times \dfrac{214.7}{2} = 0, F_{Dz} = 62 \text{ N}, F_{Bz} = 1120 \text{ N}$;

垂直面的弯矩　　$M_{CV-} = F_{Bz} \times 68.5 = 1120 \times 68.5 \text{ N} \cdot \text{mm} = 76720 \text{ N} \cdot \text{mm}$,

$M_{CV+} = F_{Dz} \times 68.5 = 62 \times 68.5 \text{ N} \cdot \text{mm} = 4247 \text{ N} \cdot \text{mm}$;

合成弯矩

$$M_{C-} = \sqrt{(M_{CH}) + (M_{CV-})^2} = \sqrt{108795^2 + 76720^2} \text{ N} \cdot \text{mm} = 133126 \text{ N} \cdot \text{mm},$$

$$M_{C+} = \sqrt{(M_{CH})^2 + (M_{CV+})^2} = \sqrt{108795^2 + 4247^2} \text{ N} \cdot \text{mm} = 108878 \text{ N} \cdot \text{mm}。$$

画出各平面弯矩和扭矩图,如图 3-89 所示。

③ 当量弯矩的计算,由图可知,C 截面最危险,其最大当量弯矩为

$$M_e = \sqrt{(M_{C-})^2 + (\alpha T)^2}。$$

由于轴的应力为脉动循环应力,应力折合系数即 $\alpha = 0.6$,则

$$M_e = \sqrt{13312^2 + (0.6 \times 341 \times 10^3)^2} \text{ N} \cdot \text{mm} = 244084 \text{ N} \cdot \text{mm}。$$

画出当量弯矩图,如图 4-89 所示。

④ 计算危险截面直径,即

$$d_c \geq \sqrt[3]{\dfrac{M_e}{0.1[\sigma_{-1b}]}} = \sqrt[3]{\dfrac{244084}{0.1 \times 55}} \text{ mm} = 35.4 \text{ mm}。$$

考虑到键槽对轴的削弱,将 d 增大 3%,$d_c = 1.03 \times 35.4$ mm $= 36.5$。因为结构设计确定的直径为 $d = 52$ mm,所以强度足够。

⑤ 绘制轴的工作图,如图 3-90 所示。

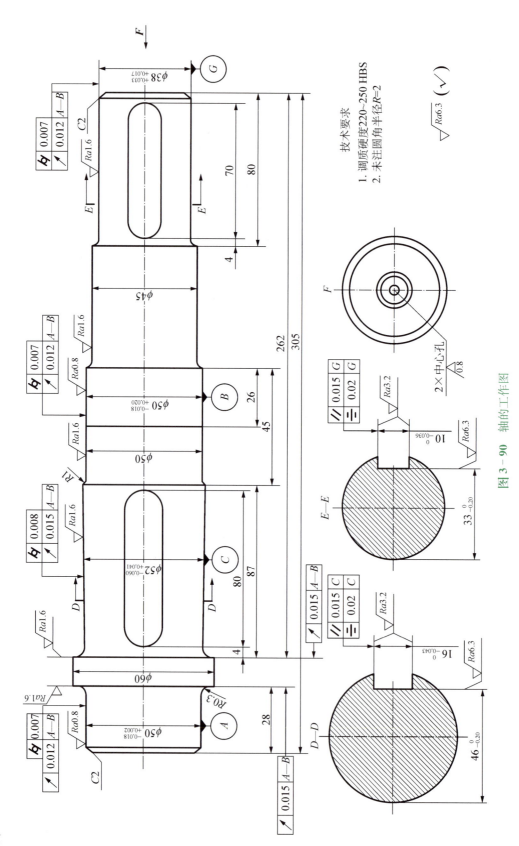

图 3-90 轴的工作图

学生操作题 1：图 3-91 所示为二级斜齿圆柱齿轮减速器示意图。已知输出轴功率 $P = 9.8\,\text{kW}$，转速 $n = 240\,\text{r/min}$，齿轮 4 的分度圆直径 $d_4 = 238\,\text{mm}$，所受的作用力分别为圆周力 $F_t = 6065\,\text{N}$，径向力 $F_r = 2260\,\text{N}$，轴向力 $F_a = 1315\,\text{N}$，各齿轮的宽度均为 80 mm，齿轮、箱体、联轴器之间的距离如图中所示。试设计该减速器的输出轴。

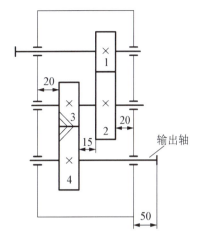

图 3-91　二级斜齿圆柱齿轮减速器示意图

任务 3-3　轴　承

轴承是支承轴和轴上零件的部件。根据轴承工作时的摩擦性质，轴承分为滚动轴承和滑动轴承。滚动轴承适用于一般速度的场合。滑动轴承适用于高速、高精度、重载和有大冲击的场合，以及不重要的低速机械中。

3.3.1　滚动轴承

如图 3-92 所示，滚动轴承一般由外圈 2、内圈 1、滚动体 3 和保持架 4 组成。内圈装在轴颈上，外圈装在轴承座孔内。当内、外圈相对转动时，滚动体在内、外圈的滚道中滚动。保持架作用是将滚动体均匀地隔开。常见滚动体形状如图 3-93 所示，主要有球、圆柱滚子、圆锥滚子、球面滚子和滚针等。

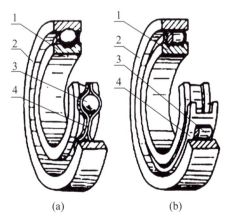

图 3-92　滚动轴承的基本结构图

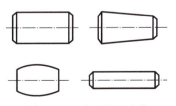

图 3-93　常用的滚动体

1. 滚动轴承的类型、特性和代号

（1）滚动轴承的类型和特性　滚动轴承有多种分类方法。按滚动轴承所能承受的载荷方向（或公称接触角）的不同，可分为向心轴承、推力轴承，如表 3-18 所示。所谓公称接触角，是指滚动体与套圈接触处的法线与径向的夹角。其结构特点，如表 3-19 所示。

表 3-18　滚动轴承分类

向心轴承		推力轴承	
径向接触轴承 $\alpha=0°$ 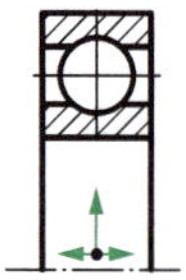	向心角接触轴承 $0°<\alpha<45°$	推力角接触轴承 $45°<\alpha<90°$	轴向推力轴承 $\alpha=90°$ 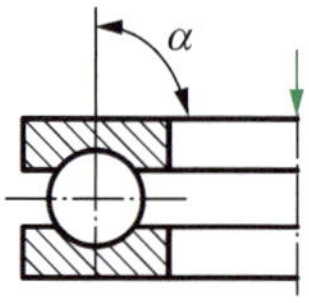

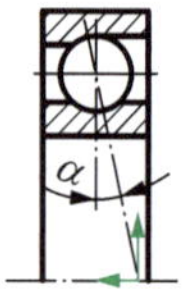

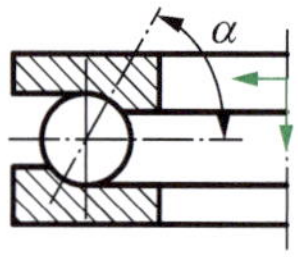

表 3-19　滚动轴承的类型、结构及特点

类型及代号	结构简图	极限转速	允许偏角	基本额定动载荷比	主要特性及应用
调心球轴承 10000	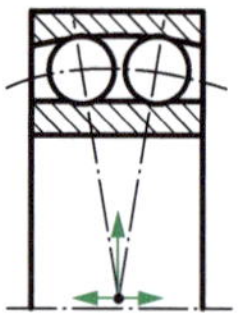	中	2°～3°	0.6～0.9	外圈滚道是球面的一部分，可自动调心，用于主要承受径向载荷的场合，不宜用于承受单纯轴向载荷的场合
调心滚子轴承 20000	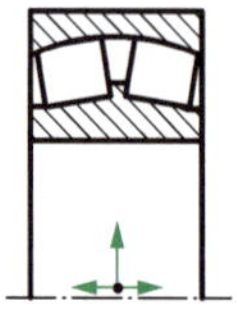	低	0.5°～2°	1.8～4	与调心球轴承相比，调心性能稍差，承载能力很大，极限转速低
圆锥滚子轴承 30000 $\alpha=10°\sim18°$	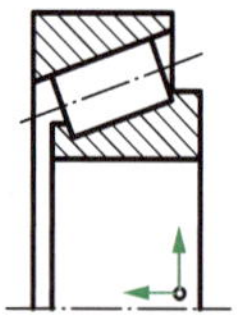	中	2′	1.5～2.5	能承受较大的径向和单向轴向联合载荷，内、外圈可分离，通常应成对使用
圆锥滚子轴承 30000B $\alpha=27°\sim30°$				1.1～2.1	
推力球轴承 51000 52000	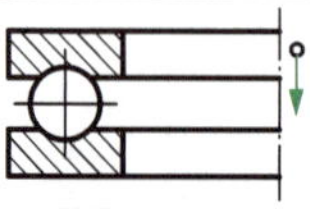	低	不允许	1	只能承受纯轴向载荷，高速时，离心力使滚动体与保持架摩擦较严重，故极限转速低。通常应和其他向心轴承联合使用

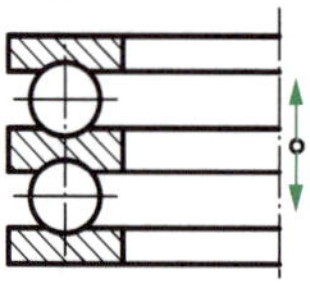

续　表

类型及代号		结构简图	极限转速	允许偏角	基本额定动载荷比	主要特性及应用
深沟球轴承 60000			高	8′~16′	1	主要承受径向载荷,也可承受较小的轴向载荷,转速较高,载荷不大时可代替推力球轴承,应用最广泛
角接触球轴承	70000C α=15° 70000AC α=25° 70000B α=40°		较高	2′~10′	1.0~1.4 1.0~1.3 1.0~1.2	能承受径向和单向轴向联合载荷,接触角越大,轴向载荷承载能力也越大。通常应成对使用
圆柱滚子轴承 N0000			较高	2′~4′	1.5~3.0	能承受较大的径向载荷,不能承受轴向载荷,内、外圈可分离,允许偏角很小
滚针轴承	NA0000		低	不允许	—	能承受径向载荷,不能承受轴向载荷,内、外圈可分离,不允许有偏角,径向尺寸最小
	NAR0000					

（2）滚动轴承的代号　为了便于产生、设计和使用,国标 GB/T272—1993 规定了滚动轴承代号。滚动轴承代号由基本代号、前置代号和后置代号组成。代号通常刻在轴承外圈端面上,其排列顺序及代号所表示的内容如表 3-20 所示。

表 3-20　滚动轴承代号的构成

前置代号	基本代号				后置代号						
	5	4	3	2	1							
轴承分部件代号	类型代号	尺寸系列代号		内径代号	内部结构代号	密封防尘结构代号	保持架及材料代号	特殊轴承代号	公差等级代号	游隙代号	多轴承配置代号	其他代号
		宽度系列代号	直径系列代号									

① 基本代号,是用来表示轴承的基本类型、尺寸系列和内径。一般用 5 位数字表示。

a. 类型代号。轴承的基本类型,用数字或者字母表示(见表 3-19)。双列角接触球轴承的类型代号为"0",可省略。

b. 内径代号。右起第一、二位数字表示轴承内径,其相应的尺寸如表 3-21 所示。

表 3-21 轴承的内径尺寸

内径代号	00	01	02	03	04～99
内径尺寸/mm	10	12	15	17	代号×5

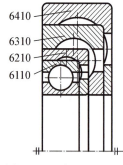

图 3-94 直径系列对比

c. 直径系列代号，表示内径相同、外径不同的系列，用右起第三位数字表示。直径系列代号如表 3-22 所示，各系列之间的尺寸对比如图 3-94 所示。

d. 宽(高)度系列，表示内、外径相同，宽(高)度不同的系列，用右起第四位数字表示。宽(高)度系列代号，如表 3-22 所示。当宽(高)度系列代号为 0 时可省略。但对调心轴承和圆锥滚子轴承，其宽度系列代号为 0 时也应标出。

表 3-22 尺寸系列代号

直径系列代号		向心轴承			推力轴承	
		宽度系列代号			高度系列代号	
		(0)	1	2	1	2
		窄	正常	宽		正常
		尺寸系列代号				
0	特轻	(0)0	10	20	10	—
1		(0)1	11	21	11	
2	轻	(0)2	12	22	12	22
3	中	(0)3	13	23	13	23
4	重	(0)4	—	24	14	24

② 前置代号用字母表示，用来说明成套轴承部件特点的补充代号。例如，用 K 表示滚动体与保持架组件，L 表示轴承可分离内圈或外圈等，详细可查阅 GB/T272—1993。

③ 后置代号用字母和数字表示，用来说明轴承在结构、公差和材料等方面的特殊要求。与基本代号空半个汉字距离或用符号"—""/"分隔。

a. 内部结构代号。以角接触球轴承的接触角变化为例，如接触角为 15°、25°、40°时，代号分别为 C，AC 和 B。

b. 轴承的公差等级。如表 3-23 所示，滚动轴承的公差等级按精度由低到高分为 0 级、6x 级、6 级、5 级、4 级和 2 级共 6 个级别，其代号分别为 /P0，/P6x，/P6，/P4 和 /P2。/P0 为普通级，可省略不标注。

表 3-23 轴承的精度等级

代　号	省略	/P6	/P6x	/P5	/P4	/P2
公差等级	0 级	6 级	6x 级	5 级	4 级	2 级

以上介绍了滚动轴承代号中最常用、最基本的部分。掌握了这些基本代号就可以认识和选用常用滚动轴承了。例如,6307,7211AC/P4 代号的含义为

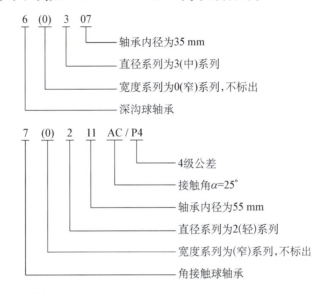

2. 滚动轴承类型的选择

选用滚动轴承时,应根据轴承的具体工作条件,合理地选择轴承的类型和型号。

(1) 载荷条件　载荷的大小、方向和性质是选择轴承类型的主要依据。当工作载荷小而平稳时,常选球轴承;当工作载荷大或有冲击时,应选用滚子轴承;承受径向载荷或主要承受径向载荷时,选用深沟球轴承,应注意,圆柱滚子轴承和滚针轴承不能承受轴向载荷;承受轴向载荷时,选用推力轴承;同时承受径向载荷和轴向载荷时,应选用角接触轴承或圆锥滚子轴承。

(2) 轴承的转速　滚动轴承在一定的载荷和润滑条件下允许的最高转速,称为极限转速。球轴承的极限转速比滚子轴承的极限转速高。高速或旋转精度要求较高时,应选用球轴承;低速时,应选用滚子轴承。

(3) 调心性能　各种轴承使用时允许的偏斜角应控制在允许范围内,否则会引起轴承的附加载荷而降低轴承的寿命。加工、安装误差及轴的挠曲变形都会引起角偏差,而选用调心轴承后,工作情况会有很大改善,如图 3-95 所示。

图 3-95　调心轴承和角偏差

此外,还应考虑轴承能方便地安装、拆卸、调整间隙,以及经济性等因素。

3. 滚动轴承的选择计算

（1）滚动轴承的载荷分析　当轴承仅受轴向载荷时，可以认为各滚动体受相同的载荷。径向载荷作用下，向心轴承中载荷的分布情况按照简化的理论推导，大体上如图3-96所示，其受载最大的滚动体的载荷可按下式估算，即

球轴承　　$F_{max} = \dfrac{4.37F_r}{z} \approx \dfrac{5F_r}{z}$;　　（3-32）

滚子轴承　$F_{max} = \dfrac{4.08F_r}{z} \approx \dfrac{4.6F_r}{z}$,　　（3-33）

图3-96　滚动轴承的载荷分布图

式中，F_r为轴承所受的径向力；z为滚动体的数目。

（2）滚动轴承的失效形式及设计准则　滚动轴承的主要失效形式有如下几种：

① 疲劳点蚀。滚动轴承在工作时，滚动体和套圈的滚道反复受接触应力的作用，工作一段时间后出现疲劳裂纹并继续发展，使金属表层产生微小片状剥落，即为疲劳点蚀。通常，疲劳点蚀是滚动轴承的主要失效形式。

② 塑性变形。滚动轴承受过大的静载荷及冲击载荷作用时，或由于不正确的安装、外来硬物质的侵入等原因造成轴承滚道和滚动体接触处产生过大的永久变形（滚道表面形成塑性变形凹坑），从而使轴承在运转中产生剧烈振动和噪声，以致轴承不能正常工作。

此外，由于密封不好、灰尘及杂质侵入轴承造成滚动体和滚道磨损，以及由于润滑不良引起轴承早期磨损或烧伤也是常见的失效形式。

根据以上分析，滚动轴承设计准则应当是：疲劳点蚀失效是疲劳寿命计算的主要依据；塑性变形是静强度计算的依据。对一般工作条件下做回转的滚动轴承，除进行接触疲劳寿命计算外，还应作静强度计算。此外，为了避免高速轴承过热造成粘着磨损和烧伤，还要核验极限转速。

（3）基本额定寿命和基本额定动载荷　轴承中任一元件出现疲劳点蚀前的转数（或一定转速下工作的小时数），称为轴承寿命。大量试验证明，轴承寿命的差异相当大，最长寿命是最短寿命的数十倍，对一具体轴承很难确切预知其寿命，但对一批轴承应用数理统计方法可求出其寿命概率分布规律。

① 基本额定寿命。一批相同的轴承中，90%的轴承在疲劳点蚀前能够达到或超过的总转数L（单位为10^6r）或在某一恒定转速下的工作小时数L_h，称为基本额定寿命。

② 基本额定动载荷。滚动轴承的基本额定寿命为10^6r时，轴承所能承受的载荷称为基本额定动载荷，用字母C表示。对于向心轴承，因它是在纯径向载荷作用下进行寿命试验的，所以其基本额定动载荷通常称为径向基本额定动载荷，记作C_r；对于推力轴承，它是在纯轴向载荷作用下进行试验的，故称之为轴向基本额定动载荷，记作C_a。

换言之，在基本额定动载荷作用下，轴承可工作10^6r而不发生点蚀失效的概率为90%。基本额定动载荷是衡量滚动轴承抵抗点蚀能力的一个特征值，其数值可从手册或轴承产品

样本中直接查出。

(4) 当量动载荷　滚动轴承的基本额定动载荷 C 是在一定载荷条件下确定的,即向心轴承只承受径向载荷 F_r,推力轴承只承受轴向载荷 F_a。但轴承实际所承受的载荷往往与上述条件不一样,则必须把实际载荷转换成与确定 C 值的载荷条件相同的假想载荷。在此载荷的作用下,轴承的寿命与实际载荷作用下的寿命相同,该假想载荷称为当量动载荷,以 F 表示,其计算式为

$$F = XF_r + YF_a \qquad (3-34)$$

式中,X,Y 为径向、轴向的载荷系数,其值可从表 3-24 查得。

表 3-24　向心轴承当量载荷的 X,Y 值

轴承类型		$\dfrac{F_a}{C_{0r}}$	e	$F_a/F_r > e$		$F_a/F_r \leqslant e$	
				X	Y	X	Y
深沟球轴承 (6类)		0.014 0.028 0.056 0.084 0.11 0.17 0.28 0.42 0.56	0.19 0.22 0.26 0.28 0.30 0.34 0.38 0.42 0.44	0.56	2.30 1.99 1.71 1.55 1.45 1.31 1.15 1.04 1.00	1	0
角接触球轴承 (7类)	70000C ($\alpha = 15°$)	0.015 0.029 0.058 0.087 0.12 0.17 0.29 0.44 0.58	0.38 0.40 0.43 0.46 0.47 0.50 0.55 0.56 0.56	0.44	1.47 1.40 1.30 1.23 1.19 1.12 1.02 1.00 1.00	0	0
	70000AC ($\alpha = 25°$)	—	0.68	0.41	0.87	1	0
	70000B ($\alpha = 40°$)	—	1.14	0.35	0.57	1	0
圆锥滚子轴承(3类)		—	$1.5\tan\alpha$	0.4	$0.4\cot\alpha$	1	0

注:C_{0r} 是轴承的径向额定静载荷,C_{0r} 值可由设计手册查得。

对于只承受径向载荷的向心轴承,$F = F_r$;对于只承受轴向载荷的推力轴承,$F = F_a$。

(5) 基本额定寿命计算　滚动轴承的基本额定寿命 L 与轴承所承受的载荷 F 有关。如

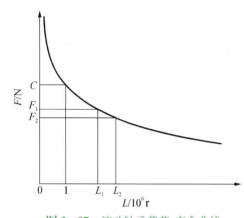

图 3-97 滚动轴承载荷-寿命曲线

图 3-97（寿命曲线）所示的曲线为实验所得到的载荷 F 与寿命 L 的关系曲线，该曲线的数学表达式为

$$LF^\varepsilon = 常数。$$

当 $L = 1(10^6 \text{ r})$ 时，$LF^\varepsilon = 1 \times C^\varepsilon = 常数$，则

$$L = \left(\frac{C}{F}\right)^\varepsilon。$$

实际计算时，常用工作小时数 L_h 来表示寿命。将上式整理后，可得基本额定寿命 L_h 的计算式为

$$L_h = \frac{10^6}{60n}\left(\frac{C}{F}\right)^\varepsilon, \quad (3-35)$$

式中，ε 为轴承的寿命指数，球轴承 $\varepsilon = 3$，滚子轴承 $\varepsilon = 10/3$；n 为轴承转速（r/min）。

考虑到实际工作中的载荷平稳程度不及试验时的情况，故引进载荷修正系数 f_p（见表 3-25）；考虑到轴承实际工作温度高于轴承试验的温度（100℃）对轴承寿命的影响，又引进温度修正系数 f_t（见表 3-26）。作了上述修正后，基本额定寿命计算式可写为

$$L_h = \frac{10^6}{60n}\left(\frac{f_t C}{f_p F}\right)^\varepsilon。 \quad (3-36)$$

表 3-25　载荷修正系数 f_p

载荷性质	f_p	举　例
无冲击或轻微冲击	1.0～1.2	电动机、气轮机、通风机、水泵等
中等冲击	1.2～1.8	车辆、动力机械、起重机、造纸机、冶金机械、卷扬机、传动装置、机床等
强烈冲击	1.8～3.0	破碎机、轧钢机、振动筛等

表 3-26　温度修正系数 f_t

轴承工作温度/℃	100	125	150	200	250	300
f_t	1	0.95	0.90	0.80	0.70	0.60

如果载荷 F 和转速 n 为已知，预期寿命 L'_h 又已确定，则轴承应具有的基本额定动载荷的计算值 C' 为

$$C' = \frac{f_p F}{f_t}\left(\frac{60n}{10^6}L'_h\right)^{1/\varepsilon} (\text{N})。 \quad (3-37)$$

为使轴承不失效，应使 $L_h \geq L'_h$，$C \geq C'$，并根据上面两式确定轴承的寿命和型号。轴承工作寿命 L'_h 的推荐值，如表 3-27 所示。

表 3-27 轴承预期寿命 L'_h 推荐值

机器类型		预期寿命 L'_h/h
不经常使用的仪器及设备		300～3 000
间断使用的机器	中断使用不致引起严重后果的手动机械、农用机械	3 000～8 000
	中断使用会引起严重后果,如升降机、运输机、吊车	8 000～12 000
每天工作 8 h 的机器	利用率不太高的齿轮传动、电动机等	12 000～25 000
	利用率较高的印刷机械、机床等	20 000～30 000
每天工作 24 h 的机器	一般可靠性的矿山升降机、纺织机、泵等	40 000～50 000
	高可靠的电站设备、给水装置等	≈100 000

(6) 向心角接触轴承轴向载荷的计算　角接触轴承由于存在接触角 α,当它承受径向载荷 F_r 时,轴承下半圈各滚动体所受的法向力 F_i 会产生轴向分力 F_{si},我们将各滚动体上所受轴向分力的合力称为内部轴向力(或附加轴向力)如图 3-98 所示。各种角接触轴承的内部轴向力 F_s 的近似值,可按表 3-28 所示的计算公式求得。

表 3-28　角接触轴承的内部轴向力 F_s

轴承类型	角接触向心球轴承			圆锥滚子轴承
	$\alpha=15°$	$\alpha=25°$	$\alpha=40°$	$F_a/(2Y)$
F_s	eF_r	$0.68F_r$	$1.14F_r$	(Y 是 $\dfrac{F_a}{F_r}>e$ 时的轴向载荷系数)

角接触轴承一般应成对使用,图 3-99 所示为成对使用的角接触轴承的两种安装方式及轴向载荷分析。图 3-99(a)为两轴承外圈窄边相对,称为正装;图 3-99(b)为两轴承外圈宽边相对,称为反装。图中 O_1、O_2 分别为轴承 1,2 的实际轴承中心,即支反力的作用点(简化计算时可以认为支承在轴承中心点处)。F_A 为轴向外载荷,计算角接触轴承的轴向载荷 F_a 时,需将轴承的派生轴向力 F_{s1}、F_{s2} 考虑进去。

① 下面以图 3-99(a)的情况为例进行分析:

a. 若 $F_A+F_{s2}>F_{s1}$,轴将有向右移动的趋势,轴承 1 被"压紧",这时轴承 1 承受的总轴向力为 $F_{a1}=F_A+F_{s2}$;轴承 2 被"放松",轴承 2 只受派生轴向力作用,即 $F_{a2}=F_{s2}$。

b. 若 $F_A+F_{s2}<F_{s1}$,轴将有向左移动的趋势,轴承 2 被"压紧",轴承 1 被"放松"。此时轴承 2 承受的轴向力为 $F_{a2}=F_{s1}-F_A$;轴承 1 也只受派生轴向力的作用,即 $F_{a1}=F_{s1}$。

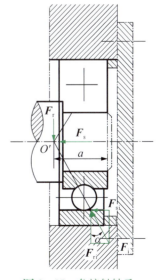

图 3-98　角接触轴承内部轴向力

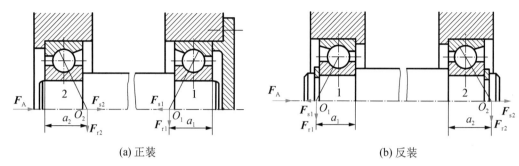

(a) 正装　　　　　　　　　　　　(b) 反装

图 3-99　角接触轴承的两种安装方式及轴向载荷分析

② 综上分析,角接触轴承轴向载荷的计算方法和步骤为:

a. 确定轴承内部派生轴向力的大小和方向;

b. 根据 F_A, F_{s1}, F_{s2} 判定的移动趋势,判断被"压紧"和"放松"的轴承;

c. 被"压紧"轴承的轴向力等于除本身的派生轴向力外其余各轴向力的代数和;被"放松"轴承的轴向力等于它本身的派生轴向力。

例 3-15　某齿轮减速器中的 6310 型轴承承受的轴向力 $F_a=4$ kN,径向力 $F_r=7.5$ kN,轴的转速 $n=260$ r/min,工作温度正常,有轻微冲击。求该轴的寿命 L_h。

解:(1) 由机械手册查得 6310 轴承 $C_r=61.8$ kN,$C_{0r}=38.0$ kN。

(2) 确定当量动载荷。由 $\dfrac{F}{C_{0r}}=\dfrac{4}{38}=0.11$,查表 3-24,得 $e=0.30$;由 $\dfrac{F_a}{F_r}=\dfrac{4}{7.5}=0.533>e$,查表 3-24,得 $X=0.56$,$Y=1.45$。查表 3-25 得 $f_p=1.2$;查表 3-26 得 $f_t=1$。由 (3-34) 式,得

$$F=f_p(XF_r+YF_a)=1.2\times(0.56\times7500+1.45\times4000)\text{N}=12000\text{ N}。$$

(3) 求轴承寿命。由 (3-36) 式,得

$$L_h=\dfrac{10^6}{60n}\left(\dfrac{f_tC}{F}\right)=\dfrac{10^6}{60\times260}\left(\dfrac{1\times61800}{12000}\right)^3\text{ h}=8756\text{ h}。$$

例 3-16　某机械传动中的轴,其轴径 $d=50$ mm。根据工作条件拟采用一对角接触轴承,如图 3-100 所示,已知轴承承受的载荷 $F_{r1}=800$ N,$F_{r2}=2\,020$ N,轴向外载荷 $F_A=860$ N,转速 $n=2\,600$ r/min,运转中有中等冲击,预期寿命 $L'_h=5\,000$ h。试选用轴承。

解:(1) 计算轴承 1,2 的轴向力 F_{a1},F_{a2}。要计算 F_{a1},F_{a2} 须先求出派生轴向力,但轴承型号未知,其接触角也未知,故用计算法,暂定 $\alpha=25°$。从表 3-28 中查得

$$F_{s1}=0.68\cdot F_{r1}=0.68\times800\text{ N}=544\text{ N}(方向如图所示);$$

$$F_{s2}=0.68\cdot F_{r2}=0.68\times2020\text{ N}=1373.6\text{ N}(方向如图所示)。$$

因　　　　　　　　$F_{s2}+F_A=(1373.6+860)\text{N}=2233.6\text{ N}>F_{s1}$,

故轴承 1 为压紧端　　　$F_{a1}=F_{s2}+F_A=2233.6\text{ N}$,

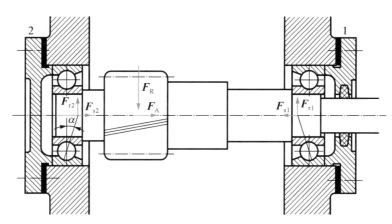

图 3-100 例 3-16 的轴承装置

轴承 2 为放松端 $\qquad F_{a2} = F_{s2} = 1373.6 \text{ N}$。

(2) 计算轴承 1, 2 的当量动载荷。从表 3-24 中查得 $e = 0.68$,而

$$\frac{F_{a1}}{F_{r1}} = \frac{2233.6}{800} = 2.79 > 0.68,$$

$$\frac{F_{a2}}{F_{r2}} = \frac{1373.6}{2020} = 0.68 = e。$$

从表 3-24 中,查得 $X_1 = 0.41, Y_1 = 0.87, X_2 = 1, Y_2 = 0$;查表 3-25 取 $f_p = 1.5$。因此当量动载荷为

$$F_1 = f_p(0.41 \times F_{r1} + 0.87 \times F_{a1}) = 1.5 \times (0.41 \times 800 + 0.87 \times 2233.6)\text{N} = 3407 \text{ N},$$

$$F_2 = f_p(1 \times F_{r2} + 0 \times F_{a2}) = 1.5 \times (1 \times 2020 + 0 \times 1373.6)\text{N} = 3030 \text{ N}。$$

(3) 计算轴承所需径向基本额定动载荷 C'。由于轴的结构要求两端选用同样型号的轴承,所以将受载大的 F_1 一端作为计算依据。查表 3-26,得 $f_t = 1$,则

$$C' = \frac{F}{f_t}\left(\frac{60n}{10^6}L'h\right)^{\frac{1}{3}} = \frac{3407}{1} \times \left(\frac{60 \times 2600}{10^6} \times 5000\right)^{\frac{1}{3}} \text{N} = 31362 \text{ N}。$$

(4) 确定轴承型号。根据轴的直径 $d = 50$ mm 及所求得的 C' 值,由机械手册选轴承型号为 7210AC, $C_r = 40800$ N > 31362 N,故适用。

(7) 滚动轴承的静载荷计算 对低速转动($n < 10$ r/min)、缓慢摆动或基本上不转动的轴承,其主要失效形式是塑性变形,需进行静载荷计算。

轴承受载后,在承载区内受载最大的滚动接触的接触应力应达到一定值,该应力对应的载荷称为基本额定静载荷,用 C_0 表示,其值可以从轴承手册中查得。

轴承的静载荷能力计算公式为

$$S_0 F_0 \leqslant C_0, \tag{3-38}$$

式中,S_0 为静载荷安全系数;F_0 为当量静载荷。

当量静载荷是一种假想的载荷,轴承在工作时,如果同时承受径向和轴向载荷,则应按当量载荷 F_0 进行计算,即

$$F_0 = X_0 F_r + Y_0 F_a, \tag{3-39}$$

式中,X_0 为静径向载荷系数;Y_0 为静轴向载荷系数。S_0,X_0,Y_0 之值可查有关机械设计手册。

4. 滚动轴承的组合设计

为了保证滚动轴承的正常工作,除应合理选择轴承的类型和尺寸外,还必须综合考虑轴承的固定、装拆、配合、润滑和密封等问题,进行轴承的组合设计。

(1) 滚动轴承的轴向固定 机器中的轴是用轴承来支承的,当轴受到外载荷作用时,轴承应保证轴不产生轴向窜动,因此轴承必须在轴和轴承上轴向固定。

① 两端单向固定。轴两端的轴承各限制轴在一个方向的轴向移动,两端合起来就限制了轴的双向移动,这种固定方式称为两端单向固定,如图 3-101 所示。这种固定方式结构简单,安装和调整方便,是应用最多的结构形式。考虑轴工作时少量热膨胀可在轴承盖与外圈端面间留出间隙 c($c=0.2\sim0.4$mm);对于圆锥滚子轴承,两端单向固定有两种方式,即轴承正装和反装,如图 3-102 所示。

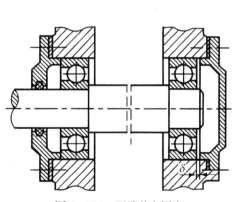

图 3-101 两端单向固定

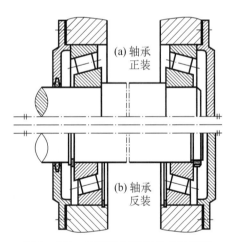

图 3-102 两端单向固定的两种结构

② 一端固定、一端游动。当轴的支点跨距较大或工作温度变化较大时,应采用一端固定、一端游动的轴系结构。这种结构的固定端轴承相对于机架双向固定,轴上沿两个方向的轴向力都经由这里传给机架,当轴受热伸长时,游动端轴承可沿轴向在一定范围内自由移动。图 3-103~105 所示为一端固定、一端游动的 3 种结构。

游动端通常有两种结构,当有深沟球轴承作游动支点时,如图 3-103(a) 所示,应在轴承外端与端盖间留适当间隙,这种结构适用于载荷较小的情况;当用圆柱滚子轴承作

游动支点时,如图 3-103(b)所示,则轴承外圈应双向固定,以免内外圈同时移动,造成过大错位。

对于轴向载荷较大的轴,采用两个角接触球轴承(或角接触滚子轴承)承受双向轴向载荷的结构,如图 3-104 所示。轴向力很大时,可采用双向推力轴承来承受轴向力,而径向载荷由向心轴承承受,其结构,如图 3-105 所示。

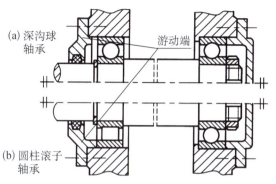

图 3-103　一端双向固定(两种游动端)

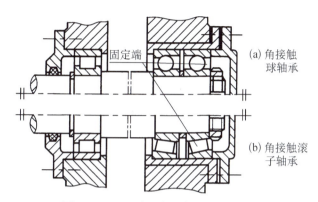

图 3-104　一端双向固定(两种固定端)

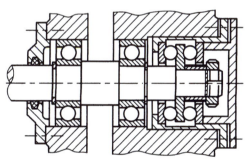

图 3-105　双向推力轴承作固定端

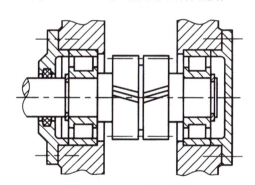

图 3-106　两端游动结构

③ 两端游动。当传动零件本身具有确定轴向位置的功能时,应采用两端游动结构,以避免零件本身定位功能与轴承定位功能冲突。图 3-106 是两端游动结构的一个实例,因为轴上的传动零件为人字齿齿轮,它具有确定轴向位置的功能。两端游动可以选择的轴承类型与前面介绍的游动端相同。

(2) 轴承组合的调整　有如下几种。

① 轴承间隙的调整。轴承装配时,一般应留有适当的间隙,确保轴承的正常运转。常用的调整方式有:

　　a. 调整垫片。如图 3-107(a)所示,是靠加减轴承盖与机座之间的垫片厚度进行调整;

　　b. 调整螺钉。如图 3-107(b)所示,是利用螺钉 1 通过轴承外圈压盖 3 的移动进行调整,螺母 2 用来锁紧防松。

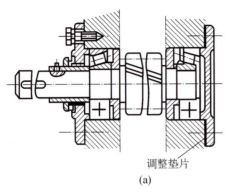
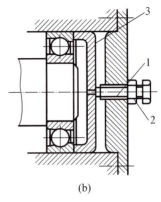

(a)   (b)

图 3-107 轴承间隙调整

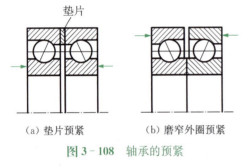

(a) 垫片预紧　　　(b) 磨窄外圈预紧

图 3-108 轴承的预紧

② 轴承的预紧。对某些内部游隙可调的轴承,为提高旋转精度或刚度,常在安装时给轴承一定的轴向力,消除轴承游隙,并使内、外圈和滚动体接触处产生微小变形,这种方法称为轴承的预紧。它可采用前述移动轴承圈套的方法实现。对某些轴承组合,还可以采用加金属垫片(见图 3-108(a))或磨窄外圈(见图 3-108(b))等方法。

③ 轴承组合位置的调整。为使轴上零件具有准确的工作位置,必须对轴承轴向位置进行调整。例如锥齿轮传动,要求两个节锥顶点要重合。图 3-109 所示为锥齿轮轴承组合位置的调整装置,增减垫片 1 厚度可用来调整锥齿轮的轴向位置;增减垫片 2 厚度可用来调整游隙。

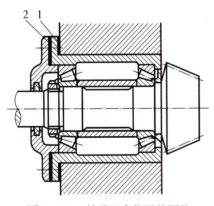
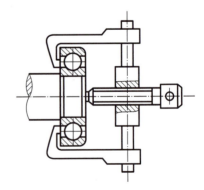

图 3-109 轴承组合位置的调整　　　　　　图 3-110 滚动轴承的拆卸

(3) 轴承的装拆　轴承组合结构设计,应便于轴承的安装与拆卸,在装拆过程中不损坏轴承。安装过盈配合的中小型轴承时,可采用压力机或用手锤在内圈上加压将轴承套到轴径上;大尺寸的轴承,常在油中加热至 80～120℃后进行热装。轴承的拆卸须用拆卸器进行,如图 3-110 所示。

5. 滚动轴承的润滑和密封

(1) 滚动轴承的润滑　滚动轴承润滑的主要作用是减少摩擦和磨损、提高效率、延长轴承使用寿命,同时还有散热、吸振和防蚀等作用。滚动轴承的润滑剂主要是润滑油和润滑脂两类,一般可按轴承内径与转速的乘积 dn 值选取,如表 3-29 所示。

表 3-29　滚动轴承润滑方式的选择

轴承类型	$dn/10^5 (\text{mm} \cdot \text{r/min})$				
	脂润滑	浸油润滑 飞溅润滑	滴油润滑	喷油润滑	油雾润滑
深沟球轴承 角接触球轴承 圆柱滚子轴承	≤(2~3)	2.5	4	6	>6
圆锥滚子轴承		1.6	2.3	3	—
推力球轴承		0.6	1.2	1.5	—

润滑脂的特点是不易流失,便于密封和维护。润滑脂填充量不得超过轴承空隙的 1/3～1/2,否则轴承容易过热。

润滑油具有摩擦阻力小、润滑可靠和散热效果好等特点,故一般 dn 值较高或具备润滑油源的装置,可采用油润滑。

(2) 滚动轴承的密封　密封是为防止灰尘、水分及其他杂质进入轴承,并阻止润滑剂流失。密封装置可分为接触式和非接触式两大类,其密封形式、使用范围如表 3-30 所示。

表 3-30　常用滚动轴承的密封形式

	毛毡圈密封	密封圈密封
接触密封	脂润滑,环境清洁,轴颈圆周速度 $v<4\text{m/s}$,工作温度不超过 90℃ 矩形断面的密封圈安装于梯形槽内,对轴产生一定的压力而起到密封作用	用于脂或油润滑,轴颈圆周速度 $v<7\text{m/s}$,工作温度范围为 -40～110℃ 密封圈常用耐油橡胶制成标准件,分有金属骨架和无金属骨架两种结构。密封唇朝内可防漏油,朝外则是防尘
非接触密封	间隙密封　　内侧密封	迷宫密封

续 表

	依靠轴和轴承盖间的环形微小间隙密封,间隙数值约为 0.1~0.3 mm 左图适用于脂润滑或油润滑,右图用于防止润滑轴承的润滑脂流入箱体内部	用于脂润滑或油润滑。工作温度低于润滑脂的滴点时密封效果可靠 迷宫形间隙更长,因而密封效果更好
组合密封	组合密封	用于脂润滑或油润滑 这是组合密封的一种形式,毛毡加迷宫密封,可以充分发挥各自的优点

3.3.2 滑动轴承

尽管滚动轴承具有许多优点,并在一般机器中获得了广泛应用,但在高速、重载、高精度以及结构上要求剖分等情况下,滑动轴承就显示出了特有的优势,因而在汽轮机、大型电机、内燃机、空气压缩机中多采用滑动轴承。此外,在一些低速、有冲击,且不重要的场合也常采用滑动轴承,如水泥搅拌机、破碎机、农用机械等。

1. 滑动摩擦与润滑状态

滑动轴承工作时,轴承与轴的接触面间存在着压力,并有相对滑动,因而存在滑动摩擦。按接触表面润滑的情况,摩擦可分为以下几种,如图 3-111 所示。

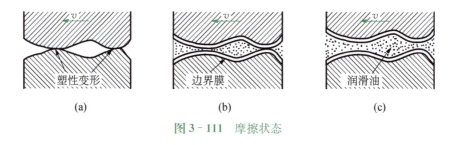

图 3-111 摩擦状态

(1) 干摩擦 两摩擦表面直接接触,其间不加入任何润滑剂时产生的摩擦。其摩擦因数约为 0.1~1.5,磨损和发热严重。在机械零件接触中不允许出现干摩擦。

(2) 边界摩擦 两摩擦表面注入少量的润滑油后,便形成一层极薄的润滑油膜,油膜不能将两接触表面完全隔开。其摩擦因数约为 0.05~0.20,故能减少摩擦磨损。

(3) 液体摩擦 两摩擦表面完全被油膜隔开,此时摩擦因数约为 0.001~0.01,故摩擦阻力很小,无磨损,是最理想的摩擦状态。

(4) 混合摩擦 摩擦副处于干摩擦、边界摩擦及液体摩擦的混合状态。其摩擦、磨损的性能,主要取决于处于边界摩擦状态的部分。

根据摩擦状态,滑动轴承分为非液体摩擦滑动轴承和液体摩擦滑动轴承。

2. 滑动轴承的结构

根据承受载荷的方向,滑动轴承可分为向心滑动轴承和推力滑动轴承。

(1) 向心滑动轴承　向心滑动轴承有整体式和剖分式两种结构。图3-112所示为整体式滑动轴承,轴承座1和轴瓦2组成。这种轴承结构简单、成本低廉,但装拆轴时必须做轴向移动,而且轴承磨损后间隙无法调整,故多用于间歇、低速、轻载的机械。

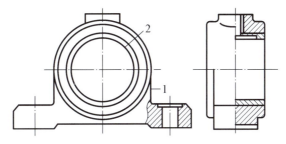

图3-112　整体式向心滑动轴承

图3-113所示为剖分式滑动轴承。它由轴承盖1、底座2、剖分轴瓦3和螺纹联结件4组成。轴承盖和轴承座的部分做成阶梯形定位止口,以便对中,并防止错动。当载荷方向倾斜时,可将中分面相应斜置,使剖分面垂直或接近垂直于载荷,如图3-114所示。

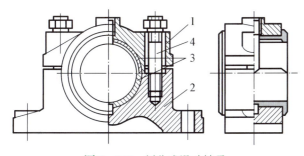

图3-113　剖分式滑动轴承

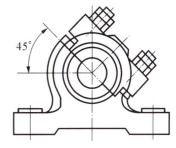

图3-114　斜开向心滑动轴承

剖分式滑动轴承装拆方便,轴瓦磨损后,轴承孔与轴颈之间的间隙可适当调整,因此应用十分广泛。

图3-115所示为自动调心式滑动轴承。它的特点是轴瓦的支撑面为球面,球面的中心正好在轴线上,因而能自动适应轴线的偏转,避免轴承两端边缘的过度磨损。这种轴承适用于轴承宽度B与轴颈直径d之比大于1.5的场合。

(2) 推力滑动轴承　图3-116所示为推力滑动轴承。它由轴承座1、衬套2、轴瓦3、推力轴瓦4组成,主要用来承受轴向载荷。推力轴瓦底部做成球面,是为了使轴瓦工作表面受力均匀,销钉5用来防止轴瓦随轴转动。

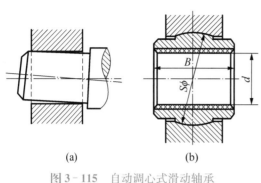
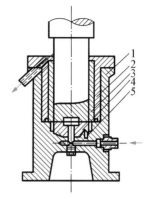

图 3-115　自动调心式滑动轴承　　　　　图 3-116　推力滑动轴承

推力轴承按支承面的形式不同，分为实心、单环面、空心和多环面 4 种，如图 3-117 所示。实心式结构最简单，但端面上压力分布不均匀。因此，一般采用空心式或单环式。多环式结构承载能力较大，且能承载双向轴向载荷。

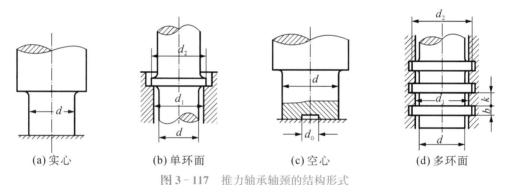

(a) 实心　　　(b) 单环面　　　(c) 空心　　　(d) 多环面

图 3-117　推力轴承轴颈的结构形式

3. 轴瓦的结构和材料

（1）轴瓦的结构　轴瓦是滑动轴承中直接与轴接触的重要零件。其工作面既是承载面，又是摩擦面，因此轴瓦需采用减摩材料。为节省减摩材料和满足其强度要求，常以钢、铸铁或青铜作轴瓦，在轴瓦内表面上浇铸一层很薄的减摩材料（如轴承合金），称为轴承衬。为使轴承衬牢固粘附在轴瓦上，常在轴瓦内表面预制出燕尾槽或螺旋槽，如图 3-118 所示。

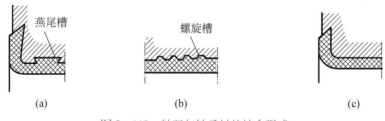

图 3-118　轴瓦与轴承衬的结合形式

为使润滑油均匀分布于轴瓦工作表面上,一般在轴瓦的非承载区上开有油孔和油沟,油沟的结构形式很多,如图 3-119 所示。轴向油沟不应开通,以减少端部泄油。

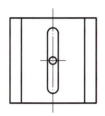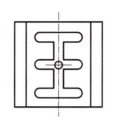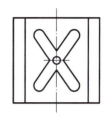

图 3-119 油孔和油槽

(2) 轴瓦的材料 应满足的基本要求和常用种类如下。

① 轴瓦和轴承衬的材料应满足的基本要求是:

a. 良好的减摩性、耐磨性和抗胶合性;

b. 良好的跑合性、嵌藏性;

c. 足够的力学性能;

d. 良好的导热性、加工工艺性、耐腐蚀性和热膨胀系数小等。

② 常用轴承材料有以下几种:

a. 青铜,主要有锡青铜、铝青铜、铅青铜等。青铜的摩擦因数小、耐磨性与导热性好、机械强度高、承载能力大,一般用于重载、中速中载的场合。

b. 轴承合金,主要有锡锑轴承合金和铅锑轴承合金两大类。由于其耐磨性、塑性、跑合性能好,导热及吸附油的性能也好,适宜用于高速、重载或中速、中载的情况。此种合金价格较贵,机械强度很低,一般用作轴承衬材料。

c. 其他材料。粉末冶金轴承具有多孔组织,孔隙内可储存润滑油。运转时,轴瓦温度升高,由于油的膨胀系数比金属大,使油自动进入滑动表面润滑轴承。粉末冶金轴承使用前先将轴承放在热油中浸渍,使孔隙中充满润滑油,可以使用较长时间,常用于不便加油的场合。

在不重要或低速、轻载荷的轴承中,也常用灰铸铁或耐磨铸铁作轴承材料。

非金属轴承材料主要有塑料、硬木、橡胶等。应用最多的是塑料,它具有摩擦因数小、耐腐蚀、抗冲击等特点,但导热性差、易变形。常用于低速、轻载荷和不宜使用油润滑的场合。

常用轴瓦和轴承衬的材料及性能,如表 3-31 所示。

表 3-31 常用轴瓦和轴承衬材料及性能

材料	牌号	$[p]$/MPa	$[v]$/(m/s)	$[pv]$/(MPa·m/s)	备注
锡锑轴承合金	ZSnSb11Cu6	25	80	20	用于高速、重载的重要轴承,变载荷下易疲劳,价高
	ZSnSb8Cu4	20	60	15	
铅锑轴承合金	ZPbSb16Sn16Cu2	15	12	10	用于中速、中载的轴承,不宜受显著冲击,可作为锡锑轴承合金的代用品
	ZCuSn5Pb5Zn5	5	6	5	

续 表

材 料	牌 号	$[p]$/MPa	$[v]$/(m/s)	$[pv]$/(MPa·m/s)	备 注
锡青铜	ZCuSn10Zn2	15	10	15	用于中速、重载及受变载荷的轴承
	ZCnSn10Pb1	5	3	10	用于中速、中载的轴承
铅青铜	ZCuAl9Mn2	25	12	30	用于高速、重载的轴承,能承受变载荷和冲击载荷
铅青铜	ZCuZn25Al6Fe3Mn3	15	4	12	最宜用于润滑充分的低速、重载轴承
黄铜	ZCuZn16Si4	12	2	10	用于低速、中载轴承
	ZCuZn38Mn2Pb2	10	1	10	
铝合金	$\omega_{铝锡合金}20\%$	28~35	14		用于高速、中载轴承
铸铁		0.1~6	3~0.75	0.3~4.5	用于低速、轻载的不重要轴承,价廉

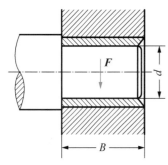

图 3-120 向心滑动轴承的受力

4. 非液体摩擦滑动轴承的计算

非液体摩擦滑动轴承的主要失效形式是磨损和胶合。为了防止轴承失效,应使轴颈和轴瓦的接触表面之间保持一层边界润滑油膜。影响边界油膜存在的因素很多,但若能限制轴承压强 p、速度 v 和油温,一般能保证滑动轴承的正常工作。向心滑动轴承的受力情况如图 3-120 所示,其校核计算如下。

(1) 向心滑动轴承的校核计算 包括压强 p、pv 值、速度 v。

① 校核压强 p。限制压强 p 可以保证润滑油不因为压力过大而被挤出,即

$$p = \frac{F}{Bd} \leqslant [p], \qquad (3-40)$$

式中,F 为径向载荷(N);B 为轴承宽度(mm);d 为轴颈直径(mm);$[p]$ 为轴瓦材料的许用压强(MPa)(见表 3-31)。

轴承宽度与轴颈直径之比 B/d 称为宽颈比,它是向心滑动轴承的重要参数之一。对于非液体摩擦的滑动轴承,常取 $B/d > 0.8 \sim 1.5$。

② 校核 pv 值。摩擦因数 f 与 pv 值的乘积表示单位面积上的功率损失,因而限制 pv 值也就限制了轴承的温升,其值应满足

$$pv = \frac{F}{Bd} \frac{\pi dn}{60 \times 1000} = \frac{Fn}{19100B} \leqslant [pv], \qquad (3-41)$$

式中，v 为轴颈的圆周速度(m/s)；n 为轴的转速(r/min)；$[pv]$ 为 pv 的许用值(MPa·m/s)(见表 3-31)。

③ 校核速度 v。当轴与轴瓦相对滑动速度较高时，磨损加速，则速度应满足

$$v = \frac{\pi d n}{60 \times 1000} = \frac{dn}{19100} \leqslant [v], \tag{3-42}$$

式中，$[v]$ 为许用圆周速度(m/s)(见表 3-31)。

当以上结果不能满足校核条件时，可以改变轴瓦的材料或适当增大轴承的宽度 B。对低速或间歇工作的轴承，只需进行压强 p 的校核。设计时，轴颈与轴瓦的配合可采用 $\frac{H8}{h7}$，$\frac{H9}{f9}$ 等间隙配合。

（2）推力滑动轴承的校核计算

① 校核压强 p，压强 p 应满足

$$p = \frac{F}{\frac{\pi}{4}(d_2^2 - d_1^2)z} \leqslant [p], \tag{3-43}$$

式中，z 为轴环数；d_2 为轴环外径(mm)；d_1 为环状支撑面内径(mm)，如图 3-117(b)所示。

② 校核 pv 值，即

$$pv_m \leqslant [pv], \tag{3-44}$$

其中，轴环的平均速度

$$v_m = \frac{\pi d_m n}{60 \times 1000}; \tag{3-45}$$

平均直径

$$d_m = \frac{d_1 + d_2}{2}。 \tag{3-46}$$

推力轴承的 $[p]$ 和 $[pv]$ 值可从表 3-31 中查得。考虑到各止推环面受载不均匀因素，对于多环止推滑动轴承，应将表 3-31 中的 $[p]$ 和 $[pv]$ 值降低 20%～40%。

5. **润滑剂与润滑装置**

在设计和使用滑动轴承时，必须合理地选择润滑剂、润滑方法和润滑装置。

（1）润滑剂的选择　常用的润滑剂主要有润滑油和润滑脂两类。在选择润滑油的品种时，对液体摩擦轴承应以粘度为主要选择指标；而对非液体摩擦轴承，则应以油性为主要选择指标。由于油性尚无一个确切的衡量指标，故一般可按粘度选择。润滑脂主要用在非液体摩擦轴承中，那些使用要求不高、低速或带有冲击的场合。选择润滑油和润滑脂的牌号时，可参照表 3-32、表 3-33 所示。

表 3‑32　滑动轴承润滑油的选择（工作温度 10～60℃）

压力 p/MPa	轴颈圆周速度 v(m/s)	最高工作温度/℃	选用的牌号
≤1.0	≤1	75	3 号钙基脂
1.0～6.5	0.5～5	55	2 号钙基脂
≥6.5	≤0.5	75	3 号钙基脂
≤6.5	0.5～5	120	2 号钠基脂
≥6.5	≤0.5	110	1 号钙钠基脂
1.0～6.5	≤1	－50～100	锂基脂
≥6.5	0.5	60	2 号压延机脂

注：① "压力"或"压强"，本书统用"压力"。
② 在潮湿环境，温度在 75～120℃ 的条件下，应考虑用钙-钠基润滑脂。
③ 在潮湿环境，工作温度在 75℃ 以下，没有 3 号钙基脂时也可以用铝基脂。
④ 工作温度在 110～120℃ 时，可用锂基脂或钡基脂。
⑤ 集中润滑时，稠度要小些。

表 3‑33　滑动轴承润滑脂的选择

轴颈圆周速度 v/(m/s)	平均压力 $p<3$ MPa	轴颈圆周速度 v/(m/s)	平均压力 $p=(3～7.5)$MPa
<0.1	L‑AN68，100，150	<0.1	L‑AN150
0.1～0.3	L‑AN68，100	0.1～0.3	L‑AN100，150
0.3～2.5	L‑AN46，68	0.3～0.6	L‑AN100
2.5～5.0	L‑AN32，46	0.6～1.2	L‑AN68，100
5.0～9.0	L‑AN15，22，32	1.2～2.0	L‑AN68
≥9.0	L‑AN7，10，15		

注：表中润滑油是以 40℃ 时运动粘度为基础的牌号。

（2）常用润滑方法及装置　滑动轴承的供油方式分为间歇供油和连续供油。

常见的间歇供油装置是各种油杯，如图 3‑121 所示。其中，图（a）为压配式压注油杯；图（b）为旋套式油杯，适用于加注润滑油；图（c）为旋盖式油杯，适用于润滑脂，加满润滑脂后，旋转螺旋杯盖可使部分润滑脂强行挤入润滑部分。间歇供油装置，通常用于开机前和关机后加注润滑剂。

连续供油润滑根据所需供油量的大小，可采用滴油润滑、油杯润滑、浸油润滑或喷油润滑。

图 3‑122 是两种常用的连续供油油杯。图 3‑122（a）所示是针阀油杯，手柄平放时，弹簧压力使针阀堵住油杯底部的油孔；手柄直立时，针阀被提起，油孔敞开，润滑油流入轴颈，调节螺母可以调整针阀开口的大小。图 3‑122（b）所示是弹簧盖油杯，依靠棉线毛细作用使润滑油流入润滑部位，这种油杯结构简单，但供油量与液面高度有关，不能调节。

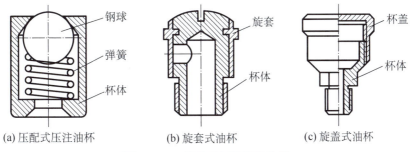

(a) 压配式压注油杯　　(b) 旋套式油杯　　(c) 旋盖式油杯

图 3-121　常见的间歇供油装置

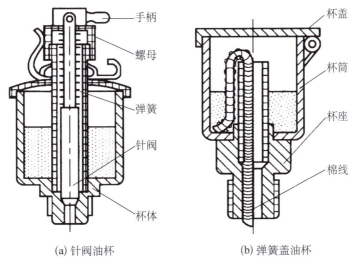

(a) 针阀油杯　　(b) 弹簧盖油杯

图 3-122　连续供油装置

图 3-123 所示为油环润滑,轴颈上套有油环,油环的下部浸入油池中,轴颈旋转时,靠摩擦力带动油环旋转,并把润滑油带入轴承。

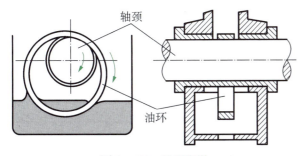

图 3-123　油环润滑

图 3-124　油泵循环供油润滑

图 3-124 所示是油泵循环供油润滑,供油压力一般仅需 0.05 MPa。配有润滑油分配

6. 液体摩擦滑动轴承

轴颈与轴承之间的理想摩擦状态是液体摩擦,根据油膜形成原理的不同,液体摩擦滑动轴承可分为静压轴承和动压轴承。

(1) 静压轴承　静压轴承是利用外部的供油系统把压力油输送到轴承的间隙中,强制形成承载油膜,保证轴承在液体摩擦状态下工作。

图3-125所示是静压轴承的典型结构。在轴瓦内表面上开有4个对称的油腔,各油腔的尺寸相同。每个油腔的四周都有适当宽度的封油面,压力油总管分别通过节流器供给每个油腔压力用油,依靠油的静压力将轴浮起来。在没有外载荷的情况下,轴颈与轴承孔同心,各油腔的油压相等。受载后,轴颈向下偏移,由于节流器的作用,上、下两个油腔形成压力差而产生向上的作用力,以此来平衡外载荷。所以,应用节流器能随外载荷的变化而自动调节各油腔的压力,它是静压轴承系统中的重要元件。

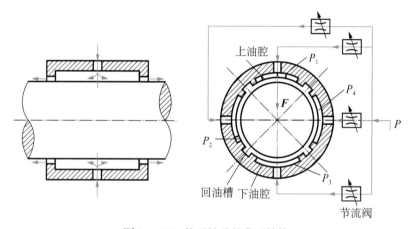

图3-125　静压轴承的典型结构

静压轴承在正常使用情况下,起动、工作和停止时,轴颈与轴承始终不会直接接触,理论上轴颈与轴瓦无磨损、寿命长。对轴和轴瓦的制造精度可适当降低,对轴瓦材料要求也不高。轴的旋转精度高,且有良好的吸振性,运转平稳。但静压轴承需要一套供油装置,设备费用高、体积大、维护和管理不便。一般用于低速、重载或要求精度高的机械装置中,如精密机床、重型机械等。

(2) 动压轴承　图3-126所示为动压轴承油压的形成原理。在图3-126(a)中,两块平板 AB 和 CD 相互倾斜,形成楔形间隙,其中充满润滑油。当 AB 以速度 v 自右向左移动时,它将带动润滑油从楔形的大口流向小口。在此过程中,由于间隙截面尺寸不断缩小,而液体是不可压缩的,因而在楔形间隙内必将产生油压,其分布如图所示。

图3-126(b)所示的轴颈和轴承孔之间也有一定的楔形间隙。当轴颈以足够高的转速转动时,其间隙中的润滑油也能形成一层强度相当大的油膜,把承受载荷 F 的轴颈抬起,使其处于流体摩擦状态。形成这种动压油膜需具备以下条件:

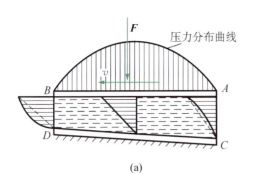

图 3-126　动压轴承的工作原理

① 相对运动的两表面必须具有楔形间隙；
② 两工作表面间必须连续充满润滑油或其他粘性液体；
③ 两表面间有相对运动，其运动方向必须保证润滑油从大截面流进，从小截面流出。
此外，对于一定的载荷 F，必须使速度 v、粘度 η 及间隙等匹配恰当。

学生操作题 1：直齿轮轴系用一对深沟球轴承支撑，轴颈 $d = 35$ mm，转速 $n = 1\,450$ r/min，每个轴承承受径向载荷 $F_r = 2\,100$ N，载荷平稳，预期寿命为 $8\,000$ h。试选择轴承型号。

学生操作题 2：一非液体摩擦向心滑动轴承，轴径 $d = 100$ mm，长径比 $l/d = 1$，转速 $n = 1\,200$ r/min，轴瓦材料是 ZQSn10-1（$[p] = 15$ MPa，$[pv] = 15$ MPa·m/s）。试问该轴承所能承受的最大径向载荷 P 是多少？

任务 3-4　联轴器和离合器

联轴器和离合器都用来实现轴与轴之间的联结，传递运动和转矩。两者的主要区别在于：联轴器必须在机器停转后，用拆卸方法才能使两轴结合或者分离；而离合器，通常可使工作中的两轴随时实现结合或分离。

3.4.1　联轴器

联轴器所联结的两根轴常用于不同机械或部件，由于制造和安装的误差，很难使它们的轴线精确对中。运转时，由于载荷的作用和温度的变化还会使轴产生变形，再加上其他原因造成的机座的变形和下沉，使被联结的两轴常产生如图 3-127 所示的 4 种偏移情况：轴向偏移量 x（见图 3-127(a)）、径向偏移量 y（见图 3-127(b)）、角偏移量 α（见图 3-127(c)）、综合偏移量 α，x，y（见图 3-127(d)）。联轴器对上述偏移量应具有一定的适应能力，否则就会在轴、轴承和联轴器中引起附加载荷，影响机器的正常工作。联轴器的分类，如表 3-34 所示。

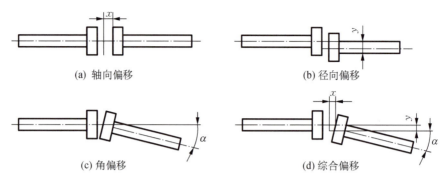

图 3-127 两轴的偏移

表 3-34 联轴器的分类

联轴器	刚性联轴器	固定刚性联轴器	套筒联轴器、凸缘联轴器
		可移式刚性联轴器	十字滑块联轴器、齿式联轴器、十字轴式万向联轴器
	弹性联轴器	弹性套柱销联轴器、弹性柱销联轴器	

1. 固定刚性联轴器

固定刚性联轴器只能传递运动和转矩，不能补偿轴的偏移。

（1）套筒联轴器　如图 3-128 所示，套筒联轴器由套筒和键或销组成。套筒用平键联结时，可传递较大的转矩，但要采用紧定螺钉等作轴向固定，如图 3-128(a)所示；套筒和轴采用圆锥销联结时，只能传递较小的转矩，如图 3-128(b)所示。此种联轴器结构简单、制造方便、径向尺寸小；但两轴线位置要求严格同轴，装拆时必须做轴向移动。它适用于工作平稳、无冲击载荷的低速、轻载、小尺寸轴，多用于金属切削机床中。

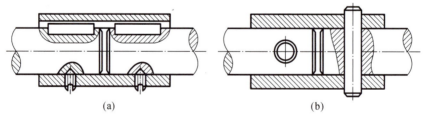

图 3-128 套筒联轴器

（2）凸缘联轴器　凸缘联轴器由两个带凸缘的半联轴器组成。两个半联轴器分别用键与两轴联结，并用螺栓将两个半联轴器联为一体。

它有两种主要的结构形式，图 3-129(a)所示为普通凸缘联轴器，通常靠配合螺栓联结，对中性较好；另一种靠凸肩和凹槽实现两轴对中，如图 3-129(b)所示。后者对中精度高，前者传递的转矩较大。

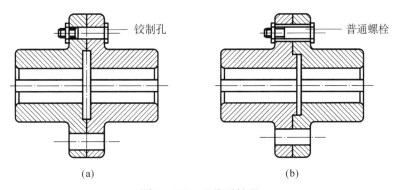

图 3-129 凸缘联轴器

凸缘联轴器的结构简单、刚性好,但要求被联结的两轴安装准确,且不能缓冲减震。通常用于载荷平稳、速度较低、两轴能很好对中的场合。

2. 可移式刚性联轴器

可移式刚性联轴器不仅能传递运动和转矩,还能在一定程度上补偿轴的偏移。

(1)十字滑块联轴器 如图 3-130 所示为十字滑块联轴器,它是由中间滑块 2 两端面上的凸榫与两个半联轴器 1,3 端面的径向凹槽配合,以实现两轴联结。滑块两端的凸榫中线相互垂直,若两轴线有相对径向偏移,滑块沿两半联轴器的凹槽径向滑动可补偿径向位移,并能补偿角偏移。十字滑块联轴器结构简单、制造方便;但不耐冲击,易磨损。适用于低速、轴的刚度较大,但无剧烈冲击的场合。

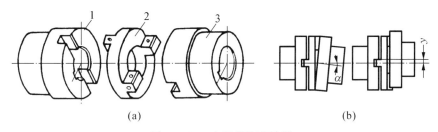

图 3-130 十字滑块联轴器

(2)齿式联轴器 如图 3-131 所示,齿式联轴器由两个有内齿的外壳 3 和两个有外齿的轴套 4 组成。外壳与轴套之间设有密封圈 1,两个带外齿的轴套通过键与轴联结,两个带内齿的外壳在其凸缘处用螺栓 2 联结成一体。内、外齿径向有间隙,可补偿两轴径向偏移;外齿顶部制成球面,球心在轴线上,可补偿两轴间的角偏移。齿式联轴器能传递较大的转矩,又有较大的补偿偏移的能力。常用于启动频繁,经常正、反转的重型机械中。

(3)十字轴式万向联轴器 如图 3-132 所示为十字轴式万向联轴器,它由两个叉形接头和一个十字轴组成,十字轴分别与固定在两根轴上的叉形接头用铰链联结。当一轴的位置固定后,另一轴可以任意偏斜 α 角,角偏移可达 $40°\sim50°$。该联轴器的主要缺点是:当两轴不共线时,即使主动轴以角速度 ω_1 匀速转动,从动轴的角速度 ω_2 也会周期性变化。这种周期性变化造成附加载荷,破坏传动的平稳性。

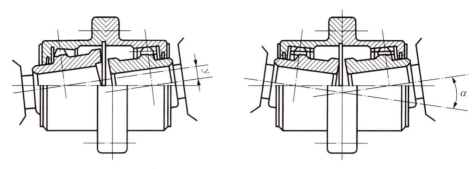

图 3-131　齿式联轴器的偏移的补偿

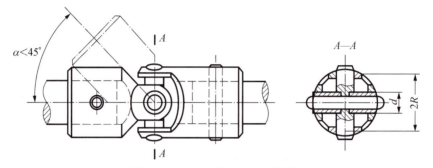

图 3-132　十字轴式万向联轴器

为了克服这一缺点,常将十字轴式万向联轴器成对使用,如图 3-133 所示,中间轴两端的叉面必须位于同一平面内,并使主、从动轴与中间的夹角 α_1,α_2 相等,这样就能保证从动轴的角速度与主动轴同步。

十字轴式万向联轴器的结构紧凑、维护方便、传递较大转矩,适用于汽车、拖拉机和金属切削机床中。

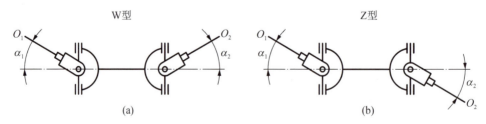

图 3-133　双万向联轴器示意图

3. 弹性联轴器

(1) 弹性套柱销联轴器　弹性套柱销联轴器如图 3-134 所示,其结构与凸缘联轴器相似,不同之处是用套有弹性套的柱销传递转矩。弹性套材料采用耐油橡胶,并做成梯形截面,以提高变形能力。

弹性套柱销联轴器结构简单、装拆方便、价格低廉,能吸振和补偿一定的轴线偏移。但弹性套易损坏,故寿命较短,适用于传递小转矩的场合。

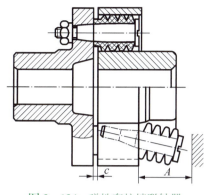

图 3-134 弹性套柱销联轴器

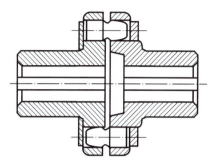

图 3-135 弹性柱销联轴器

(2) 弹性柱销联轴器　弹性柱销联轴器也称尼龙柱销联轴器。如图 3-135 所示，它与弹性套柱销联轴器类似，所不同的是用非金属(尼龙)制成的柱销代替了弹性套柱销，在工作时通过柱销传递转矩。在柱销两边装有挡板，以防柱销脱落，挡板用螺钉固定在半联轴器上。

弹性柱销联轴器耐久性好，制造、维修方便，具有缓冲吸振和补偿轴线偏移的能力。它适用于轴向窜动量大、经常正、反转、启动频繁和转速较高的场合；但尼龙对温度较敏感，一般宜在 -20~70℃ 的温度环境中工作。

4. 联轴器的选择

常用联轴器大多已标准化，一般直接从标准件中选取即可，选择的步骤是：先选择类型和型号，然后进行必要的强度校核。

(1) 联轴器类型的选择　根据机器的工作特点和要求，结合各类联轴器的性能，并参考同类机器的使用经验来选择联轴器的类型。

两轴对中要求高、轴的刚度大时，可选用套筒联轴器或凸缘联轴器；两轴的对中较困难或轴的刚度小时，应选用对轴的偏移具有补偿能力的弹性联轴器；所传递的转矩较大时，应选用凸缘联轴器或齿式联轴器；轴的转速较高，具有振动时，应选用弹性联轴器；两轴相交一定角度时，则应选用十字万向联轴器；等等。

(2) 联轴器型号的选择　联轴器的型号是根据所传递的转矩、轴径和转速，从联轴器标准中选用。选择的型号应满足以下条件：

① 计算转矩 T_c 应小于或等于所选型号的额定转矩 T_n，即

$$T_c \leqslant T_n 。 \tag{3-47}$$

② 转速 n 应小于或等于所选型号的许用转速 $[n]$，即

$$n \leqslant [n] 。 \tag{3-48}$$

③ 轴的直径应在所选型号联轴器的孔径范围内。

考虑机器启动时的惯性力和工作时可能出现的过载，联轴器的计算转矩可由下式计算，即

$$T_c = KT = 9550K\frac{P}{n}, \tag{3-49}$$

式中，K 为工作情况系数，如表 3-35 所示；P 为传递功率(kW)；n 为工作转速(r/min)；T 为联轴器的转矩(N·m)。

表 3-35　工作情况系数 K

原动机	工作机械	K
电动机	带式运输机、鼓风机、连续运转的金属切削机床	1.25～1.5
	链式运输机、刮板运输机、螺旋运输机、离心泵、木工机械	1.5～2.0
	往复运动的金属切削机床	1.5～2.5
	往复式泵、往复式压缩机、球磨机、破碎机、冲剪机	2.0～3.0
	锤、起重机、升降机、轧钢机	3.0～4.0
涡轮机	发电机、离心泵、鼓风机	1.2～1.5
往复式发动机	发电机	1.5～2.0
	离心泵	3.0～4.0
	往复式工作机(如压缩机、泵)	4.0～5.0

3.4.2　离合器

离合器应根据需要随时将主、从动轴结合或分离，故应使其满足的要求为：工作可靠，接合、分离迅速而平稳，操作灵活，调节和维修方便，外廓尺寸小，重量轻，耐磨性和散热性好。常用离合器的类型有以下几种。

1. 牙嵌式离合器

牙嵌式离合器是一种啮合式离合器，它由两个端面带牙的半离合器组成，如图 3-136 所示。半离合器 1 用平键与主动联轴器，另一半离合器 3 用导向平键（或花键）与从动轴联结，并用移动销环 4 操纵离合器分离和接合，对中环 2 用来保证两轴线同心。

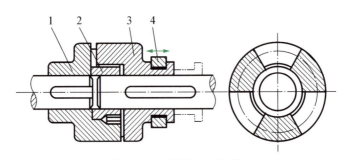

图 3-136　牙嵌式离合器

牙嵌式离合器中牙的形状有三角形、梯形和锯齿形 3 种。三角形牙接合、分离容易，但牙强度弱，多用于传递小转矩；梯形和锯齿形牙强度高，多用于传递大转矩，但锯齿形牙只能单向工作。

牙嵌式离合器结构简单、外廓尺寸小、能传递较大的转矩,接合后牙间无相对滑动,故两轴同步转动。但这种离合器只宜在两轴的转速差较小或停车的情况下接合,否则可能将牙撞断。

2. 摩擦离合器

摩擦离合器是通过主、从动件压紧后产生的摩擦力来传递运动和转矩的,因此能在不停车或两轴有较大转速差的情况下进行平稳接合。过载时,将发生打滑以保护其他零件,适用于高转速、低转矩情况。

(1) 单片式摩擦离合器　图3-137所示为单片式摩擦离合器简图,圆盘1紧固在主动轴上,圆盘2可以在从动轴上滑动,移动销环3可使两圆盘接合或分离。在轴向压力 F_a 作用下,两圆盘工作表面产生摩擦力,从而传递转矩。单片式摩擦离合器多用于传递矩较小的轻型机械。

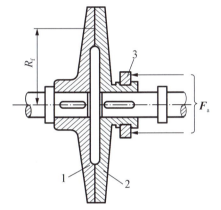

图3-137　单片式摩擦离合器

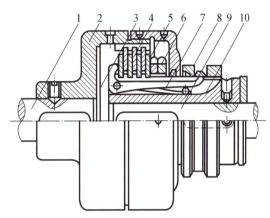

图3-138　多片式摩擦离合器

(2) 多片式摩擦离合器　图3-138所示为多片式摩擦离合器,它有两组摩擦片,其中外摩擦片组4利用外圆上的凸齿与外壳2相联(外壳2与主动轴1相固联),内摩擦片组5利用内孔凸齿与套筒10相联(套筒10与从动轴9相固联)。当移动销环8作轴向移动时,将拨动曲臂压杆7,使压板3压紧或松开内、外摩擦片组,从而使离合器接合或分离。螺母6用来调整摩擦片间的压力。

外摩擦片和内摩擦片的结构形状,如图3-139所示。

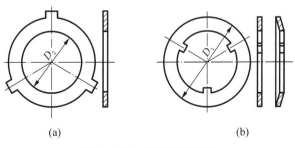

图3-139　摩擦片结构图

这种离合器操纵方便、接合平稳、分离迅速,其所传递的最大转矩可以调整,有过载保护作用。但结构较复杂、外廓尺寸大、成本高。常用于频繁起动、制动或经常改变速度大小和方向的机械中,如汽车、机床等。

3. 定向离合器

定向离合器只能传递单向转矩。图 3-140 所示为滚柱式定向离合器,它由星轮 1、外圈 2、滚柱 3、弹簧顶杆 4 等组成,星轮与外圈均可作主动件。如果星轮 1 为主动件,按顺时针方向转动,这时的滚柱受摩擦力作用将被楔紧在槽内,因而外圈 2 将随星轮一同回转,离合器即处于接合状态;但当星轮反方向旋转时,滚柱受摩擦力的作用,被推到槽中较宽的部分,不再楔紧在槽内,这时离合器处于分离状态。当星轮与外圈仍按顺时针方向旋转时,若外圈转速小于星轮转速,则离合器处于接合状态;反之,外圈转速大于星轮转速,则离合器处于分离状态,因此也称超越离合器。

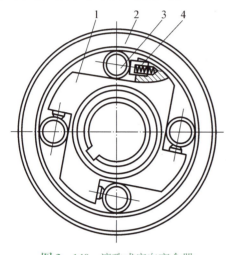

图 3-140 滚珠式定向离合器

4. 离合器的选择

离合器的选择首先是根据工作条件和使用要求,确定离合器类型,然后根据轴径大小查手册选用型号。

(1) 类型选择 有以下两类:

① 啮合类离合器适用于低速、大转矩,只能静止时或相对转速低时接合,接合中有冲击。无过载保护,尺寸较小、结构简单、维修方便。

② 摩擦类离合器适用于高速、小转矩,运转中能平稳地接合。便于实现自动化操作,有过载保护性能,尺寸较大,结构复杂、维修不便。

(2) 型号选择 型号的选择应满足的条件为

$$T_c = KT \leqslant [T], n \leqslant [n],$$

式中,T 为名义转矩(N·mm);$[T]$ 为许用转矩(N·mm);$[n]$ 为许用转速(r/min)。

学生操作题 1:试选择带式运输机与减速器之间的联轴器。已知减速器输出轴的转矩 $T_2 = 289\,458$ N·mm,转速 $n_2 = 90.4$ r/min,减速器初定轴径 $d_{\min} = 35$ mm,载荷平稳。

思考题与习题

一、思考题

1. 预紧后螺栓是否需要采用防松措施?为什么?

2. 常用的螺纹有哪些特点?传动常用什么螺纹?联结常用什么螺纹?

3. 螺纹联结的基本形式有哪几种？各适用于何种场合？有何特点？
4. 螺纹升角的大小，对自锁和效率有何影响？
5. 试述键联结、销联结的作用？
6. 螺纹联结的自锁条件是什么？在螺纹导程角、摩擦系数相同情况下，试比较三角形、梯形、矩形螺纹的自锁性与效率。
7. 何谓应力？何谓许用应力？应力与许用应力有什么关系？
8. 直径相同、长度相同、材料不同的两轴，在相同的扭矩作用下，它们的最大切应力与扭转角是否相同？
9. 材料不同，轴力、截面尺寸相同的两拉杆，其应力、变形、强度和刚度是否相同？
10. 如题图 3-1 所示传动轴，如何改变外力偶作用位置以提高轴的承载能力？

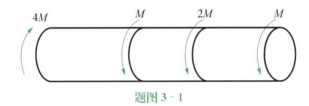

题图 3-1

11. 输送机的减速器中，高速轴的直径大还是低速轴的直径大？为什么？
12. 润滑的作用是什么？常用的润滑剂有哪几类？
13. 在什么情况下采用滑动轴承？试举例说明。
14. 什么叫滚动轴承的额定动载荷？
15. 根据摩擦状态分，滑动轴承分几类？在高速、高精度的场合应采用哪一类滑动轴承？
16. 滚动轴承有哪些失效形式？什么叫滚动轴承的额定寿命？
17. 说明形成液体动压润滑的 3 个必要条件。
18. 联轴器和离合器的功用是什么？有什么区别？
19. 如何区分刚性联轴器与弹性联轴器？它们各有哪些特点？
20. 联轴器所联的两根轴可能出现哪些偏移形式？
21. 万向联轴器为什么要成对使用？
22. 试述选择联轴器的步骤和方法？
23. 牙嵌式离合器和摩擦离合器各有什么优缺点？分别适用于什么场合？

二、习题

1. 题图 3-2 所示为一用两个 M12 螺钉固定的牵曳钩，若螺钉材料为 Q235 钢，装配时控制预紧力，接合面摩擦因数 $f = 0.15$。求其允许的最大牵曳力。
2. 题图 3-3 所示为轴、毂用 A 型普通平键联结，若轴的直径 $d = 50$ mm，键的尺寸 $b \times h \times L = 14$ mm $\times$ 9 mm $\times$ 45 mm。已知轴所传递的扭矩 $T = 980$ N·m，材料的许用切应力 $[\tau] = 60$ MPa，许用挤压应力 $[\sigma_j] = 150$ MPa。试校核强度。

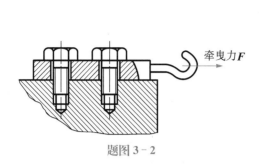
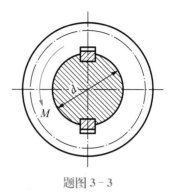

题图 3-2　　　　　　　　题图 3-3

3. 题图 3-4 所示为冲压机冲孔的情况。已知冲头的直径 $d=18$ mm，被冲钢板的厚度 $t=10$ mm，钢板的剪切强度极限 $\tau=300$ MPa。试求所需的冲压力 F。

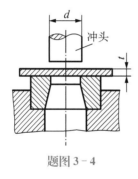
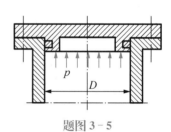

题图 3-4　　　　　　　　题图 3-5

4. 如题图 3-5 所示，一钢制液压缸，用普通螺栓联结。已知油压 $p=4$ MPa，$D=160$ mm，沿凸缘圆周均布 8 个螺栓，安装时控制预紧力。试确定螺栓直径。
5. 试求题图 3-6 所示的轴指定截面 1—1，2—2，3—3 上的扭矩。
6. 如题图 3-7 所示，传动轴转速 $n_1=300$ r/min，主动轮 B 输入功率 $p_B=10$ kW，从动轮分别输出功率 $p_A=5$ kW，$p_C=3$ kW，$p_D=2$ kW。试画其扭矩图，并指出 T_{max} 的值。

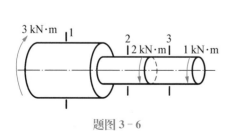
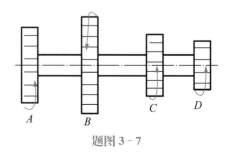

题图 3-6　　　　　　　　题图 3-7

7. 题图 3-8 所示的转轴，直径 $d=45$ mm，受不变的扭矩 $T=1\,000$ N·m，$F=9\,000$ N，

$a = 300\,\text{mm}$,若材料的许用弯曲应力$[\sigma_{-1b}] = 80\,\text{MPa}$。求$x$值,并画出该轴的弯矩图和扭矩图(注:取$\alpha = 0.3$,$W = 0.1d^3$)。

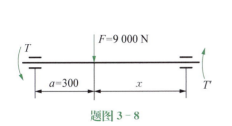

题图 3－8

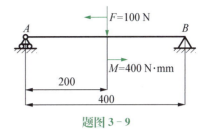

题图 3－9

8. 如题图3－9所示,列出F_Q,M方程,画出F_Q,M图,求F_{Qmax}和M_{max}。

9. 说明下列滚动轴承代号的含义:
 6204　　60210/P6　　N208　　70216AC　　3029

10. 分析题图示3－10所示的轴系结构:
 (1) 用字母标出图中不合理处,并作必要的文字说明;
 (2) 在轴线下侧画出正确结构。

题图 3－10

11. 试分析计算一对36210轴承所受的轴向载荷F_{a1},F_{a2}。已知$F = 12\,000\,\text{N}$,轴上的外载荷F_a方向如题图3－11所示,内部轴向力$F_s = 0.4F_r$。

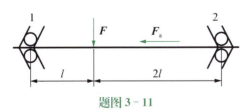

题图 3－11

 (1) 当$F_a = 2\,000\,\text{N}$时;
 (2) 当$F_a = 1\,000\,\text{N}$时。

12. 7208轴承的额定动载荷$C_r = 34\,000\,\text{N}$。求:
 (1) 当量动载荷$P = 6\,200\,\text{N}$,工作转速$n = 730\,\text{r/min}$时,轴承的寿命L_h是多少?
 (2) $P = 6\,200\,\text{N}$,若要求$L_h \geqslant 10^4\,\text{h}$,允许的最高转速是多少?
 (3) 工作转速$n = 730\,\text{r/min}$,要求$L_h \geqslant 10^4\,\text{h}$,允许的最大当量动载荷$P$是多少?

13. 已知某球轴承,当它的转速为 n_1,当量动载荷 $P_1 = 2500$ N 时,其寿命为 8 000 h。试求:
   (1) 若转速保持不变而当量动载荷增加到 $P_2 = 5000$ N 时,其寿命应为多少?
   (2) 若转速增加一倍,即 $n_2 = 2n_1$,而当量动载荷保持不变时,其寿命应为多少?

14. 一向心球轴承,承受径向载荷 $F_r = 8000$ N,转速 $n = 1200$ r/min,要求工作寿命 $L_h = 6000$ h,载荷平稳,常温下工作。试求该轴承所需的额定动载荷 C_r。

15. 一向心球轴承 304 ($C = 12\,500$ N)承受径向载荷 $F_r = 4$ kN,载荷平稳,转速 $n = 960$ r/min,室温下工作。试求该轴承的额定寿命,并说明该轴承能达到或超过此寿命的概率,若载荷改为 $F_r = 2$ kW 时,轴承的额定寿命是多少?

情境(项目) ④

【 机 械 设 计 】

传动装置设计

能力目标	专业能力目标	掌握渐开线的形成和特性； 了解各种齿轮传动的特性,能计算各种齿轮的基本参数； 掌握齿轮传动的两强度计算准则并会实际运用； 掌握齿轮传动的结构设计及润滑方式； 正确掌握V带的工作原理、张紧装置和维护方式； 正确掌握链传动的布置、张紧和润滑方法； 能正确设计带传动和链传动； 熟悉螺旋传动的应用和滑动螺旋的设计方法
	方法能力目标	具有较好的学习新知识、新技能的能力； 具有解决问题和制定工作计划的能力； 具有查运用机械设计手册和机械设计资料的能力； 具有获取现代机械设计各方面信息的能力
	社会能力目标	具有较强的职业道德； 具有较强的计划组织能力和团队协作能力； 具有较强的人与人沟通和交流的能力
教学要点		1. 了解齿轮传动的类型、特点和应用范围,掌握齿廓啮合基本定律； 2. 了解渐开线的形成和特性； 3. 掌握渐开线齿轮的基本参数,熟练掌握标准直齿轮几何尺寸计算； 4. 明确渐开线齿轮正确啮合条件和标准中心距,理解重合度的意义及连续传动的条件； 5. 了解渐开线齿轮的常用加工方法,理解根切的概念及最少齿数的含义； 6. 掌握齿轮失效的形式及计算准则,熟悉常用齿轮材料和热处理方式； 7. 掌握轮齿作用力分析方法,掌握齿面接触强度计算和齿根弯曲疲劳强度计算； 8. 了解斜齿轮、圆锥齿轮、蜗杆蜗轮的基本参数、轮齿作用力分析及强度计算； 9. 了解齿轮的常用结构,掌握齿轮传动的结构设计； 10. 了解齿轮的效率及润滑方式； 11. 了解带传动的工作原理、特点、类型； 12. 掌握V带的结构和标准以及几何尺寸计算； 13. 掌握V型带的标注和熟悉V型带的结构与材料； 14. 了解带传动的受力分析、应力分析、掌握带传动的弹性滑动； 15. 掌握V带传动的设计计算； 16. 了解V带常见的张紧装置,掌握使用与维护要点； 17. 了解链传动的工作原理、特点、组成；

续 表

18. 熟悉链传动的运动分析和失效形式；
19. 掌握链传动的布置、张紧和润滑的方法；
20. 了解螺旋副的用途和分类；
21. 掌握滑动螺旋传动的设计计算；
22. 了解滚动螺旋传动

任务 4-1 齿轮及齿轮系传动

4.1.1 齿轮传动概述

齿轮传动是利用一对带有轮齿的盘形零件互相啮合来实现两轴间的运动和动力传递的。直齿圆柱齿轮传动是齿轮传动装置中最基本，也是应用最多的一种传动装置。

1. 齿轮传动的特点、类型和基本要求

（1）齿轮传动的特点　齿轮传动应用非常广泛，在大多数机械装置和机器中都将齿轮作为主要的传动零件。例如，各类金属切削机床中的主轴箱、汽车中的变速箱、起重机械中的减速器等，均以各类齿轮传动作为传动装置。与其他传动机构相比，其主要优点是：传动效率高，传动比恒定，寿命长，工作可靠，适用的圆周速度和功率范围广，能实现两平行、相交和交错轴之间的各种传动。缺点是：要求有较高的制造和安装精度，成本较高，不适合距离较远的两轴之间的传动，高速运转时噪声较大。

（2）齿轮传动的类型　齿轮传动的类型，可按照两齿轮轴线的相对位置、轮齿沿轴向的形状及啮合情况进行分类，分类情况如图 4-1 所示。

$$
\text{齿轮传动}\begin{cases} \text{平行轴齿轮（圆柱齿轮）}\begin{cases} \text{直齿}\begin{cases}\text{外啮合（见图 4-1(a)）}\\ \text{内啮合（见图 4-1(b)）}\\ \text{齿轮齿条（见图 4-1(c)）}\end{cases}\\ \text{斜齿（见图 4-1(d)）}\\ \text{人字齿（见图 4-1(e)）}\end{cases}\\ \text{相交轴齿轮（圆锥齿轮）}\begin{cases}\text{直齿（见图 4-1(f)）}\\ \text{曲齿（见图 4-1(g)）}\end{cases}\\ \text{交错轴齿轮}\begin{cases}\text{交错轴斜齿轮（见图 4-1(h)）}\\ \text{蜗杆蜗轮（见图 4-1(i)）}\end{cases}\end{cases}
$$

(a)

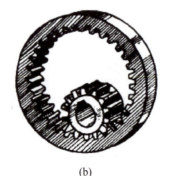

(b)

(c)

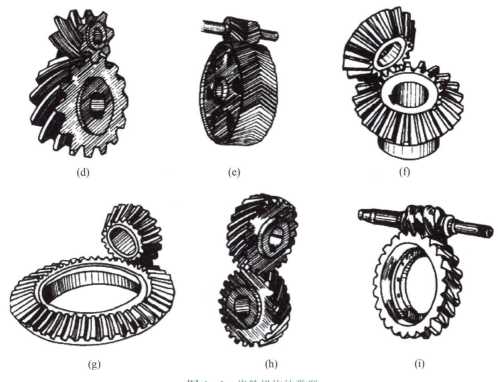

图 4-1 齿轮机构的类型

（3）齿轮传动的基本要求　齿轮传动要适应机械装置和机器的要求，就必须满足：
① 要求传动平稳，保证两齿轮瞬时传动比为常数；
② 要求轮齿具有一定的承载能力。

2. 渐开线的性质及渐开线直齿圆柱齿轮

齿轮传动是否能保证传动平稳，与齿轮的齿廓形状有关。最常见的齿廓曲线为渐开线齿廓曲线，既可以保证传动平稳，也便于加工和安装，而且互换性好。

（1）渐开线的形成及其性质　渐开线的形成如图 4-2 所示，与圆相切的直线 $n-n$，在该圆上作纯滚动时，直线上任意一点 K 的轨迹 AK，便是在这个圆上形成的渐开线。这个圆称为基圆，其半径为 r_b。直线 $n-n$ 称为渐开线的发生线，r_K 称为渐开线上 K 点的向径。向径 r_K 与 $\overline{OA}$ 的夹角 θ_K 称为渐开线的展角。

从上述渐开线的形成过程，得出渐开线的性质：
① 发生线上的线段 $\overline{BK}$ 长度，与基圆被滚过的圆弧 $\overset{\frown}{AB}$ 长度相等，即 $\overline{BK} = \overset{\frown}{AB}$。
② 线段 $\overline{BK}$ 为渐开线上任意一点 K 的曲率半径，且为此渐开线的法线，并始终与基圆相切。
③ 渐开线上各点的曲率半径不同，弯曲程度不同。渐开线起始点 A 处的曲率半径为零，离基圆越远，曲率半径越大。

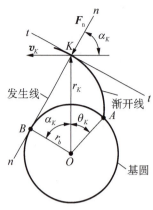
图 4-2 渐开线的形成

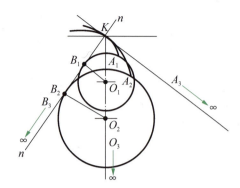
图 4-3 渐开线形状与基圆半径的关系

如图 4-2 所示,渐开线上 K 点的法向力 F_n 的方向与该点的线速度 v_K 方向所夹的锐角 α_K 称为渐开线在该点的压力角。从基圆开始,向径越大,压力角越大,在基圆上的压力角为零。

④ 渐开线的形状取决于基圆半径的大小,如图 4-3 所示。基圆半径越小,渐开线越弯曲;反之,渐开线越平直;基圆半径为无穷大时,渐开线成为垂直于发生线的斜直线。

⑤ 基圆内无渐开线。

(2) 渐开线直齿圆柱齿轮各部分的名称和符号　渐开线直齿圆柱外啮合齿轮各部分的名称和符号如图 4-4 所示。

① 齿顶圆。过轮齿顶端所作得圆称为齿顶圆,其半径用 r_a、直径用 d_a 表示。

② 齿根圆。过轮齿槽底所作得圆称为齿根圆,其半径用 r_f、直径用 d_f 表示。

③ 齿厚。任意圆周上一个轮齿两侧齿廓间的弧线长度称为该圆周上的齿厚,以 s_K 表示。

④ 齿槽宽。任意圆周上齿槽两侧齿廓间的弧线长度称为该圆周上的齿槽宽,以 e_K 表示。

⑤ 齿距。任意圆周上相邻两齿两侧齿廓之间的弧线长度称为该圆周上的齿距,以 p_K 表示。在同一圆周上,齿距等于齿厚与齿槽宽之和,即 $p_K = s_K + e_K$。

⑥ 分度圆。为了便于齿轮设计和制造而选择的一个尺寸参考圆称为分度圆,其半径、直径、齿厚、齿槽宽和齿距分别以 r、d、s、e 和 p 表示。

⑦ 齿顶高。轮齿介于分度圆与齿顶圆之间的部分称为齿顶,其径向高度称为齿顶高,以 h_a 表示。

⑧ 齿根高。轮齿介于分度圆与齿根圆之间的部分称为齿根,其径向高度称为齿根高,以 h_f 表示。

⑨ 全齿高。齿顶高与齿根高之和称为全齿高,以 h 表示,显然 $h = h_a + h_f$。

(3) 渐开线直齿圆柱齿轮的基本参数　渐开线直齿圆柱齿轮有 5 个基本参数,分别是模数 m、压力角 α、齿数 z、齿顶高系数 h_a^*、顶隙系数 c^*。齿轮上所有几何尺寸,均可由这 5 个参数确定。

① 模数 m。设齿轮的分度圆直径为 d,则分度圆的周长为 $\pi d = zp$,p 为齿轮分度圆上

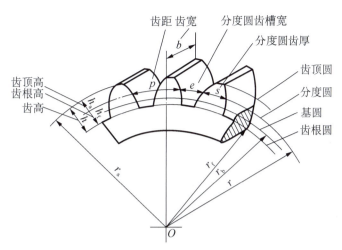

图 4-4　直齿圆柱齿轮各部分名称

相邻两齿同侧齿廓间的弧长，即齿距。由此得 $d = \dfrac{zp}{\pi}$。因 π 是无理数，不便于计算、制造和检验齿轮，故将 p/π 人为地规定为有理数，称为模数，即

$$m = \dfrac{p}{\pi}。 \tag{4-1}$$

于是，便有

$$d = mz。 \tag{4-2}$$

模数是决定齿轮尺寸的重要参数，反映了齿轮上轮齿的间距大小和轮齿的大小。模数越大，间距越大，轮齿越大，轮齿的承载能力也越大。其标准值，如表 4-1 所示。

表 4-1　渐开线圆柱标准模数系列（GB/T357—2008）

第一系列	0.1　0.12　0.15　0.2　0.25　0.3　0.4　0.5　0.6　0.8　1　1.25　1.5　2　2.5　3　4　5　6　8　10　12　16　20　25　32　40　50
第二系列	0.35　0.7　0.9　1.125　1.375　1.75　2.25　2.75　3.5　4.5　5.5　(6.5)　7　9　11　14　18　22　28　35　45

注：本表适用于渐开线直齿圆柱齿轮，对于斜齿轮指法面模数。选用模数时，应优先采用第一系列，其次是第二系列，括号内的数尽可能不用。

② 压力角 α。如图 4-5 所示，渐开线上的压力角 α_K 的大小随向径 r_K 的变化而变化。由图中几何关系可得

$$\cos \alpha_K = \dfrac{r_b}{r_K}。 \tag{4-3}$$

由（4-3）式可知，渐开线上各点的压力角各不相同，齿顶圆上压力角最大，基圆上压力角为零。为了保证轮齿齿顶不至于变尖或轮齿的两齿廓交叉，规定在某一特定圆上的压力

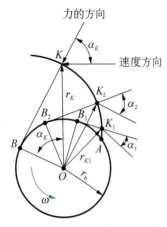

图 4-5 渐开线齿廓的压力角

角为标准值,通常为 20°。

齿轮上具有标准模数和标准压力角的圆称为分度圆。用没有任何下标的 α 表示分度圆上的压力角,且有

$$r_b = r\cos\alpha_。 \tag{4-4}$$

由上式可知,当轮齿的分度圆半径一定时,如压力角 α 不同,则基圆半径 r_b 也不同,由此得到的齿廓形状也不同,即压力角反映的是渐开线轮齿的形状。

③ 齿数 z。齿轮上轮齿的个数称为齿数,反映的是齿轮的大小。由(4-2)式可知,齿数越多,齿轮直径越大;反之,越小。

④ 齿顶高系数 h_a^*。为了避免组成轮齿的两渐开线轮廓交叉,造成齿顶变尖,确定齿顶高 h_a 时,规定

$$h_a = h_a^* m_, \tag{4-5}$$

式中,h_a^* 为齿顶高系数,标准值为 $h_a^* = 1.0$。

⑤ 顶隙系数 c^*。为了保证齿轮啮合时,其中一齿轮的齿顶与另一个齿轮的齿根之间,不发生相互卡死,且留有一定的储油空间,规定了顶隙系数,其标准值为 $c^* = 0.25$。这样便有顶隙 $c = c^* m$。因而轮齿的齿根高为

$$h_f = h_a + c = m(h_a^* + c^*)_。 \tag{4-6}$$

(4) 渐开线标准直齿轮 渐开线标准直齿轮是指模数、压力角、齿顶高系数、顶隙系数均为标准值,且分度圆上的齿厚 s 等于齿槽宽 e 的齿轮,即 $s = e = \dfrac{p}{2} = \dfrac{\pi m}{2}$。标准直齿圆柱齿轮的几何尺寸计算公式,如表 4-2 所示。

表 4-2 直齿圆柱齿轮的计算公式

序号	名称	符号	计算公式
1	齿顶高	h_a	$h_a = h_a^* m = m$
2	齿根高	h_f	$h_f = (h_a^* + c^*)m = 1.25m$
3	齿全高	h	$h = h_a + h_f = (2h_a^* + c^*)m = 2.25m$
4	顶隙	c	$c = c^* m = 0.25m$
5	分度圆直径	d	$d = mz$
6	基圆直径	d_b	$d_b = d\cos\alpha$
7	齿顶圆直径	d_a	$d_a = d \pm 2h_a = m(z \pm 2h_a^*)$
8	齿根圆直径	d_f	$d_f = d \mp 2h_f = m(z \mp 2h_a^* \mp 2c^*)$

续 表

序 号	名 称	符 号	计算公式
9	齿距	p	$p = \pi m$
10	齿厚	s	$s = \dfrac{p}{2} = \dfrac{\pi m}{2}$
11	齿槽宽	e	$e = \dfrac{p}{2} = \dfrac{\pi m}{2}$
12	标准中心距	a	$a = \dfrac{1}{2}(d_2 \pm d_1) = \dfrac{1}{2}m(z_2 \pm z_1)$

注：表中齿顶圆和齿根圆的计算公式中的运算符号"±"和"∓"分别表示：上边的符号为计算外齿轮用的运算符号，下边为内齿轮的运算符号。

英、美等国家是以径节作为计算齿轮几何尺寸的主要参数。径节是齿数与分度圆直径之比，用 P 表示，单位是 in^{-1}，即 $P = \dfrac{z}{d}$。模数与径节互为倒数关系，因 $1\,\text{in} = 25.4\,\text{mm}$，所以 $m = \dfrac{25.4}{P}$。

由于齿轮上有很多弧尺寸，如齿距、齿厚、齿槽宽等，无法直接测量，所以，工程上常用弧齿厚、弧齿高、公法线长度进行测量。

如图 4-6 所示，测量工具两卡脚跨过 k 个齿，与齿廓相切于 A，B 两点，两切点间的距离 $\overline{AB}$ 称为公法线长度，用 W 表示。圆柱齿轮的公法线长度为

$$W = m[2.9521(k - 0.5) + 0.014z], \qquad (4-7)$$

式中，k 为测量时的跨齿数，可由下式计算，即

$$k = \dfrac{z}{9} + 0.5。$$

计算所得的跨齿数应圆整。W 和 k 也可从《机械零件设计手册》等有关资料中查得。

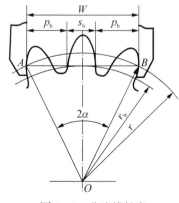

图 4-6　公法线长度

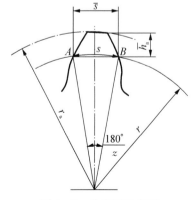

图 4-7　分度圆弧齿厚

当齿轮的尺寸很大时，无法用公法线卡尺测量公法线时，可用如图 4-7 所示测量分度

圆弧齿厚。用齿轮卡尺测量时,是以分度圆弧齿高$\overline{h}_a$为基准高度来测量分度圆弧齿厚$\bar{s}$的。标准直齿圆柱齿轮的$\overline{h}_a$,$\bar{s}$计算公式为

$$\bar{s} = mz\sin\left(\frac{90°}{z}\right), \tag{4-8}$$

$$\overline{h}_a = h_a + \frac{mz}{2}\left[1 - \cos\left(\frac{90°}{z}\right)\right], \tag{4-9}$$

式中,h_a为被测齿轮的齿顶高(mm)。

例题 4-1 已知某转塔车床推动刀盘的一对外啮合标准直齿圆柱齿轮传动的参数为$z_1 = 24$,$z_2 = 120$,$m = 5$ mm,$\alpha = 20°$,$h_a^* = 1$,$c^* = 0.25$。试求两轮的分度圆直径d_1和d_2、齿顶圆直径d_{a1}和d_{a2}、全齿高h、标准中心距a及分度圆上的齿厚s和齿槽宽e。

解: 由表4-2中的公式,可计算得出

$$d_1 = mz_1 = 5 \times 24 = 120(\text{mm}), d_2 = mz_2 = 5 \times 120 = 600(\text{mm}),$$

$$d_{a1} = m(z_1 + 2h_a^*) = 5 \times (24 + 2 \times 1) = 130(\text{mm}),$$

$$d_{a2} = m(z_2 + 2h_a^*) = 5 \times (120 + 2 \times 1) = 610(\text{mm}),$$

$$h = m(2h_a^* + c^*) = 5 \times (2 + 0.25) = 11.25(\text{mm}),$$

$$a = \frac{1}{2}m(z_1 + z_2) = \frac{1}{2} \times 5 \times (24 + 120) = 360(\text{mm}),$$

$$s = e = \frac{p}{2} = \frac{\pi m}{2} = \frac{\pi \times 5}{2} = 7.85(\text{mm})。$$

3. 渐开线轮齿的啮合传动

(1)渐开线轮廓满足齿廓啮合的特性 具体分析如下。

① 齿廓啮合基本定律。如图4-8所示为一对任意齿廓的齿轮相互啮合,1为主动轮,2为从动轮,轮廓E_1、E_2在任意点K接触,过该接触点作这对齿廓的公法线$n\text{—}n$,与连心线O_1O_2交于C点,该点称为节点。若两轮角速度分别为ω_1和ω_2,方向见图,则两齿廓E_1、E_2上K点的线速度为

$$v_{K1} = \omega_1 \cdot \overline{O_1K}, v_{K2} = \omega_2 \cdot \overline{O_2K}。$$

齿廓啮合时,v_{K1}和v_{K2}在公法线$n\text{—}n$上的分量相等。过O_2作直线$\overline{O_2M}$与公法线$n\text{—}n$平行,延长$\overline{O_1K}$,与$\overline{O_2M}$相交于点M,由于$Ka \perp O_2K$,$Kb \perp$

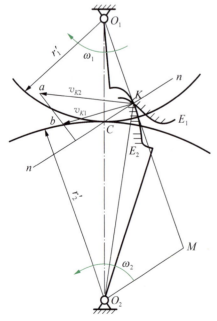

图4-8 齿廓的形状与传动比的关系

O_1K,所以 $\triangle Kab \backsim \triangle KO_2M$,且有

$$\frac{v_{K1}}{v_{K2}} = \frac{\omega_1}{\omega_2} \frac{\overline{O_1K}}{\overline{O_2K}} = \frac{\overline{KM}}{\overline{O_2K}},$$

即

$$\frac{\omega_1}{\omega_2} = \frac{\overline{KM}}{\overline{O_1K}}。$$

又因 $\triangle O_1O_2M \backsim \triangle O_1CK$,可得

$$i = \frac{\omega_1}{\omega_2} = \frac{\overline{KM}}{\overline{O_1K}} = \frac{\overline{O_2C}}{\overline{O_1C}}。$$

由上述分析可知,只要节点 C 的位置固定,传动比 i 就不会变化。由此得出齿廓啮合基本定律为:一对传动齿轮的瞬时角速度与其连心线 O_1O_2,被齿廓接触点公法线所分割的两线段成反比。

过节点 C 分别以 O_1,O_2 为圆心作圆,称为节圆,半径分别为 r_1',r_2'。单个齿轮上没有节圆,只有一对齿轮啮合时才有。

② 渐开线齿廓瞬时传动比恒定。如图 4-9 所示,齿廓 E_1,E_2 为渐开线齿廓。根据渐开线的性质②可知,无论这对渐开线齿廓是在任意点 K,还是在另一任意点 K' 啮合,过该点所作这对齿廓的公法线,同时与形成这两条渐开线的基圆相切。由于两齿轮基圆的大小和位置不变,且同方向的公法线只有一条,所以,这对渐开线齿廓无论在任何点啮合,过接触点所作的公法线的方向和位置始终不变。因而,节点 C 位置不变,瞬时传动比为常数。

③ 渐开线齿廓中心距的可分性。由于生产和装配存在一定的误差,所以实际中心距 $\overline{O_1O_2}$ 往往会与理论值不同。但是,从图 4-9 中可知,$\triangle O_1N_1C \backsim \triangle O_2N_2C$,因而得

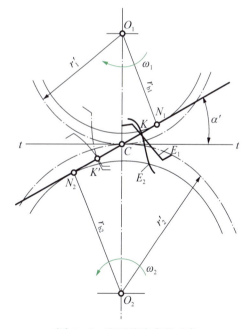

图 4-9 渐开线齿廓的啮合

$$i = \frac{\omega_1}{\omega_2} = \frac{\overline{O_2C}}{\overline{O_1C}} = \frac{r_{b2}}{r_{b1}} = \frac{r_2}{r_1} = \frac{z_2}{z_1} = 常数,$$

(4-10)

式中,r_1,r_2 为两齿轮分度圆半径(mm);r_{b1},r_{b2} 为两齿轮基圆半径(mm);ω_1,ω_2 为两齿轮的传动角速度(rad/s);z_1,z_2 为齿轮的齿数。

由(4-10)式可知,两齿轮的传动比与分度圆的半径成反比,也与两齿轮的齿数成反比。因而渐开线齿轮啮合时,两齿轮中心距在小范围内变动,仍可保持传动比不变。渐开线齿廓

的这一特性，称为中心距的可分性。

由渐开线的性质和上述分析可知，渐开线齿廓的公法线既是形成渐开线的基圆的公切线，也是渐开线的发生线。同时，由于过任意接触点所作公法线都是两基圆的公切线。所以，啮合点的轨迹（也称啮合线）也是这条直线。渐开线齿廓的这一特性称为"四线合一"。

(2) 正确啮合条件　渐开线齿轮在满足齿廓啮合基本定律后，只是保证了一对齿廓啮合时传动比为常数，但是要想保证齿轮啮合过程中传动比始终为常数，还需满足正确啮合条件。

如图 4-10 所示，一对能够相互啮合的渐开线齿轮。图中 K' 点为一对齿的开始啮合点，K 点为前一对齿的脱离啮合点，KK' 称为法向齿距。根据渐开线的性质①可知，法向齿距 KK' 分别和两齿轮的基圆上的齿距 p_{b1} 和 p_{b2} 相等。这就说明，要想让一对齿轮相互啮合在一起，两齿轮的齿距必须相等，即

$$p_{b1} = p_{b2}。$$

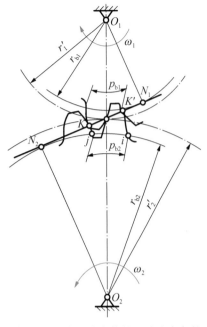

图 4-10　渐开线齿轮的正确啮合条件

因基圆上有

$$zp_b = \pi d_b，$$

故

$$p_b = \frac{\pi d_b}{z} = \frac{\pi d \cos \alpha}{z} = \frac{\pi m z \cos \alpha}{z} = \pi m \cos \alpha。$$

所以

$$p_b = p \cos \alpha，$$

因而有

$$p_1 \cos \alpha_1 = p_2 \cos \alpha_2 \Rightarrow \pi m_1 \cos \alpha_1 = \pi m_2 \cos \alpha_2。$$

由此得正确啮合条件为

$$m_1 = m_2 = m, \quad \alpha_1 = \alpha_2 = \alpha。$$

这就说明，只有一对渐开线齿轮的模数和压力角分别相等，就可以相互正确啮合。

(3) 连续传动条件　如果一对渐开线齿轮在啮合传动过程中，不能保证始终是连续不断地渐开线齿廓啮合，两齿轮的齿距虽然相等，但是相邻两对齿廓在交接啮合过程时不连续，同样不能保证传动比为常数。为此，渐开线齿轮啮合时，还需满足连续传动的条件。

图 4-11 所示，为一对渐开线齿轮啮合传动图。齿轮 1 为主动轮，齿轮 2 为从动轮。图中 B_2 点为开始啮合点，是由从动轮的齿顶圆和啮合线 N_1N_2 相交获得的；B_1 为脱离啮合点，是由主动轮的齿顶圆和啮合线 N_1N_2 相交获得的。因此，线段 B_1B_2 称为实际啮合线段。

当两齿轮的齿顶圆直径增大时,B_2、B_1 点分别靠近 N_1、N_2 点,因此啮合线 N_1N_2 称为理论啮合线段。这就说明,要保证传动连续不断,必须在前一对齿还未脱开啮合,也就是在未越过 B_1 点的时候,后一对齿应该已经在 B_2 点进入啮合。根据渐开线的性质①,由图 4-11 可知,只要

$$p_{b1} = p_{b2} \leqslant \overline{B_2B_1},$$

便可做到前一对齿尚未脱离啮合状态,后一对齿已经进入啮合状态,保证了传动过程中渐开线齿廓的连续啮合。令

$$\varepsilon = \frac{\overline{B_1B_2}}{p_b} \geqslant 1, \quad (4-11)$$

式中,ε 称为渐开线齿轮传动的重合度。重合度越大,同时啮合的齿数越多,多齿啮合所占时间也越多,传动越平稳,承载能力大。

(4)标准齿轮的安装 为了避免齿轮啮合过程中产生冲击和噪声,要求按照齿侧间无侧隙来安装一对齿轮。由于标准齿轮在分度圆上的齿厚和齿槽宽相等。所以,安装应使两齿轮的分度圆相切,才能做到无侧隙,如图 4-12 所示。这便是标准齿轮的正确安装中心距,即

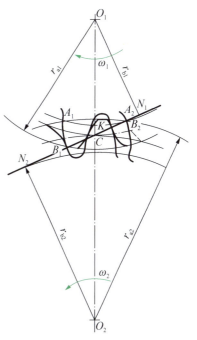

图 4-11 渐开线齿轮的连续传动

外啮合为 $a = r'_1 + r'_2 = r_1 + r_2 = \frac{1}{2}m(z_1+z_2)$;

内啮合为 $a = r'_2 - r'_1 = r_2 - r_1 = \frac{1}{2}m(z_2-z_1)$。

由上述可知,一对按照标准齿轮无侧隙安装的齿轮,在啮合时,两齿轮的分度圆与节圆重合。啮合线 N_1N_2 与节圆的公切线的夹角称为啮合角 α',则啮合角与压力角相等,即 $\alpha' = \alpha$。

4. 渐开线齿轮的加工与齿廓的根切

(1)渐开线齿轮的加工 渐开线齿轮的加工有很多方法,用金属切削机床加工是目前最常用的一种方法。从原理上讲,有仿形法和展成法两种。

① 仿形法加工。仿形法加工齿轮,采用的设备通常是铣床,使用的刀具有盘形铣刀和指状铣刀两种。加工时,刀具在通过其轴线的平面内,刀刃的形状与被切齿轮齿廓的形状相同。如图 4-13 所示,在加工过程中,刀具绕自身轴线旋转做切向运动,轮坯退回原位,并转位一个齿的角度 $360°/z$,再切削第

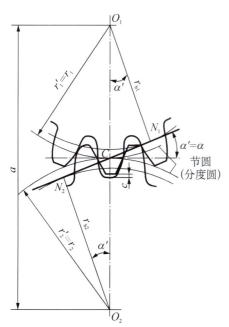

图 4-12 外啮合齿轮传动的中心距

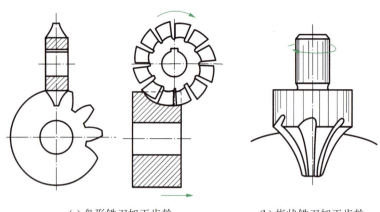

(a) 盘形铣刀加工齿轮　　(b) 指状铣刀加工齿轮

图 4-13　仿形法加工齿轮

二个齿槽,完成分度过程。重复这样的过程,最终完成整个齿轮的加工。

这种加工方法,要求刀具的切削刃与齿廓的形状完全相同。由于渐开线的形状取决于基圆的大小,而基圆直径 $d_b = mz\cos\alpha$,故齿廓形状与模数、齿数、压力角有关。这就使得一把刀具只能加工参数完全相同的一种齿轮,显然在实际中是不可行的。因此,在工程实际中要求用一把刀具来加工模数和压力角相同,但齿数不同的几种齿轮。通常每个模数备有 8 种号码的铣刀,可供选择。各号齿轮铣刀切削齿轮的齿数范围,如表 4-3 所示。

表 4-3　各号铣刀切削齿轮的齿数范围

铣刀号码	1	2	3	4	5	6	7	8
切削齿数	12～13	14～16	17～20	21～25	26～34	35～54	55～134	≥135

由于铣刀号数少,分度过程存在误差,所以用仿形法加工的齿轮精度低、切削不连续,且生产效率低。但这种方法简单,不需要专用的齿轮加工设备。因此,这种方法只用于单件生产及精度要求不高的齿轮加工。

② 展成法加工。展成法加工齿轮,是利用一对齿轮或齿轮与齿条相互啮合时,用其中的一条齿廓包络出另一条齿廓的加工方法,如图 4-14(a)所示。将相互啮合的一对齿轮中的一个制成刀具,在轮坯上切出能与其相互啮合的渐开线齿廓。常用的刀具有齿轮插刀、齿条插刀和齿轮滚刀等。

用展成法加工齿轮,一把齿轮刀具可以加工模数、压力角相同,而齿数不同的齿轮,且生产率较高,因此应用广泛。

a. 齿轮插刀。为切出齿轮的顶隙部分,齿轮插刀的齿顶高要比齿轮的齿顶高出 $c^* m$ 的量。插齿时,按照一对齿轮相互啮合时的相对运动关系,实现插刀和齿轮毛坯的相对运动,这种相对运动如图 4-14(b)所示,称为展成运动。为了完成切齿,插刀除沿轮坯轴向做往复运动外,还应有向中心靠近的横向进给运动。

b. 齿条插刀。齿条插刀加工齿轮,与齿轮插刀不同之处就在于,刀具与轮坯的展成运

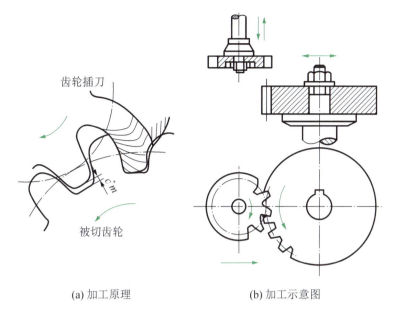

(a) 加工原理　　　(b) 加工示意图

图 4-14　齿轮插刀加工齿轮

动是用齿条与齿轮啮合时的相对运动关系来实现的。其运动形式与齿轮插刀加工齿轮时相同,如图 4-15(a)所示。

与齿轮插刀一样,如图 4-15(b)所示,齿条插刀的齿顶高也要高出 $c^* m$ 的量,以便切出顶隙。因刀具是按标准加工的,所以,在刀具的中线(即分度线)上的齿厚与齿槽宽相等。因而,在加工标准齿轮时,刀具横向进给的量,应保证刀具的中线与被切齿轮的分度圆相切,才能使切制出的齿轮分度圆上的齿厚与齿槽宽相等。

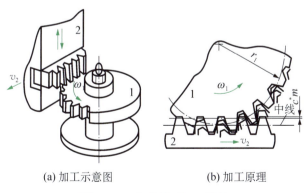

(a) 加工示意图　　　(b) 加工原理

图 4-15　齿条插刀加工齿轮

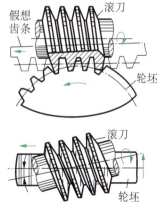

图 4-16　齿轮滚刀切齿

c. 齿轮滚刀。采用上述两种刀具加工齿轮,都需要刀具沿轮坯轴线作往复直线运动来实现切削过程。因此,由于冲击造成切削精度低,且生产效率也低。实际生产中,常常采用能实现连续切削,而且生产效率高的齿轮滚刀来加工齿轮。

滚刀是一个在轮坯端面上的投影具有齿条插刀齿形的螺杆。如图 4-16 所示,用滚刀加工齿轮时,滚刀的轴线与齿轮的毛坯的端面形成的夹角与滚刀的螺纹升角相等,使得滚刀切削刃的螺纹与轮坯的齿向相同。滚刀转动时,相当于齿条的切削刃在连续向一个方向移动。为了完成切削,滚刀还要作纵向和横向进给运动。

(2)渐开线齿廓的根切　用展成法加工齿轮,有时会出现如图 4-17 所示轮齿根部被切去一部分的现象,称为轮齿的根切。轮齿产生根切后,抗弯强度减弱,重合度减小,所以要避免。

图 4-18 所示为齿条插刀加工标准齿轮的情况。此时,刀具的分度线必须与被切齿轮的分度圆相切。要使被切齿轮不发生根切,刀具的齿顶线不得超过啮合极限点 N,即 $h_a^* m \leqslant NM$。

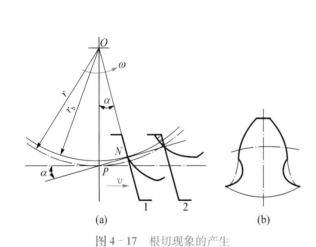

图 4-17　根切现象的产生　　　　图 4-18　齿条插刀加工标准齿轮

由 △PNO 和 △PMN,知

$$NM = PN \cdot \sin\alpha = r\sin^2\alpha = \frac{mz}{2}\sin^2\alpha。$$

代入上式,整理可得

$$z \geqslant \frac{2h_a^*}{\sin^2\alpha}。$$

因此,切制标准齿轮时,为了保证无根切现象,被切齿轮的最少齿数为

$$z_{\min} = \frac{2h_a^*}{\sin^2\alpha}。$$

当 $\alpha = 20°$,$h_a^* = 1$ 时,$z_{\min} = 17$。

有时为满足传动要求,需要齿轮的齿数少于 17。为了避免产生根切,在加工齿轮时,让齿轮刀具的分度圆与被加工齿轮的分度圆相离,刀具的齿顶在被加工齿轮的基圆以外。这样加工出来的齿轮,称为变位齿轮。变位齿轮的齿厚和齿槽宽与标准齿轮不同。

有时为了满足中心距要求,也需要对齿轮进行变位加工。如图 4-19 所示(齿轮的模数为 3 mm),为实现

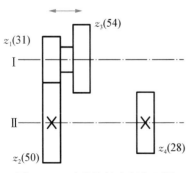

图 4-19　变位齿轮凑配中心距

Ⅰ，Ⅱ轴之间变速运动，Ⅰ轴上的双联滑移齿轮1，3分别与Ⅱ轴上的2，4齿轮啮合，实现了两轴之间不同传动比的运动传递。由于中心距相同，齿数比不同，所以只有将其中的一对齿轮设计成变位齿轮，才符合这一中心距要求。

5. 轮齿的失效形式、材料及强度计算

前面几节主要分析了如何保证齿轮传动的平稳性。从本节开始要分析讨论如何使轮齿具有一定的承载能力。这要先从轮齿的受力和失效开始分析。

(1) 轮齿的受力分析　为了分析轮齿的失效形式、设计齿轮传动、计算轮齿的强度，要首先分析轮齿上的受力情况。如图4-20所示，忽略轮齿啮合时齿廓表面间的摩擦力，该接触处的约束反力的方向为过接触点两齿廓的公法线方向，这个力 F_n 称为法向力。由于这对齿廓在啮合时，接触点的位置从齿顶到齿根不断变化，所以，在齿廓表面和齿根产生的应力是变化的。为了便于分析和计算，通常将这个力在分度圆上分解为沿半径方向的径向力 F_r 和切于分度圆上圆周力 F_t。因此有

$$F_{t1} = \frac{2T_1}{d_1}, \qquad (4-12)$$

$$F_{r1} = F_{t1} \tan \alpha, \qquad (4-13)$$

$$F_{n1} = \frac{F_{t1}}{\cos \alpha} = \frac{2T_1}{d_1 \cos \alpha}。 \qquad (4-14)$$

其中的 T_1 为主动轮传递的名义转矩(N·mm)，与该齿轮传递的功率 P_1(kW)之间的关系为

$$T_1 = 9.55 \times 10^6 \frac{P_1}{n_1},$$

式中，n_1 为主动轮的转速(r/min)；d_1 为主动轮的分度圆的直径(mm)；α 为齿轮分度圆的压力角(°)。

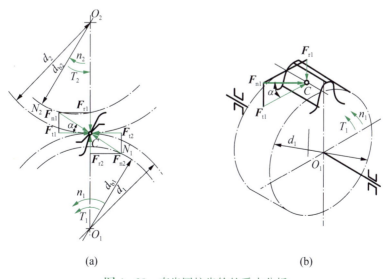

(a) (b)

图4-20　直齿圆柱齿轮的受力分析

以上所分析的轮齿上的圆周力、径向力、法向力均是名义载荷,而在工作实际中,因受到很多因素的影响,轮齿所受的载荷会发生变化。为保证齿轮传动在实际工作环境下安全、可靠地工作,应将名义载荷加以修正,修正后的载荷称为计算载荷 F_c,其值为

$$F_c = KF_n。 \tag{4-15}$$

式中,K 为载荷系数,其值如表 4-4 所示。

表 4-4 载荷系数 K

原动机	工作机械的载荷特性		
	平稳和较平稳	中等冲击	大的冲击
电动机　汽轮机	1～1.2	1.2～1.6	1.6～1.8
多缸内燃机	1.2～1.6	1.6～1.8	1.9～2.1
单缸内燃机	1.6～1.8	1.8～2.0	2.2～2.4

注:斜齿、圆周速度低、精度高、齿宽系数小时,取小值;直齿、圆周速度高、精度低、齿宽系数大时,取大值。齿轮在两轴承间,并对称布置时取小值;齿轮在两轴承间,不对称布置及悬臂布置时取大值。

(2) **齿轮的失效形式**　从上述轮齿的受力情况,结合齿轮传动的工作环境和硬度、润滑条件等分析得出,齿轮的失效形式主要有轮齿折断、齿面点蚀、齿面胶合、齿面磨损、齿面塑性变形。齿轮传动的工作环境,包括闭式和开式传动。因闭式传动中齿轮在封闭的环境下工作,故润滑条件好;因没有防护罩,开式传动润滑条件较差,易受粉尘影响,故齿面易磨损。

① 轮齿折断。从上述受力分析可知,轮齿的受力情况可以简化为悬臂梁这种力学模型。所以,齿根部截面为危险截面。当该截面上的弯曲应力值超过某极限时,轮齿将在齿根发生断裂。若轮齿是在短时间过载或在冲击载荷作用下产生的折断,称为过载折断,如图 4-21(a)所示。过载折断属于静载下的破坏。图 4-21(b)所示是另一种折断,当齿根处的交变应力超过了材料的疲劳极限时,齿根过渡圆角会产生疲劳裂纹,轮齿并未折断。随着交变应力次数不断累积,裂纹继续扩展,直至轮齿断裂。显然,疲劳折断需要一个过程。轮齿发生疲劳折断,断口表现为有光滑区,也有锋利区;而过载折断的断口处全部为锋利区。

② 齿面点蚀。齿廓相互啮合时,作用在齿面上的法向力使齿面表面产生应力,称为齿面接触应力。各个不同齿面接触点的齿面接触应力大小不同,在节线处最大。当交变接触

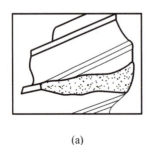

(a)　　　　　　　　　　　　　(b)

图 4-21　轮齿折断

应力重复次数累积到一定限度后,轮齿表面层的金属就会产生不规则的细微的疲劳裂纹。随着交变接触应力继续累积,疲劳裂纹蔓延扩展使金属脱落,在齿面形成麻点状凹坑,即为齿面点蚀,如图 4-22 所示。因节线处啮合的齿对少,接触应力大,且节线处齿廓间滑动速度小,不易形成油膜,所以这种失效形式常发生在节线附近。这种失效形式主要发生在闭式软齿面的齿轮传动中。

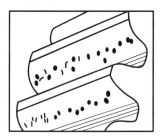
图 4-22 齿面点蚀

图 4-23 齿面胶合

③ 齿面胶合。对于承受重载作用、高速转动,且齿面硬度较低的齿轮,因摩擦过大,导致齿表面局部温度过高,使齿面油膜破裂,造成齿面金属软化,并直接接触形成粘着。随着相对运动的继续,金属从齿面上被撕落而引起严重的粘着磨损,这种失效称为齿面胶合,如图 4-23 所示。另外,在低速重载时,也会出现胶合失效,所不同的是,齿面不变软,直接在重载下,刺破油膜发生胶合破坏,称为冷胶合。

④ 齿面磨损。当齿廓工作表面硬度较高,或落入灰尘、硬屑等颗粒物质时,会引起齿面磨损。产生齿面磨损后,齿廓渐开线形状遭到破坏,造成冲击、振动和噪声,且齿厚变薄,从而引起轮齿因硬度削弱而折断,如图 4-24 所示。这种失效形式主要发生在开式硬齿面传动中。

图 4-24 齿面磨损

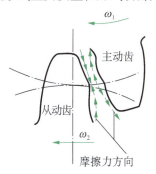
图 4-25 齿面塑性变形

⑤ 齿面塑性变形。如图 4-25 所示,齿面较软的齿轮,载荷及摩擦力较大时,轮齿在啮合过程中,齿面表层的材料就会沿着摩擦力的方向产生局部性变形,齿廓失去了正确的形状,导致失效。

(3) 齿轮传动设计准则与齿轮的传动精度 轮齿常见的失效形式虽然有很多种,但不同的工作环境、齿面硬度条件下,失效的可能性有主、有次,并不是都要发生或同时发生。

软齿面(硬度≤350 HBS)的闭式齿轮传动中,润滑条件良好,齿面点蚀将是主要的失效形式,其次是齿面折断。所以,设计时通常按齿面接触疲劳强度进行设计,再按齿根弯曲疲劳强度校核。

硬齿面(硬度>350 HBS)的闭式齿轮传动中,抗点蚀的能力较强,主要的失效形式是轮齿折断,其次是齿面点蚀。所以,先按齿根弯曲疲劳强度设计,后按齿面接触疲劳强度校核。

开式齿轮传动主要失效形式是齿面磨损和轮齿折断。因磨损尚无成熟的计算方式,所以只对轮齿折断进行齿根弯曲疲劳强度设计,并通过增大模数10%～20%的方法来考虑磨损的影响。

齿轮传动设计计算中,不仅要保证不发生失效,还要正确地选择齿轮传动的精度,这样才能使齿轮在传动装置中合理地使用。齿轮传动在制造和安装过程中,都会产生误差,这些误差会影响传动性能。

为了便于控制误差范围,保证齿轮传动的使用要求,国家标准 GB/T10095－1988 和 GB/T11365－1989 规定:渐开线圆柱齿轮和圆锥齿轮的精度分为12级,1级最高,12级最低,常用的精度等级为6～9级。按检查项目分为Ⅰ,Ⅱ,Ⅲ 3组公差,各组公差对传动性能的影响如表4-5所示。GB/T10095—2001规定齿轮精度分为13级,0级最高,12级最低,新标准在精度等级中没有规定公差组。

表 4-5 齿轮公差分组表

公差组	公差与极限偏差	对性能的主要影响
Ⅰ	F_i', F_i'', F_p, F_r, F_w, F_{pk}	传递运动的准确性
Ⅱ	f_i', f_i'', $\pm f_{pt}$, $\pm f_{pb}$, $f_{f\beta}$	传动的平稳性
Ⅲ	接触斑点, F_β, F_b, $\pm F_{pX}$	载荷分布的均匀性

注:表中各组中公差与极限偏差的代号说明,可参阅《机械零件设计手册》。

第Ⅱ组公差组的精度等级可按表4-6选出,第Ⅰ,Ⅲ公差组的精度等级可与第Ⅱ公差组同级,也可按需要上、下相差1级。

表 4-6 齿轮传动平稳性要求的精度选择

精度等级	最大圆周速度/(m/s)						应用举例
	圆柱齿轮				直齿锥齿轮		
	直齿		斜齿				
	≤350 HBS	>350 HBS	≤350 HBS	>350 HBS	≤350 HBS	>350 HBS	
6	18	15	36	30	10	9	普通分度机构或高速传动的重要齿轮,飞机、汽车、机床的重要齿轮
7	12	10	25	20	7	6	一般机械制造业的重要齿轮,飞机、汽车、机床中的一般齿轮

续 表

精度等级	最大圆周速度/(m/s)						应用举例
	圆柱齿轮				直齿锥齿轮		
	直齿		斜齿				
	≤350 HBS	>350 HBS	≤350 HBS	>350 HBS	≤350 HBS	>350 HBS	
8	6	5	12	9	4	3	一般机械制造业的齿轮,飞机、汽车、机床中的不重要齿轮,农业机械中的重要齿轮
9	4	3	8	6	3	2.5	低速传动齿轮,农业机械中的一般齿轮
10	1	1	2	1.5	0.8	0.8	辅助、手动或粗糙机器中的齿轮

注：锥齿轮传动圆周速度按平均直径计算。

（4）齿轮常用材料和热处理　制造齿轮的材料主要是各种钢材,其次是铸铁,还有有色金属和其他非金属材料。在低速、大直径的开式传动中,齿轮的材料常用铸铁,以便于制造。但铸铁的抗弯强度和抗冲击能力差,不宜用于重要的和较大功率的传动。

齿轮常用的热处理方式有正火、调质、表面淬火、渗碳淬火和渗氮等。正火和调质处理的齿轮是软齿面齿轮,这种齿轮的制造工艺过程简单,常用于要求强度不高、中低速的一般机械传动齿轮。其余热处理方式可获得硬齿面齿轮,承载能力大、耐磨性好,多用于大量生产和要求尺寸小、精度高的齿轮。常用材料和热处理方式,如表4-7所示。

表 4-7 常用材料和热处理

	材料牌号	热处理方法	硬度	应用举例
优质碳素结构钢	35	正火	150～180 HBS	低速、轻载的齿轮或中载、中速的大齿轮
	45	正火	162～217 HBS	
		调质	217～255 HBS	中速、中载一般传动用的齿轮,如减速器
		表面淬火	40～50 HRC	高速、重载无剧烈冲击的齿轮
合金结构钢	35SiMn	调质	217～269 HBS	中速、中载一般传动用的齿轮,如通用减速器等
	38SiMnMo		217～269 HBS	
	40Cr		241～286 HBS	
		表面淬火	48～55 HRC	高速、中载无剧烈冲击的齿轮
	20Cr	渗碳淬火	56～62 HRC	高速、中载承受冲击载荷的齿轮,如汽车拖拉机中的重要齿轮
	20CrMnMo		56～62 HRC	
	20CrMnTi		56～62 HRC	
	38CrMoAlA	渗氮	>65 HRC	载荷平稳润滑良好

续表

材料牌号		热处理方法	硬度	应用举例
铸钢	ZG310—570	正火	156~217 HBS	重型机械中的低速齿轮
	ZG340—640		169~229 HBS	

注：$v < 25$ m/s 为低速，$v = 25 \sim 40$ m/s 为中速，$v > 40$ m/s 为高速。

(5) 直齿圆柱齿轮传动的强度计算 包括以下几方面内容。

① 齿面接触疲劳强度计算。根据失效分析可知，要保证轮齿齿面不发生点蚀，具有足够的接触疲劳强度，应使最大接触应力不超过齿面的接触疲劳极限。齿面接触应力的计算公式是以弹性力学中的赫兹公式为依据的，对于渐开线标准直齿圆柱齿轮传动，其齿面接触疲劳强度的校核公式为

$$\sigma_H = 335 \sqrt{\frac{KT_1}{ba^2} \frac{(u \pm 1)^3}{u}} \leqslant [\sigma_H], \quad (4-16)$$

式中，σ_H 为轮齿齿面所受到的接触应力(MPa)；$[\sigma_H]$ 为许用接触应力(MPa)；u 为齿数比，即大齿轮齿数与小齿轮齿数之比；K 为载荷系数，可查表 4-4 确定；T_1 为齿轮 1 所受的转矩(N·mm)；a 为一对标准齿轮的中心距(mm)；b 为齿轮齿宽(mm)。

令 $b = \psi_a a$，其中 ψ_a 为齿宽系数。一般轻型减速器可取 $\psi_a = 0.2 \sim 0.4$；中型减速器可取 $\psi_a = 0.4 \sim 0.6$；重型减速器可取 $\psi_a = 0.8$；特殊情况下可取 $\psi_a = 1 \sim 1.2$（例如人字齿轮）。当 $\psi_a > 0.4$ 时，通常采用斜齿或人字齿。将上式变换为设计式，即

$$a \geqslant (u \pm 1) \sqrt[3]{\frac{KT_1}{\psi_a u} \left(\frac{335}{[\sigma_H]}\right)^2}。 \quad (4-17)$$

说明：

a. 式中"±"分别用于外啮合、内啮合齿轮。

b. 相啮合的两齿轮接触处的应力相等，$\sigma_{H1} = \sigma_{H2}$。

c. 轮齿齿面接触应力取决于小齿轮的分度圆的直径，齿面接触疲劳强度取决于由材料及其热处理后的齿面硬度和齿轮分度圆直径。

d. 齿轮传动进行校核时，要校核$[\sigma_{H1}]$和$[\sigma_{H2}]$中较小的那个齿轮。

e. 式(4-16)和式(4-17)仅适用于一对钢制齿轮。若配对齿轮材料为钢对铸铁或铸铁对铸铁，则应将公式中的系数 335 分别改为 285 和 250。

② 齿根弯曲疲劳强度计算。齿根处的弯曲强度最大。计算时，设全部载荷由一对齿承担，且载荷作用于齿顶。将轮齿看作悬臂梁，其危险截面可用 30°切线法确定。即作与轮齿对称中心线成 30°夹角，并与齿根过渡曲线相切的两条直线，连接两切点便为齿根的危险截面，如图 4-26 所示。

运用材料力学的方法，可得齿根弯曲强度校核的公式为

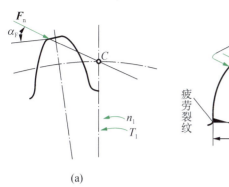
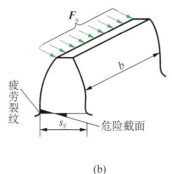
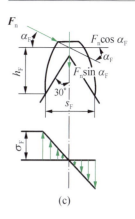

图 4-26 齿根弯曲应力

$$\sigma_F = \frac{2KT_1}{bm^2 z_1} Y_F \leqslant [\sigma_F]。 \tag{4-18}$$

式中,σ_F 为轮齿齿根所受到的弯曲应力(MPa);$[\sigma_F]$ 为许用弯曲应力(MPa);m 为齿轮的模数(mm);b 为轮齿宽度(mm);Y_F 为与模数无关、与齿数有关的齿形系数,其值可从图 4-27 中查得。

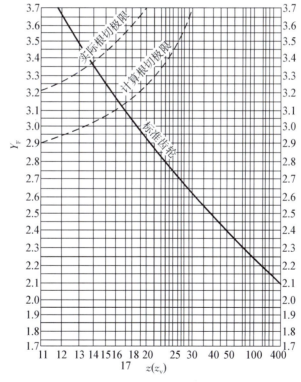

图 4-27 齿形系数 Y_F

同样令 $b = \psi_a a$,将上式变换为设计式,即

$$m \geqslant \sqrt[3]{\frac{4KT_1}{\psi_a z_1^2 (u \pm 1)} \frac{Y_F}{[\sigma_F]}}。 \tag{4-19}$$

说明:

a. 因大、小齿轮的齿数不同,所以齿形系数不同。故两齿轮齿根上的弯曲应力也不相同,即 $\sigma_{F1} \neq \sigma_{F2}$。

b. 在齿轮材料、传动转矩、齿数和齿宽系数一定的情况下,齿根弯曲应力取决于模数。

c. 校核计算时,应将两齿轮全部进行校核;而设计计算时,要将两齿轮的 $Y_F/[\sigma_F]$ 中的大值代入(4-19)式中进行计算。

③ 许用应力的确定。许用接触应力和许用弯曲应力可按下式确定,即

$$[\sigma_H] = \frac{\sigma_{H\lim}}{S_{H\lim}}, \quad [\sigma_F] = \frac{\sigma_{F\lim}}{S_{F\lim}}。$$

式中,$\sigma_{H\lim}$ 为齿面接触疲劳极限(见图 4-28);$\sigma_{F\lim}$ 为齿根弯曲疲劳极限(见图 4-29);$S_{H\lim}$ 为接触强度的最小安全系数,其值可查表 4-8 确定;$S_{F\lim}$ 为弯曲强度的最小安全系数,其值可查表 4-8 确定。

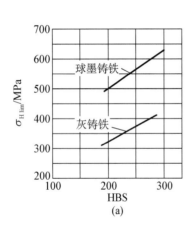
(a)

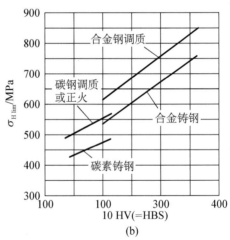
(b)

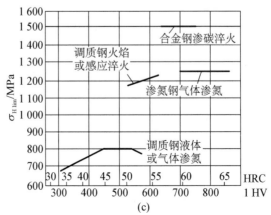
(c)

图 4-28 齿面接触疲劳极限

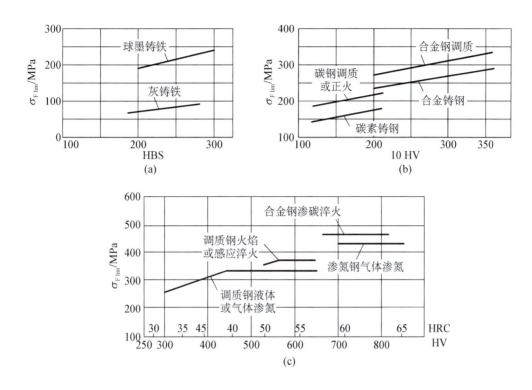

图 4-29 齿根弯曲疲劳极限

表 4-8 最小安全系数

安全系数	静强度		疲劳强度	
S_{Hmin}	1.0	1.3	1.0~1.2	1.3~1.6
S_{Fmin}	1.4	1.8	1.4~1.5	1.6~3.0

注：表中数值可根据齿轮传动的重要程度选取。要求可靠程度高的齿轮传动设计中，选大值；反之，选小值。

图 4-29 所提供的数据，适合于齿轮单向传动，对于长期双侧工作的齿轮传动，其齿根弯曲应力为对称循环变应力，故应将图中所得数据乘以 0.7。

（6）齿轮传动的结构设计　通过齿轮传动的强度计算，确定齿数、模数、分度圆直径等主要参数和尺寸后，还要通过结构设计确定齿圈、轮腹、轮毂等的结构形式及尺寸大小。齿轮的结构形式主要依据齿轮的尺寸、材料、加工工艺、经济性等因素而定，各部分尺寸由经验公式求得。

较小的钢制圆柱齿轮，齿根圆至键槽底部的距离 $\delta \leqslant 2m$（m 为模数）。圆锥齿轮小端齿根圆至键槽底部的距离 $\delta \leqslant 1.6m$（m 为大端模数）时，如图 4-30 所示，齿轮和轴做成一体，称为齿轮轴，如图 4-31 所示。

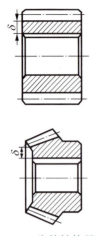
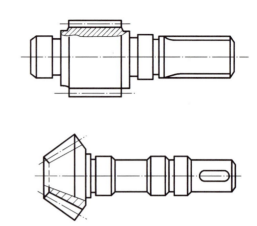

图 4-30 齿轮结构尺寸 δ　　　图 4-31 齿轮轴

当齿顶圆直径 $d_a \leqslant 200$ mm，且 δ 超过上述尺寸时，可将齿轮与轴分开制造，做成盘式结构，如图 4-32 所示。

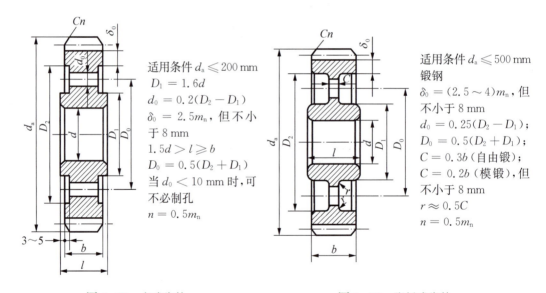

适用条件 $d_a \leqslant 200$ mm
$D_1 = 1.6d$
$d_0 = 0.2(D_2 - D_1)$
$\delta_0 = 2.5m_n$，但不小于 8 mm
$1.5d > l \geqslant b$
$D_0 = 0.5(D_2 + D_1)$
当 $d_0 < 10$ mm 时，可不必制孔
$n = 0.5m_n$

适用条件 $d_a \leqslant 500$ mm
锻钢
$\delta_0 = (2.5 \sim 4)m_n$，但不小于 8 mm
$d_0 = 0.25(D_2 - D_1)$；
$D_0 = 0.5(D_2 + D_1)$；
$C = 0.3b$（自由锻）；
$C = 0.2b$（模锻），但不小于 8 mm
$r \approx 0.5C$
$n = 0.5m_n$

图 4-32 盘式齿轮　　　图 4-33 腹板式齿轮

当齿顶圆直径 $d_a \leqslant 500$ mm 的较大尺寸的齿轮，为减轻重量、节省材料，可做成腹板式结构，如图 4-33 所示。

当齿顶圆直径 $d_a \geqslant 400$ mm 时，常用铸铁或铸钢制成轮辐式，如图 4-34 所示。

当齿顶圆直径 $d_a \geqslant 600$ mm 时，常用组装齿圈式结构的齿轮。图 4-35 所示为镶圈式齿轮，图 4-36 所示为焊接式齿轮。

(7) 齿轮传动的润滑　主要是润滑方式和润滑油的选择。

① 润滑方式。齿轮传动的润滑方式，主要取决于齿轮圆周速度的大小。速度较低的齿

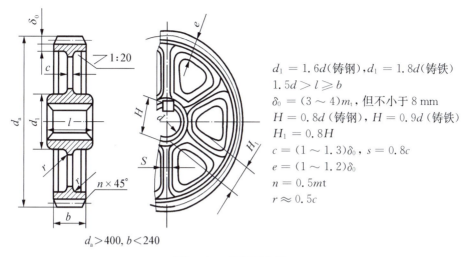

$d_1 = 1.6d$(铸钢),$d_1 = 1.8d$(铸铁)
$1.5d > l \geqslant b$
$\delta_0 = (3 \sim 4)m_t$,但不小于 8 mm
$H = 0.8d$(铸钢),$H = 0.9d$(铸铁)
$H_1 = 0.8H$
$c = (1 \sim 1.3)\delta_0$,$s = 0.8c$
$e = (1 \sim 1.2)\delta_0$
$n = 0.5m_t$
$r \approx 0.5c$

图 4-34 轮辐式齿轮

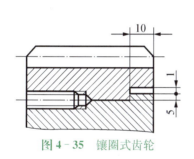

图 4-35 镶圈式齿轮

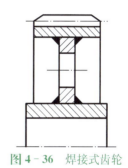

图 4-36 焊接式齿轮

轮传动或开式齿轮传动,采用的是人工定期加润滑油或润滑脂。对于闭式齿轮传动,当齿轮的圆周速度 $v \leqslant 12$ m/s 时,通常采用浸油(或称油池、油浴)润滑,如图 4-37 所示。大齿轮浸入油池一定的深度,齿轮运转时,把润滑油带到啮合区,同时也甩到箱体壁上,起到散热的作用。当 v 较大时,浸入深度约为一个齿高;当 v 较小时(0.5~0.8 m/s),浸入深度为 1/6 的齿轮半径;当 $v > 12$ m/s 时,应采用喷油润滑,如图 4-38 所示,即由油泵以一定的压力,用喷油嘴将润滑油喷到轮齿的啮合面上。

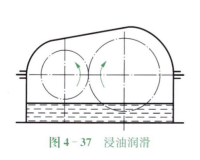

图 4-37 浸油润滑

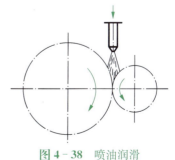

图 4-38 喷油润滑

② 润滑油的选择。齿轮传动的润滑,可根据表 4-9 所示来选择润滑油的粘度,然后根

据有关手册选定润滑油的牌号。

闭式蜗杆传动的润滑油粘度可根据相对滑动速度和载荷类型,在表 4-9 中选取;对于开式传动,则采用粘度较高的润滑油或润滑脂。

表 4-9 齿轮传动润滑油的推荐粘度值

滑动速度 $v_s/(\text{m/s})$	<1	<2.5	<5	>5~10	>10~15	>15~25	>25
工作条件	重载	重载	中载	—	—	—	—
粘度/$(\text{mm}^2/\text{s})(\nu_{40}\,℃)$	1 000	685	320	220	150	100	68
润滑方式	油浴	油浴	油浴	油浴 喷油	压力喷油润滑(喷油压力)/(N/mm^2)		
					0.07	0.2	0.3

4.1.2 一级直齿圆柱齿轮传动设计

齿轮传动的主要设计内容包括选择齿轮材料和热处理方式,确定主要参数、几何尺寸、结构形式、精度等级等,最后绘制出零件工作图。

1. 主要参数的选择

为了使齿面磨损均匀,小齿轮的齿数一般应 $z_1 \geqslant 17 \sim 25$。传动比一般在 $i \geqslant 5 \sim 7$。对于一般齿轮传动,允许实际传动比为 $i \leqslant 4.5$ 时有 $\pm 2.5\%$ 和传动比为 $i > 4.5$ 时有 $\pm 4\%$ 的误差。模数一般在 2~8 mm 之间。齿宽系数可用 ψ_a 或用 $\psi_d = \dfrac{d}{b}$ 表示,ψ_d 可从表 4-10 中查得。

表 4-10 圆柱齿轮的齿宽系数 ψ_d

齿轮相对轴承的位置	大齿轮或两轮齿面硬度≤350 HBS	两轮齿面硬度>350 HBS
对称布置	0.8~1.4	0.4~0.9
非对称布置	0.6~1.2	0.3~0.6
悬臂布置	0.3~0.4	0.2~0.5

注:① 载荷稳定时,取大值;轴与轴承的刚度较大时,取大值;斜齿轮与人字齿轮中取大值。
② 对于金属切削机床的传动齿轮,取小值;传动功率不大时,可小到 0.2。

2. 设计步骤

(1) 软齿面闭式齿轮传动 选择材料、热处理方式及精度等级;合理选择齿轮参数,按接触疲劳强度设计公式,确定小齿轮分度圆直径;计算齿轮的主要尺寸;校核所设计的齿轮传动的弯曲疲劳强度;确定齿轮的结构;绘制齿轮的零件工作图。

(2) 硬齿面闭式齿轮传动 选择材料、热处理方式及精度等级;合理选择齿轮参数,按弯曲疲劳强度设计公式求出模数,并圆整为标准模数;计算齿轮的主要尺寸;校核所设计的齿轮传动的接触疲劳强度;确定齿轮的结构;绘制齿轮的零件工作图。

（3）开式传动　选择齿轮材料、热处理方式及精度等级；合理选择齿轮参数，按弯曲疲劳强度设计公式求出模数，并加大 10%～20%，取标准值；计算齿轮的主要尺寸；确定齿轮的结构；绘制齿轮的零件工作图。

例 4-2　某机械装置中的减速器，采用的是一级直齿圆柱齿轮传动。已知小齿轮转速为 $n_1 = 960$ r/min，传动的功率为 $P = 6$ kW，齿数比为 $u = 2.5$。减速器工作时，载荷平稳、单向运转，齿轮在两支承间对称布置，原动机为电动机。试设计该齿轮传动。

解：(1) 选择材料、确定齿轮的许用应力。从表 4-6 中确定这对齿轮的精度等级为 8 级，由表 4-7 中选择齿轮的材料和热处理为：小齿轮 45 钢，调质热处理，硬度取 230 HBS；大齿轮 45 钢，正火热处理，硬度取 190 HBS。从图 4-28 和图 4-29 中，查得

$$\sigma_{Hlim1} = 560 \text{ MPa}, \quad \sigma_{Hlim2} = 530 \text{ MPa}, \quad \sigma_{Flim1} = 195 \text{ MPa}, \quad \sigma_{Flim2} = 180 \text{ MPa}。$$

因这对齿轮传动属一般传动装置用，故从表 4-8 可查得

$$S_{Hlim} = 1.1, \quad S_{Flim} = 1.4。$$

由此得两轮的许用应力为

$$[\sigma_H]_1 = \frac{\sigma_{Hlim1}}{S_{Hmin}} = \frac{560}{1.1}\text{MPa} = 509.1 \text{ MPa}, \quad [\sigma_H]_2 = \frac{\sigma_{Hlim2}}{S_{Hmin}} = \frac{530}{1.1}\text{MPa} = 481.8 \text{ MPa};$$

$$[\sigma_F]_1 = \frac{\sigma_{Flim1}}{S_{Fmin}} = \frac{195}{1.4}\text{MPa} = 139.3 \text{ MPa}, \quad [\sigma_F]_2 = \frac{\sigma_{Flim2}}{S_{Fmin}} = \frac{180}{1.4}\text{MPa} = 128.6 \text{ MPa}。$$

(2) 按齿面接触疲劳强度设计，计算小齿轮传递的转矩为

$$T_1 = 9.55 \times 10^6 \frac{P}{n_1} = 9.55 \times 10^6 \times \frac{6}{960} \text{N} \cdot \text{mm} = 59687.5 \text{ N} \cdot \text{mm}。$$

因载荷平稳，查表 4-4 可选定载荷系数为 $K = 1$。因齿轮在两轴承间对称布置，取齿宽系数为 $\psi_a = 0.4$。

由齿面接触疲劳强度设计式，可得

$$a \geqslant (u \pm 1) \sqrt[3]{\frac{KT_1}{\psi_a u}\left(\frac{335}{[\sigma_H]}\right)^2} = (2.5+1) \times \sqrt[3]{\frac{1 \times 59678.5}{0.4 \times 2.5}\left(\frac{335}{481.8}\right)^2} = 107.4 \text{ mm},$$

取 $a_0 = 107.4$ mm。

(3) 确定基本参数、计算几何尺寸。为使齿轮不发生根切，且结构紧凑，取 $z_1 = 26$，$z_2 = z_1 u = 26 \times 2.5 = 65$。

选表 4-2 中的计算公式，确定模数为

$$m = \frac{2a_0}{z_1 + z_2} = \frac{2 \times 107.4}{26 + 65}\text{mm} = 2.36 \text{ mm}。$$

考虑弯曲强度的情况，从表 4-1 中取标准模数为 $m = 2.5$ mm。

确定中心距为

$$a = \frac{1}{2}m(z_1+z_2) = \frac{1}{2} \times 2.5 \times (26+165)\text{mm} = 113.75 \text{ mm}。$$

确定齿宽为

$$b = \psi_a a = 0.4 \times 113.75 \text{ mm} = 45.5 \text{ mm},$$

考虑齿轮安装误差的因素,取 $b_2 = 46$ mm,$b_1 = 50$ mm。

分度圆直径为

$$d_1 = mz_1 = 2.5 \times 26 \text{ mm} = 65 \text{ mm}, \quad d_2 = mz_2 = 2.5 \times 65 \text{ mm} = 162.5 \text{ mm}。$$

已确定主要参数 m,z 后,其余尺寸可按表 4-2 中相应公式计算,此处略。

(4) 校核弯曲疲劳强度。从图 4-27 中,查得这对齿轮的齿形系数为 $Y_{F1} = 2.68$,$Y_{F2} = 2.27$。由齿根弯曲疲劳强度校核公式,可得

$$\sigma_{F1} = \frac{2KT_1}{bm^2z_1}Y_{F1} = \frac{2 \times 1 \times 59687.5 \times 2.68}{50 \times 2.5^2 \times 26}\text{MPa} = 39.4 \text{ MPa} < [\sigma_F]_1,$$

$$\sigma_{F2} = \sigma_{F1}\frac{Y_{F2}}{Y_{F1}} = 39.4 \times \frac{2.27}{2.68}\text{MPa} = 33.4 \text{ MPa} < [\sigma_F]_2。$$

说明该对齿轮的齿根弯曲疲劳强度足够。

(5) 验算圆周速度为

$$v = \frac{\pi d_1 n_1}{60 \times 1000} = \frac{\pi \times 65 \times 960}{60 \times 1000}\text{m/s} = 3.27 \text{ m/s},$$

属于中低速,符合 8 级精度。

(6) 确定齿轮的结构尺寸及绘制大齿轮工作图(略)。

学生操作题 1:某机械装置中的减速器,采用的是一级直齿圆柱齿轮传动。已知小齿轮转速为 $n_1 = 650$ r/min,传动的功率为 $P = 5$ kW,齿数比为 $u = 3.83$。减速器工作时,载荷为中等冲击。试设计该齿轮传动。

学生操作题 2:闭式直齿圆柱齿轮传动中,已知传递的功率为 $P_1 = 30$ kW,小齿轮转速为 $n_1 = 960$ r/min,齿数比为 $u = 3.8$,使用寿命为 10 年,双班制,电动机驱动,频繁双向启动。载荷有轻微冲击,要求结构紧凑,齿轮在两轴承间对称布局。试设计该齿轮传动(要求:绘制出大齿轮工作图)。

4.1.3 一级斜齿圆柱齿轮传动设计

1. 主要参数和几何尺寸计算

斜齿圆柱齿轮的齿廓曲面与直齿圆柱齿轮的齿廓曲面,在形成原理上是一样的,均是发生面在基圆柱上做纯滚动时,发生面上的一条直线走过的轨迹。区别在于直齿圆柱齿轮的轮齿曲面的形成是发生面上 $K—K$ 线平行于基圆轴线的直线,展成的是直齿轮齿廓曲面,如图 4-39(a)所示;斜齿圆柱齿轮曲面的形成是发生面上 $K—K$ 线不平行于基圆轴线的斜直

线,展成的是斜齿圆柱齿轮的螺旋齿廓曲面,如图 4-39(b) 所示。由此分析得出,直齿轮啮合时,齿廓曲面接触线是一条平行于轴线的直线;而斜齿轮啮合时,齿廓曲面接触线是一条斜线。因而斜齿轮的啮合过程,不像直齿轮那样,突然进入啮合,而是接触线逐渐由点变为线,进入啮合状态,再由线变为点,逐渐脱离啮合状态。因此,斜齿轮啮合时,冲击和振动小。

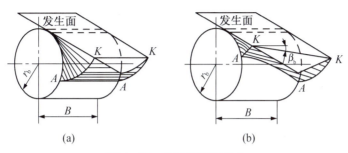

图 4-39 齿廓曲面的形成

斜齿圆柱齿轮齿形有端面和法面之分。法面是指垂直于轮齿螺旋线方向的平面。轮齿的法面齿形与刀具齿形相同,故国际上规定法面参数(m_n,$α_n$)为标准参数。端面是指垂直于轴线的平面。端面齿形与直齿轮相同,故可以采用直齿轮的几何尺寸计算公式计算斜齿轮的几何尺寸,如表 4-11 所示。应注意:端面参数(m_t,$α_t$)为非标准值,为了计算斜齿轮的几何尺寸,必须掌握法面参数和端面参数间的换算关系。

表 4-11 标准斜齿圆柱齿轮的几何尺寸计算

序号	名称	符号	计算公式及参数的选择
1	端面模数	m_t	$m_t = \dfrac{m_n}{\cos \beta}$,$m_n$ 为标准值
2	螺旋角	β	一般取 $\beta = 8° \sim 20°$
3	端面压力角	α_t	$\alpha_t = \arctan \dfrac{\tan \alpha_n}{\cos \beta}$,$\alpha_n$ 为标准值
4	分度圆直径	d_1,d_2	$d_1 = m_t z_1 = \dfrac{m_n z_1}{\cos \beta}$,$d_2 = m_t z_2 = \dfrac{m_n z_2}{\cos \beta}$
5	齿顶高	h_a	$h_a = m_n$
6	齿根高	h_f	$h_f = 1.25 m_n$
7	全齿高	h	$h = h_a + h_f = 2.25 m_n$
8	顶隙	c	$c = h_f - h_a = 0.25 m_n$
9	齿顶圆直径	d_{a1},d_{a2}	$d_{a1} = d_1 + 2h_a$,$d_{a2} = d_2 + 2h_a$
10	齿根圆直径	d_{f1},d_{f2}	$d_{f1} = d_1 - 2h_f$,$d_{f2} = d_2 - 2h_f$
11	中心距	a	$a = \dfrac{d_1 + d_2}{2} = \dfrac{m_t}{2}(z_1 + z_2) = \dfrac{m_n(z_1 + z_2)}{2\cos \beta}$

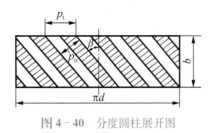

图 4-40 分度圆柱展开图

螺旋角是反映斜齿轮轮齿倾斜程度的参数。若将斜齿轮的分度圆柱展开成平面,如图 4-40 所示,在分度圆柱面上,分度圆和齿廓曲面的交线(即螺旋线)变为一条斜直线。该直线与齿轮的轴线所夹的锐角 β,称为斜齿轮的螺旋角。螺旋角越大,轮齿倾斜程度越大,重合度越大,传动平稳性越好。但轴向力也越大。一般螺旋角取为 $\beta \approx 8° \sim 15°$。

在图 4-40 所示的斜齿圆柱齿轮分度圆柱面的展开图中,p_n 为法向齿距,p_t 为端面齿距,由几何关系得出下式,即

$$p_n = p_t \cos\beta。$$

若 m_n 为法向模数,m_t 为端面模数,且因 $p = m\pi$,得

$$m_n = m_t \cos\beta。 \tag{4-20}$$

也可用同样的方法,得出法向压力角 α_n 和端面压力角 α_t 的关系,即

$$\tan\alpha_n = \tan\alpha_t \cos\beta。 \tag{4-21}$$

2. 斜齿圆柱齿轮的啮合传动

(1) 正确啮合条件 要想让一对斜齿圆柱齿轮能够正确啮合,除了要保证该对齿轮的齿距相等外,还要使这对斜齿轮的轮齿在啮合位置的倾斜方向一致。由此,得斜齿轮传动的正确啮合的条件为

$$m_{n1} = m_{n2} = m, \quad a_{n1} = a_{n2} = a, \quad \beta_1 = \mp \beta_2。$$

式中,"−"表示外啮合两齿轮的轮齿旋向不同,"+"表明内啮合两齿轮的轮齿旋向相同。

(2) 斜齿轮啮合的重合度 由斜齿轮轮齿的啮合特点可知,轮齿啮合过程是由点变为线逐渐进入啮合,再由线变为点逐渐脱离啮合。图 4-41 所示为端面尺寸相同和轮齿宽度相同的直齿轮和斜齿轮基圆柱展开的平面图,图中 B_2 为轮齿进入啮合点,B_1 为脱离啮合点。显然,斜齿轮啮合的实际啮合线段的长度比直齿轮要长。由图中几何关系可知,直齿轮啮合的实际啮合线段长度为 L,斜齿轮啮合的实际啮合线段为 $L + \Delta L$,且有 $\Delta L = b\tan\beta_b$(β_b 为基圆柱上的螺旋角)。因此,有斜齿圆柱齿轮传动的重合度为

$$\varepsilon = \frac{L + \Delta L}{p_{bt}} = \frac{L}{p_{bt}} + \frac{b\tan\beta_b}{p_{bt}} = \varepsilon_t + \varepsilon_b,$$

式中,ε_t 为由端面几何尺寸决定的端面重合度;ε_b 为由轴向尺寸和螺旋角决定的轴向重合度;β_b 为斜齿轮基圆柱上的螺旋角,其值小于分度圆柱上的螺旋角(°);p_{bt} 为斜齿轮在端面上的基圆齿距(mm)。

由上式可得知,斜齿轮传动时的重合度要比直齿轮大得多,故斜齿圆柱齿轮传动的平稳性和承载能力要比直齿轮大。

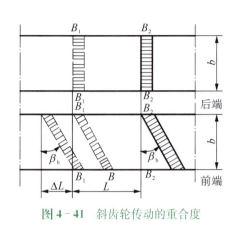

图 4-41 斜齿轮传动的重合度

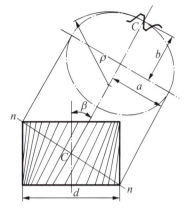

图 4-42 斜齿圆柱齿轮的当量齿数

3. 当量齿数

为了选择盘形铣刀及进行强度计算,必须知道和斜齿圆柱齿轮法面齿形相当的直齿圆柱齿轮。如图 4-42 所示,过斜齿轮的某一轮齿上的节点 C 作轮齿的法面 $n—n$,此法面与斜齿轮分度圆柱的交线为一椭圆,其长轴半径为 $a=\dfrac{d}{2\cos\beta}$,短轴半径为 $b=\dfrac{d}{2}$。根据高等数学可知,此椭圆在节点的曲率半径为

$$\rho=\frac{a^2}{b}=\frac{d}{2\cos^2\beta}。$$

以 ρ 为分度圆半径,取斜轮齿的法向模数 m_n 为模数,法向压力角 α_n 为压力角,作一个直齿圆柱齿轮,其齿形近似于斜齿轮的法面齿形。这个假想的直齿圆柱齿轮称为斜齿圆柱齿轮的当量齿轮,齿数 z_v 为当量齿数,其值为

$$z_v=\frac{2\rho}{m_n}=\frac{z}{\cos^3\beta}, \tag{4-22}$$

式中,z 为斜齿轮的实际齿数。

4. 斜齿轮传动的强度计算

(1) 轮齿的受力分析 图 4-43 所示为斜齿圆柱齿轮传动中的主动轮轮齿的受力情况。通常忽略摩擦力,将法向力 $\boldsymbol{F}_n$ 分解为 3 个相互垂直的分力,即圆周力 $\boldsymbol{F}_t$、径向力 $\boldsymbol{F}_r$、轴向力 $\boldsymbol{F}_a$,其大小为

$$F_{t1}=\frac{2T_1}{d_1}=-F_{t2}, \tag{4-23}$$

$$F_{r1}=\frac{F_t\tan\alpha_n}{\cos\beta}=-F_{r2}, \tag{4-24}$$

$$F_{a1}=F_t\tan\beta=-F_{a2}, \tag{4-25}$$

式中,T_1 为齿轮 1 传递的名义转矩(N·mm);α_n 为斜齿轮法面分度圆上的压力角(°);β 为斜齿轮分度圆上的螺旋角(°)。

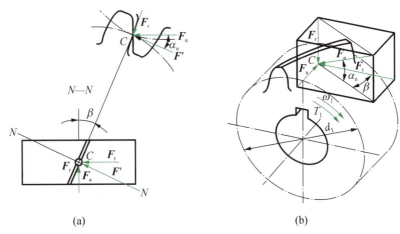

图 4-43 斜齿轮传动的受力分析

如图 4-44 所示,以上各力方向是:圆周力方向在主动轮上与啮合点圆周速度方向相反;在从动轮上与啮合点圆周速度相同。两齿轮的径向力方向总是指向各自轴心。主动轮上轴向力方向可用左、右手法则判定,即轮齿为右(左)旋,则用右(左)手,4 指按照齿轮的转动方向弯曲握住齿轮,拇指伸直,则拇指所指的方向为主动轮所受轴向力的方向;从动轮轴向力的方向,用作用力与反作用力关系判断。

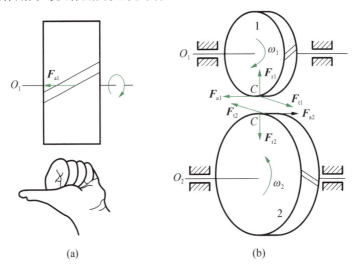

图 4-44 各分力的方向

(2) 强度计算 斜齿圆柱齿轮传动的计算,分析的思路和直齿轮传动相似,同样要进行失效分析、载荷修正、建立强度设计式等。对斜齿轮传动来说,在建立强度设计式时,要考虑齿面接触线是倾斜的、重合度增大、载荷作用位置的变化等因素对强度的影响。

① 齿面接触疲劳强度。一对钢制标准斜齿圆柱齿轮,传动的齿面接触疲劳强度校核式为

$$\sigma_H = 305\sqrt{\frac{KT_1}{ba^2}\frac{(u\pm1)^3}{u}} \leqslant [\sigma_H], \tag{4-26}$$

式中,σ_H 为轮齿齿面所受到的接触力(MPa);$[\sigma_H]$ 为许用接触应力(MPa);u 为齿数比,即大齿轮齿数与小齿轮齿数之比;K 为载荷系数,从表 4-4 中查得;T_1 为齿轮 1 所受到的转矩(N·mm);a 为一对标准齿轮的中心距;b 为轮齿齿宽(mm)。

将 $b = \psi_a a$ 代入上式中,可得出接触疲劳强度的设计式为

$$a \geqslant (u \pm 1) \cdot \sqrt[3]{\left(\frac{305}{[\sigma_H]}\right)^2 \frac{KT_1}{\psi_a u}}。 \qquad (4-27)$$

若配对齿轮材料改变时,以上两式中系数 305 应加以修正。钢对铸铁应将 305 乘以 $\frac{285}{335}$;铸铁对铸铁应将 305 乘以 $\frac{250}{335}$。

从上式中可以看出,在相同条件下,斜齿轮传动的强度要比直齿轮传动大。

② 齿根弯曲疲劳强度的计算。对斜齿轮传动进行弯曲疲劳强度计算时,也要考虑轮齿倾斜对弯曲强度的影响,引入螺旋角 β,得到斜齿轮弯曲疲劳强度校核式为

$$\sigma_F = \frac{1.6KT_1}{bm_n^2 z_1} Y_F \cos\beta \leqslant [\sigma_F]。 \qquad (4-28)$$

将 $b = \psi_a a$ 代入上式中,可得设计式为

$$m_n \geqslant \sqrt[3]{\frac{3.2KT_1\cos^2\beta}{\psi_a z_1^2 (u \pm 1)} \cdot \frac{Y_F}{[\sigma_F]}}。 \qquad (4-29)$$

以上两式中,Y_F 为齿形系数,按照当量齿数 z_v 在图 4-27 中查得;m_n 为齿轮标准模数(mm)。

其余参数和许用应力的确定与直齿轮传动设计中的原则相同。

例 4-3 试设计一闭式斜齿圆柱齿轮传动。已知单缸内燃机驱动,功率为 $P = 11$ kW,转速为 $n_1 = 350$ r/min,齿数比为 $u = 3.2$。工作条件为双向传动,载荷平稳,齿轮在两轴承间对称布置,要求结构紧凑。

解:(1) 选择材料、确定齿轮的许用应力。从表 4-6 中确定这对齿轮的精度等级为 8 级。因要求结构紧凑故采用硬齿面,从表 4-7 中选择两齿轮都用 20CrMnTi,渗碳淬火,其硬度小齿轮取 59 HRC、大齿轮为 56 HRC。从图 4-28 和图 4-29 可查得

$$\sigma_{Hlim1} = 1440 \text{ MPa}, \quad \sigma_{Hlim2} = 1360 \text{ MPa};$$
$$\sigma_{Flim1} = 370 \text{ MPa}, \quad \sigma_{Flim2} = 360 \text{ MPa}。$$

因这对齿轮传动属一般传动装置用,故从表 4-8 可查得

$$S_{Hlim} = 1.3, \quad S_{Flim} = 1.6。$$

由此得两轮的许用应力为

$$[\sigma_H]_1 = \frac{\sigma_{Hlim1}}{S_{Hmin}} = \frac{1440}{1.3}\text{MPa} = 1107.6 \text{ MPa}, \quad [\sigma_H]_2 = \frac{\sigma_{Hlim2}}{S_{Hmin}} = \frac{1330}{1.3}\text{MPa} = 1046 \text{ MPa};$$

因工作条件为双向传动,故乘系数 0.7,得

$$[\sigma_F]_1 = \frac{0.7 \times \sigma_{Flim1}}{S_{Fmin}} = \frac{0.7 \times 370}{1.6}\text{MPa} = 161.9\text{ MPa},$$

$$[\sigma_F]_2 = \frac{0.7 \times \sigma_{Flim2}}{S_{Fmin}} = \frac{0.7 \times 360}{1.6}\text{MPa} = 157.5\text{ MPa}。$$

（2）按齿根弯曲疲劳强度设计，计算小齿轮传递的转矩为

$$T_1 = 9.55 \times 10^6 \frac{P}{n_1} = 9.55 \times 10^6 \times \frac{11}{350}\text{N} \cdot \text{mm} = 300142.9\text{ N} \cdot \text{mm}。$$

因原动机为单缸内燃机，载荷平稳，支承为对称布置，查表 4-4 可选定 $K=1.6$。取齿宽系数为 $\psi_a = 0.4$。初选螺旋角 $\beta = 15°$。

取齿数为 $z_1 = 20$，$z_2 = z_1 u = 20 \times 3.2 = 64$，当量齿数为

$$z_{v1} = \frac{z_1}{\cos^3\beta} = \frac{20}{\cos^3 15°} = 22.19,\quad z_{v2} = \frac{z_2}{\cos^3\beta} = \frac{64}{\cos^3 15°} = 71。$$

从图 4-27 中，查得 $Y_{F1} = 2.80$，$Y_{F2} = 2.24$。比较 $Y_F/[\sigma_F]$，即

$$Y_{F1}/[\sigma_{F1}] = 2.80/161.9 = 0.0173,\quad Y_{F2}/[\sigma_{F2}] = 2.24/157.5 = 0.0142。$$

将大值代入齿根弯曲疲劳强度设计公式中，即

$$m_n \geqslant \sqrt[3]{\frac{3.2KT_1\cos^2\beta}{\psi_a z_1^2(u\pm1)}\frac{Y_F}{[\sigma_F]}} = \sqrt[3]{\frac{3.2 \times 1.6 \times 300142.9 \times 2.80 \times \cos^2 15°}{0.4 \times (3.2+1) \times 20^2 \times 161.9}} = 3.399(\text{mm})。$$

从表 4-1 中，查取 $m_n = 3.5$ mm。

（3）确定基本参数、计算几何尺寸，初定中心距为

$$a_0 = \frac{m_n(z_1+z_2)}{2\cos\beta} = \frac{3.5 \times (20+64)}{2 \times \cos 15°}\text{mm} = 152.2\text{ mm},$$

取 $a = 155$ mm。

修正螺旋角为

$$\beta = \arccos\frac{m_n(z_1+z_2)}{2a} = \arccos\frac{3.5 \times (20+64)}{2 \times 155} = 18°29'19''。$$

齿宽为 $$b = \psi_a a = 0.4 \times 155 \text{ mm} = 62 \text{ mm},$$

取 $b_2 = 62$ mm，$b_1 = 65$ mm。

分度圆直径为

$$d_1 = mz_1/\cos\beta = 3.5 \times 20/\cos 18°29'19'' \text{ mm} = 73.8 \text{ mm},$$
$$d_2 = mz_2/\cos\beta = 3.5 \times 64/\cos 18°29'19'' \text{ mm} = 236.2 \text{ mm}。$$

已确定主要参数 m_n，z 后，其余尺寸可按表 4-11 相应公式计算，此处略。

（4）校核齿面接触疲劳强度，即

$$\sigma_H = 305\sqrt{\frac{KT_1}{ba^2}\frac{(u\pm1)^3}{u}} = 305 \times \sqrt{\frac{1.6 \times 300142.9 \times (3.2+1)^3}{3.2 \times 65 \times 155^2}} = 813.8 \leqslant [\sigma_H],$$

说明该对齿轮的齿面接触疲劳强度足够。

（5）验算圆周速度为

$$v = \frac{\pi d_1 n_1}{60 \times 1000} = \frac{\pi \times 73.8 \times 350}{60 \times 1000} \text{ m/s} = 1.35 \text{ m/s},$$

属于中低速,符合 8 级精度。

（6）确定齿轮的结构尺寸及绘制大齿轮工作图（略）。

学生操作题 1：设计一由电动机驱动的闭式斜齿圆柱齿轮传动。已知传递功率为 $P = 22 \text{ kW}$，转速为 $n_1 = 730 \text{ r/min}$，齿数比为 $u = 3$。齿轮在两轴承间作不对称布置,但轴的刚性较大、载荷平稳、单向传动。

4.1.4 一级圆锥齿轮传动设计

1. 圆锥齿轮传动的传动比和几何尺寸计算

圆锥齿轮主要用于几何轴线相交的两轴间的传动,其运动可以看成是两个圆锥形摩擦轮相切作纯滚动,该圆锥即节圆锥。圆锥齿轮也分为分度圆锥、齿顶圆锥、齿根圆锥等。但和圆柱齿轮不同的是,圆锥齿轮轮齿的厚度沿锥顶方向逐渐减小。锥齿轮也有直齿和斜齿两种,本书只讨论直齿圆锥齿轮。圆锥齿轮传动中,两轴的夹角 Σ 可以为任意角,但通常为 $\Sigma = 90°$。当 $\Sigma = 90°$ 时,其传动比为

$$i_{12} = \frac{r_2}{r_1} = \frac{\sin \delta_2}{\sin \delta_1} = \cot \delta_1 = \tan \delta_2. \tag{4-30}$$

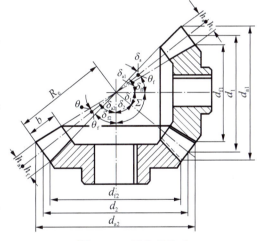

图 4-45 锥齿轮传动

如图 4-45 所示,为了计算和测量方便,通常取锥齿轮的大端参数为标准值,其值可按照圆柱齿轮进行选择。渐开线圆锥齿轮的几何尺寸,按表 4-12 所示计算。

表 4-12 渐开线锥齿轮的几何尺寸计算

序号	名称	符号	计算公式及参数的选择
1	大端模数	m_e	按 GB12368—90 取标准值
2	传动比	i	$i = \frac{z_2}{z_1} = \tan \delta_2 = \cot \delta_1$,单级 $i < 6 \sim 7$
3	分度圆锥角	δ_1, δ_2	$\delta_2 = \arctan \frac{z_2}{z_1}$, $\delta_1 = 90° - \delta_2$
4	分度圆直径	d_1, d_2	$d_1 = m_e z_1$, $d_2 = m_e z_2$
5	齿顶高	h_a	$h_a = m_e$

续表

序号	名称	符号	计算公式及参数的选择
6	齿根高	h_f	$h_f = 1.2 m_e$
7	全齿高	h	$h = 2.2 m_e$
8	顶隙	c	$c = 0.2 m_e$
9	齿顶圆直径	d_{a1}, d_{a2}	$d_{a1} = d_1 + 2 m_e \cos\delta_1$，$d_{a2} = d_2 + 2 m_e \cos\delta_2$
10	齿根圆直径	d_{f1}, d_{f2}	$d_{f1} = d_1 - 2.4 m_e \cos\delta_1$，$d_{f2} = d_2 - 2.4 m_e \cos\delta_2$
11	外锥距	R_e	$R_e = \sqrt{r_1^2 + r_2^2} = \dfrac{m_e}{2}\sqrt{z_1^2 + z_2^2} = \dfrac{d_1}{2\sin\delta_1} = \dfrac{d_2}{2\sin\delta_2}$
12	齿宽	b	$b \leqslant \dfrac{R_e}{3}$，$b \leqslant 10 m_e$
13	齿顶角	θ_a	$\theta_a = \arctan\dfrac{h_a}{R_e}$（不等顶隙齿），$\theta_a = \theta_f$（等顶隙齿）
14	齿根角	θ_f	$\theta_f = \arctan\dfrac{h_f}{R_e}$
15	根锥角	δ_{f1}, δ_{f2}	$\delta_{f1} = \delta_1 - \theta_f$，$\delta_{f2} = \delta_2 - \theta_f$
16	顶锥角	δ_{a1}, δ_{a2}	$\delta_{a1} = \delta_1 + \theta_a$，$\delta_{a2} = \delta_2 + \theta_a$

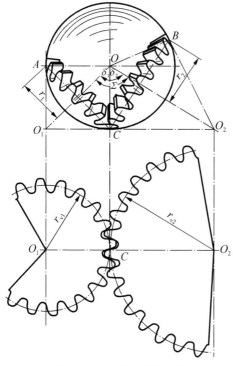

图 4-46 背锥和当量齿轮

2. 圆锥齿轮的背锥与当量齿数

从理论上讲，圆锥齿轮的齿廓曲线为球面渐开线。但由于球面不能展开成平面，致使锥齿轮的设计制造有许多困难，故采用近似法。

图 4-46 所示的上部为一对互相啮合的直齿圆锥齿轮在其轴平面上的投影。△OCA 和 △OCB 分别为两轮的分度圆锥。线段 OC 称为外锥距。今过大端上 C 点作 OC 的垂线与两轮的轴线分别交于 O_1 和 O_2 点。分别以 OO_1 和 OO_2 为轴线，以 O_1C 和 O_2C 为母线作两个圆锥 O_1CA 和 O_2CB，该两圆锥称为背锥。将背锥展开成平面时，其形状为一扇形。以 O_1C 和 O_2C 为分度圆半径，以圆锥齿轮大端模数为模数，并取标准压力角，按照圆柱齿轮的作图法画出两扇形齿轮的齿廓，该齿廓即为圆锥齿轮大端的近似齿廓。这一扇形齿轮的齿数 z，即为该锥齿轮的实际齿数。若将此扇形补足成为完整的圆柱齿轮，则它的齿数将增加为 z_v，称为该锥齿轮的当量齿

数，该圆柱齿轮称为锥齿轮的当量齿轮，有

$$z_{v1} = \frac{z_1}{\cos \delta_1}, \quad z_{v2} = \frac{z_2}{\cos \delta_2}。 \tag{4-31}$$

3. 圆锥齿轮传动的强度计算

（1）轮齿受力分析　一对直齿圆锥齿轮啮合传动，如果不考虑摩擦力的影响，轮齿间的作用力可以近似简化为作用于齿宽中点节线的集中载荷 F_n，其方向垂直于工作齿面。图 4-47 所示为主动锥齿轮的受力情况，轮齿间的法向力 F_n 分解为 3 个相互垂直的分力，即圆周力 F_{t1}、径向力 F_{r1}、轴向力 F_{a1}，其大小为

$$F_t = \frac{2T_1}{d_{m1}}, \quad F_{a1} = F_t \tan\alpha \sin\delta_1 = F_{r2}, \quad F_{r1} = F_t \tan\alpha \cos\delta_1 = F_{a2}, \quad F_n = \frac{F_t}{\cos\alpha}。 \tag{4-32}$$

式中，d_{m1} 为主动锥齿轮分度圆锥上齿宽中点处的直径，也可称分度圆锥的平均直径，可根据锥距 R、齿宽 b 和分度圆直径 d_1 确定，即

$$d_{m1} = d_1 - b\sin\delta_1。 \tag{4-33}$$

以上各力方向是：圆周力方向在主动轮上与啮合点圆周速度方向相反；在从动轮上与啮合点圆周速度相同。两齿轮的径向力方向总是指向各自轴心；轴向力的方向分别指向大端。进行受力分析时，要注意主动轮的径向力与被动轮的轴向力相等，而主动轮的轴向力与被动轮的径向力相等。

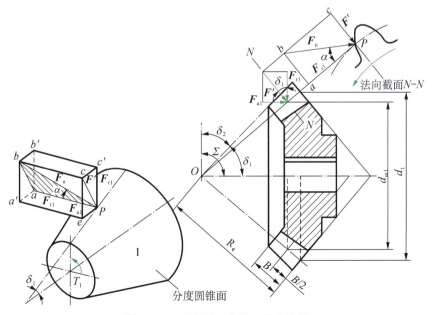

图 4-47　直齿圆锥齿轮的受力分析

(2) 强度计算 从齿面和齿根分别考虑。

① 齿面接触疲劳强度。直齿圆锥齿轮的失效形式及强度计算的依据与直齿圆柱齿轮基本相同,可近似按齿宽中点的一对当量直齿圆柱齿轮来考虑。将当量齿轮的有关参数代入直齿圆柱齿轮的齿面接触疲劳强度计算公式,则得一对钢制圆锥齿轮齿面接触疲劳强度的校核公式为

$$\sigma_H = \frac{335}{R_e - 0.5b} \cdot \sqrt{\frac{\sqrt{(u^2+1)^3}KT_1}{ub}} \leqslant [\sigma_H]。 \quad (4-34)$$

若取齿宽系数 $\psi_R = \dfrac{b}{R_e}$,b 为齿宽,R_e 为锥距(图 4-47)。一般取 $\psi_R = 0.25 \sim 0.3$。则可导出齿面接触疲劳强度的设计公式为

$$R_e \geqslant \sqrt{u^2+1} \cdot \sqrt[3]{\left(\frac{335}{(1-0.5\psi_R)[\sigma_H]}\right)^2 \frac{KT_1}{\psi_R u}}。 \quad (4-35)$$

若配对齿轮材料改变时,以上两式中系数 335 应加以修正,修正方法见直齿圆柱齿轮传动。

② 齿根弯曲疲劳强度。齿根弯曲疲劳强度的校核公式为

$$\sigma_F = \frac{2KT_1 Y_F}{bm_m^2 z_1} \leqslant [\sigma_F], \quad (4-36)$$

式中,m_m 为平均模数,与大端模数 m_e 的关系为 $m_m = m_e(1-0.5\psi_R)$,代入上式后得

$$\sigma_{F1} = \frac{2KT_1 Y_{F1}}{bm_e^2 z_1 (1-0.5\psi_R)^2} \leqslant [\sigma_F]_1, \quad (4-37)$$

$$\sigma_{F2} = \frac{2KT_1 Y_{F2}}{bm_e^2 z_{21} (1-0.5\psi_R)^2} = \sigma_{F1} \frac{Y_{F2}}{Y_{F1}} \leqslant [\sigma_F]_2。 \quad (4-38)$$

齿根弯曲疲劳强度的设计式为

$$m_e \geqslant \sqrt[3]{\frac{4KT_1 Y_F}{\sqrt{u^2+1}\,\psi_R (1-0.5\psi_R)^2 z_1^2 [\sigma_F]}}。 \quad (4-39)$$

例 4-4 设计某闭式直齿圆锥齿轮传动,$\Sigma = 90°$,小齿轮悬臂支承,已知小齿轮转速为 $n_1 = 960$ r/min,传动的功率为 $P = 4$ kW,齿数比为 $u = 3$。减速器工作时,载荷平稳、单向运转,原动机为电动机,可不考虑寿命因数。

解:(1)选择材料、确定齿轮的许用应力。从表 4-6 中确定这对齿轮的精度等级为 8 级,直齿圆锥齿轮加工多为刨齿,不宜采用硬齿面。从表 4-7 中选择齿轮的材料和热处理为:小齿轮 40Cr 钢,调质处理,硬度取 250 HBS;大齿轮 42SiMn 钢,调质处理,硬度取 220 HBS。从图 4-28 和图 4-29 可查得

$$\sigma_{Hlim1} = 680 \text{ MPa}, \quad \sigma_{Hlim2} = 560 \text{ MPa},$$
$$\sigma_{Flim1} = 230 \text{ MPa}, \quad \sigma_{Flim2} = 190 \text{ MPa}。$$

因这对齿轮传动属一般传动装置用,故从表 4-8 可查得

$$S_{Hlim} = 1.1, \quad S_{Flim} = 1.3。$$

由此得两轮的许用应力为

$$[\sigma_H]_1 = \frac{\sigma_{Hlim1}}{S_{Hmin}} = \frac{680}{1.1}\text{MPa} = 618.2 \text{ MPa}, \quad [\sigma_H]_2 = \frac{\sigma_{Hlim2}}{S_{Hmin}} = \frac{560}{1.1}\text{MPa} = 509.1 \text{ MPa},$$

$$[\sigma_F]_1 = \frac{\sigma_{Flim1}}{S_{Fmin}} = \frac{230}{1.3}\text{MPa} = 176.9 \text{ MPa}, \quad [\sigma_F]_2 = \frac{\sigma_{Flim2}}{S_{Fmin}} = \frac{190}{1.3}\text{MPa} = 146 \text{ MPa}。$$

(2) 按齿面接触疲劳强度设计,计算小齿轮传递的转矩为

$$T_1 = 9.55 \times 10^6 \frac{P}{n_1} = 9.55 \times 10^6 \times \frac{4}{960}\text{N} \cdot \text{mm} = 39791.7 \text{ N} \cdot \text{mm}。$$

因原动机为电动机,载荷平稳,小齿轮悬臂支承,查表 4-4 可选定载荷系数为 $K = 1.2$。取齿宽系数为 $\psi_R = 0.3$。由齿面接触疲劳强度设计公式,可得

$$R_e \geqslant \sqrt{u^2 + 1} \cdot \sqrt[3]{\left(\frac{335}{(1 - 0.5\psi_R)[\sigma_H]}\right)^2 \frac{KT_1}{\psi_R u}}$$

$$= \sqrt{3^2 + 1} \cdot \sqrt[3]{\left(\frac{335}{(1 - 0.5 \times 0.3) \times 509.1}\right)^2 \frac{1.2 \times 39791.7}{0.3 \times 3}} = 97.22 (\text{mm})。$$

(3) 确定基本参数、计算几何尺寸。取 $z_1 = 24$,$z_2 = z_1 u = 24 \times 3 = 72$。选表 4-12 中相应公式,确定大端模数为

$$m_e = \frac{2R_e}{\sqrt{z_1^2 + z_2^2}} = \frac{2 \times 97.22}{\sqrt{24^2 + 72^2}}\text{mm} = 2.56 \text{ mm},$$

考虑弯曲强度的情况,从表 4-1 中取标准模数为 $m_e = 3$ mm。

确定锥距为

$$R_e = \frac{m_e}{2}\sqrt{z_1^2 + z_2^2} = \frac{3}{2}\sqrt{24^2 + 72^2}\text{mm} = 113.842 \text{ mm}。$$

确定齿宽为

$$b = \psi_R R_e = 0.3 \times 113.842 \text{ mm} = 34.15 \text{ mm},$$

考虑齿轮安装误差的因素,取 $b_2 = 35$ mm,$b_1 = 40$ mm。

分度圆直径为

$$d_1 = mz_1 = 3 \times 24 \text{ mm} = 72 \text{ mm}, \quad d_2 = mz_2 = 3 \times 72 \text{ mm} = 216 \text{ mm}。$$

分度圆锥角

$$\delta_2 = \arctan \frac{z_2}{z_1} = \arctan \frac{72}{24} = 71°33'54'', \quad \delta_1 = 90° - \delta_2 = 90° - 71°33'54'' = 18°26'6''。$$

当量齿数

$$z_{v1} = \frac{z_1}{\cos\delta_1} = \frac{24}{\cos 18°26'6''} = 25.3, \quad z_{v2} = \frac{z_2}{\cos\delta_2} = \frac{72}{\cos 71°33'54''} = 227.7。$$

（4）校核弯曲疲劳强度。从图 4-27 中，可查得这对齿轮的齿形系数为 $Y_{F1} = 2.68$，$Y_{F2} = 2.17$。由齿根弯曲疲劳强度校核公式，可得

$$\sigma_{F1} = \frac{2KT_1Y_{F1}}{bm_e^2 z_1(1-0.5\psi_R)^2} = \frac{2\times1.2\times39791.7\times2.68}{40\times3^2\times24\times(1-0.5\times0.3)^2} \text{ MPa} = 41 \text{ MPa} \leqslant [\sigma_F]_1，$$

$$\sigma_{F2} = \sigma_{F1}\frac{Y_{F2}}{Y_{F1}} = 41\times\frac{2.17}{2.68} \text{ MPa} = 33.2 \text{ MPa} < [\sigma_F]_2。$$

说明该对齿轮的齿根弯曲疲劳强度足够。

（5）验算圆周速度。齿宽中点处的分度圆直径及速度为

$$d_{m1} = d_1 - b\sin\delta_1 = 72 - 40\times\sin 18°26'6'' = 59.44 \text{ mm}，$$

$$v_m = \frac{\pi d_{m1} n_1}{60\times 1000} = \frac{\pi\times 59.44\times 960}{60\times 1000} \text{ m/s} = 2.99 \text{ m/s}。$$

属于中低速，符合 8 级精度。

（6）确定锥齿轮的结构尺寸及绘制锥齿轮工作图（略）。

学生操作题 1：设计一闭式单级 $\Sigma = 90°$ 的直齿圆锥齿轮传动，已知传动功率为 $P = 11 \text{ kW}$，小齿轮转速为 $n_1 = 970 \text{ r/min}$，齿数比为 $u = 2.5$，载荷平稳，长期运转，可靠性一般。

4.1.5 蜗杆蜗轮传动设计

蜗杆传动主要用来传递空间两交错轴间的传动，两轴之间的交错角通常为 $\Sigma = 90°$。蜗杆为主动轮。

1. 蜗杆传动的组成和特点

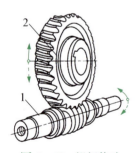

图 4-48 蜗杆传动的组成

如图 4-48 所示，蜗杆传动是交错轴螺旋齿轮传动的一种演变形式，将螺旋齿轮传动中的主动轮的螺旋角加大，齿数减少，齿宽加大，这时小齿轮的轮齿在杆上盘绕多圈，外形像螺杆，称为蜗杆；大齿轮成为螺旋角较小的斜齿轮。由于螺旋齿轮传动为点接触，承载能力小，为提高承载能力，将其分度圆柱面母线改为圆弧形，包住蜗杆，称为蜗轮。蜗杆传动具有传动比大，一般可达 $i = 20\sim 80$，有时甚至达 $i = 1000$ 以上。其结构紧凑、工作平稳、噪声低，也可实现自锁。但蜗杆传动存在效率低、摩擦大、产生热量大的缺点，故不适用于大功率和长时间连续工作的场合。

2. 蜗杆传动的失效形式和设计准则

如图 4-49 所示，蜗杆传动在节点处，啮合面间有较大的相对滑动，滑动速度 v_s 沿蜗杆螺旋线方向，其值为

$$v_s = \frac{v_1}{\cos\gamma} = \frac{\pi d_1 n_1}{60\times 1000\cos\gamma}，$$

式中,v_1 为蜗杆的圆周速度(m/s);d_1 为蜗杆分度圆柱直径(mm);n_1 为蜗杆转速(r/min);γ 为反映蜗杆轮齿旋向的导程角(°),$\tan \gamma = \dfrac{mz_1}{d_1}$。

由于蜗杆传动中,蜗杆与蜗轮齿面间的相对滑动速度较大、效率低、摩擦发热大,其主要失效形式与圆柱齿轮不同,而是蜗轮齿面产生胶合、点蚀及磨损。在一般闭式传动中,容易出现胶合或点蚀;开式传动中,主要是轮齿的磨损和弯曲轮齿。因此,对于闭式蜗杆传动,通常按接触疲劳强度设计,按齿根弯曲疲劳强度校核蜗轮轮齿。对于连续工作的闭式蜗杆传动,因摩擦生热的热量会使蜗杆、蜗轮的温度不断升高,材料软化,从而导致更严重的破坏。所以,还需对蜗杆传动进行热平衡计算,也就是利用蜗杆减速器箱体表面和一定的散热措施,使产生的热量能及时散发出去,保持温度在75℃左右不变。对开式蜗杆传动,通常只需按齿根弯曲疲劳强

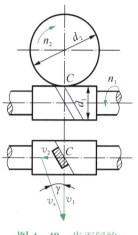

图 4-49　齿面间的滑动速度

度设计。由于蜗杆分度圆柱直径较小,轴向尺寸较大,一般要设计为蜗杆轴。由于蜗杆轴细长,受力后产生弯曲变形较大,会影响传动性能,所以,还需对蜗杆轴进行强度和刚性计算。

3. 蜗杆、蜗轮的选材原则

由于蜗杆传动的失效形式和圆柱齿轮传动不同,所以材料选择的原则也不相同。蜗杆、蜗轮的材料不仅要求有足够的强度,更重要的是应具有良好的减摩性、耐磨性和抗胶合性能。

蜗杆一般使用碳素钢或合金钢制成,常用材料性能和选用原则如表 4-13 所示。

表 4-13　蜗杆常用材料

材料牌号	热处理方法	硬度	适用场合
45	调质	220～250 HBS	低速、中载不重要的蜗杆
	表面淬火	45～55 HRC	高速、重载、载荷稳定
40Cr	表面淬火	45～55 HRC	
20Cr	渗碳淬火	58～63 HRC	高速、重载、载荷不稳定
20CrMnTi	渗碳淬火	58～63 HRC	

蜗轮常用的材料为具有良好抗胶合能力和耐磨性的青铜和铸铁,如表 4-14 所示。

表 4-14　蜗轮常用材料

材料牌号	适用的滑动速度/(m/s)	适用场合和特点
ZCuSn10Pb1	≤25	抗胶合、耐磨性能好,易加工、价格高,多用于高速、重载的重要蜗轮
ZCuSPb5Zn5	≤12	抗胶合、耐磨性能、抗腐蚀性好,易加工、价格高,多用于高速、重载的重要蜗轮

续 表

材料牌号	适用的滑动速度/(m/s)	适用场合和特点
ZCuAl9Fe3	≤10	抗胶合、耐磨性能一般,强度高于上两种材料,易加工,价格高,多用于中速、中载的蜗轮
HT150(120～150 HBS) HT200(120～150 HBS)	≤2	抗胶合、耐磨性能好,强度低、价格低,多用于低速、轻载或不重要的蜗轮

4. 蜗杆传动强度计算

(1) 蜗杆传动的受力分析　蜗杆传动的受力分析与斜齿圆柱齿轮传动相似。为简化计算,通常不考虑摩擦力的影响,可认为蜗杆传动的载荷 F_n 是垂直作用于齿面上的。如图 4-50 所示,F_n 分解为 3 个相互垂直的分力,即圆周力 F_{t1}、径向力 F_{r1}、轴向力 F_{a1},其大小为

$$F_{t1} = \frac{2T_1}{d_1}, \quad F_{a1} = \frac{2T_2}{d_2}, \quad F_{r1} = F_{t2}\tan\alpha, \quad (4-40)$$

式中,$T_1 = 9.55 \times 10^6 \frac{P_1}{n_1}$,$T_2 = 9.55 \times 10^6 \frac{P_2}{n_2}$;$T_1$、$P_1$、$n_1$ 分别为蜗杆上的转矩(N·mm)、功率(kW)、转速(r/min);T_2、P_2、n_2 分别为蜗轮上的转矩(N·mm)、功率(kW)、转速(r/min);$T_2 = T_1 i \eta$,η 为蜗杆传动的效率;d_1、d_2 分别为蜗杆、蜗轮的分度圆直径(mm);α 为压力角,$\alpha = 20°$。

在图 4-50 中,以上各力方向是:圆周力方向在蜗杆上与啮合点圆周速度方向相反,在蜗轮上与啮合点圆周速度相同;两齿轮的径向力方向总是指向各自轴心;主动蜗杆上轴向力方向可用左、右手法则判定,从动蜗轮轴向力的方向与蜗杆的圆周力相反。

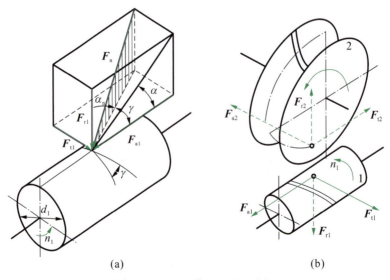

图 4-50　蜗杆传动的受力分析

(2) 蜗杆传动的强度计算　从以下两方面考虑。

① 蜗轮的齿面接触疲劳强度计算，校核公式为

$$\sigma_H = 500\sqrt{\frac{KT_2}{d_1 d_2^2}} = 500\sqrt{\frac{KT_2}{m^2 d_1 z_2^2}} \leqslant [\sigma_H] \text{MPa}, \quad (4-41)$$

设计公式为

$$m^2 d_1 \geqslant \left(\frac{500}{z_2[\sigma_H]}\right)^2 KT_2。 \quad (4-42)$$

式中，K 为载荷系数，$K = 1.1 \sim 1.4$；m 为模数(mm)；z_2 为蜗轮齿数；$[\sigma_H]$ 为许用接触应力(MPa)。

② 蜗轮轮齿的弯曲疲劳强度。蜗轮轮齿弯曲疲劳强度所限定的承载能力，大都超过齿面点蚀和热平衡计算所限定的承载能力。只有在少数情况下，如在受强烈冲击的传动中，或蜗轮采用脆性材料时，计算其弯曲强度才有意义。需要计算时，可参考手册。

(3) 蜗杆传动的热平衡计算　闭式蜗杆传动的功率损耗包括 3 部分：轮齿啮合中的功率损耗、轴承中摩擦损耗、搅动箱体内润滑油的油阻损耗。其中，最主要的是轮齿相对滑动引起的啮合损耗，后两者的效率一般为 0.95～0.97。蜗杆传动的总效率为

$$\eta = (0.95 \sim 0.97) \frac{\tan \gamma}{\tan(\gamma + \rho_v)}。 \quad (4-43)$$

式中，γ 为蜗杆导程角；ρ_v 为当量摩擦角，可根据滑动速度 v_s 从表 4-15 中查取。

表 4-15　蜗杆传动当量摩擦系数和当量摩擦角

蜗轮材料	锡青铜				无锡青铜				灰铸铁	
蜗杆齿面硬度	≥45 HRC		其他		≥45 HRC		其他		≥45 HRC	其他
滑动速度 v_s/(m/s)	f_v	ρ_v	f_v	ρ_v	f_v	ρ_v	f_v	ρ_v	f_v	ρ_v
0.01	0.110	6°17′	0.120	6°51′	0.180	10°12′	0.180	10°12′	0.190	10°45′
0.05	0.090	5°09′	0.100	5°43′	0.140	7°58′	0.140	7°58′	0.160	9°05′
0.10	0.080	4°34′	0.090	5°09′	0.130	7°24′	0.130	7°24′	0.140	7°58′
0.25	0.065	3°43′	0.075	4°17′	0.100	5°43′	0.100	5°43′	0.120	6°51′
0.50	0.055	3°09′	0.065	3°43′	0.090	5°09′	0.090	5°09′	0.100	5°43′
1.0	0.045	2°35′	0.055	3°09′	0.070	4°00′	0.070	4°00′	0.090	5°09′
1.5	0.040	2°17′	0.050	2°52′	0.065	3°43′	0.065	3°43′	0.080	4°34′
2.0	0.035	2°00′	0.045	2°35′	0.055	3°09′	0.055	3°09′	0.070	4°00′
2.5	0.030	1°43′	0.040	2°17′	0.050	2°52′				
3.0	0.028	1°36′	0.035	2°00′	0.045	2°35′				
4	0.024	1°22′	0.031	1°47′	0.040	2°17′				

续 表

蜗轮材料	锡青铜				无锡青铜		灰铸铁			
蜗杆齿面硬度	≥45 HRC		其他		≥45 HRC		≥45 HRC		其他	
滑动速度 v_s/(m/s)	f_v	ρ_v	f_v	ρ_v	f_v	ρ_v	f_v	ρ_v	f_v	ρ_v
5	0.022	1°10′	0.029	1°40′	0.035	2°00′				
8	0.018	1°02′	0.026	1°29′	0.030	1°43′				
10	0.016	0°55′	0.024	1°22′						
15	0.014	0°48′	0.020	1°09′						
24	0.013	0°45′								

由于蜗杆传动的效率低，因而发热量大。若不及时散热，会引起润滑不良，而导致轮齿磨损加剧，甚至产生胶合。因此，对闭式蜗杆传动应进行热平衡计算。

在闭式传动中，热量通过箱体散发，要求箱体内的油温 t 和周围空气温度 t_0（常温下可取 20℃）之差不超过允许值，即

$$\Delta t = \frac{1000 P_1 (1-\eta)}{\alpha_t A} \leqslant [\Delta t]. \tag{4-44}$$

式中，Δt 为温度差（℃），$\Delta t = t - t_0$；P_1 为蜗杆传递功率（kW）；η 为传动总效率；α_t 为表面传热系数[W/(m²·℃)]，一般取 $\alpha_t = 10 \sim 17$ W/(m²·℃)；A 为散热面积(m²)，指箱体外壁与空气接触且内壁被油飞溅到的箱壳面积，对于箱体上的散热片，其散热面积按50%计算；$[\Delta t]$ 为润滑油的许用温差（℃），一般为 60~70℃，并当时油温 $t(t = t_0 + \Delta t)$ 小于 90℃。如果润滑油的工作温度超过许用温度，可采用下述冷却措施：

① 增加散热面积，合理设计箱体结构，在箱体上铸出或焊上散热片。

② 提高表面传热系数。在蜗杆轴上装置风扇，或在箱体油池内装设蛇形冷却水管，或用循环油冷却，如图 4-51 所示。

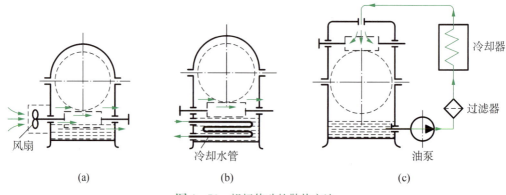

图 4-51 蜗杆传动的散热方法

例 4-5 试设计一搅拌机用的闭式蜗杆减速器中的普通圆柱蜗杆传动。蜗杆传递功率 $P = 5$ kW，转速为 $n_1 = 960$ r/min，齿数比为 $u = 21$。减速器工作时，载荷平稳，单向运转。

解：(1) 选择材料、确定许用应力。初估滑动速度 $v_s = 6$ m/s。查表 4-13 蜗杆选用 45 钢，考虑到效率和耐磨性，蜗杆螺旋面要淬火，硬度为 45～55 HRC；蜗轮齿圈用锌铝青铜（ZCuAl9Fe3）。有 $[\sigma_{H1}] = 140$ MPa。

(2) 按齿面接触疲劳强度设计。选择蜗杆头数，取 $z_1 = 2$，$z_2 = z_1 u = 2 \times 21 = 42$。确定蜗轮转速为

$$n_2 = n_1/u = 960/21 = 45.7 \ (\text{r/min})。$$

初估传动效率，取 $\eta = 0.82$，

$$T_2 = 9.55 \times 10^6 \frac{P\eta}{n_2} = 9.55 \times 10^6 \times \frac{5 \times 0.82}{45.7} \ \text{N·mm} = 856783 \ \text{N·mm}。$$

取载荷系数 $K = 1.2$。由齿面接触疲劳强度设计公式，可得

$$m^2 d_1 \geqslant \left(\frac{500}{z_2[\sigma_H]}\right)^2 KT_2 = \left(\frac{500}{42 \times 140}\right)^2 \times 1.2 \times 856783 \ \text{mm}^3 = 7434 \ \text{mm}^3。$$

(3) 确定基本参数、计算几何尺寸。查手册取标准值，得 $m^2 d_1 = 9\,000$ mm³，则 $m = 10$ mm，$d_1 = 90$ mm。

直径系数 $\quad q = \dfrac{d_1}{m} = \dfrac{90}{10} = 9。$

中心距 $\quad a = \dfrac{1}{2}(d_1 + mz_2) = \dfrac{1}{2}(90 + 10 \times 42)\,\text{mm} = 255 \ \text{mm}。$

蜗杆、蜗轮尺寸计算（略）。

(4) 热平衡计算。因 $\tan \gamma = \dfrac{mz_1}{d_1}$，则

$$\gamma = \arctan \frac{mz_1}{d_1} = \arctan \frac{10 \times 2}{90} = 12°31'44'',$$

所以 $\quad v_s = \dfrac{\pi d_1 n_1}{60 \times 1000 \cos \gamma} = \dfrac{\pi \times 90 \times 960}{60 \times 1000 \times \cos 12°31'44''} \ \text{m/s} = 4.63 \ \text{m/s}。$

按 $v_s = 4.63$ m/s，查表 4-15，得 $\rho_v = 2°6'17''$。则传动效率为

$$\eta = (0.95 \sim 0.97)\frac{\tan \gamma}{\tan(\gamma + \rho_v)} = (0.95 \sim 0.97)\frac{\tan 12°31'44''}{\tan(12°31'44'' + 2°6'17'')} = (0.81 \sim 0.83),$$

与初值吻合。

热平衡计算，即

$$\Delta t = \frac{1000 P(1-\eta)}{\alpha_t A} = \frac{1000 \times 5 \times (91-0.82)}{12 \times 1.5} = 50 \ ℃ \leqslant [\Delta t],$$

符合要求。

学生操作题 1：已知右电动机驱动的单级蜗杆传动，电动机功率 $P = 7 \text{ kW}$，转速为 $n_1 = 1\,500 \text{ r/min}$，蜗轮转速为 $n_2 = 80 \text{ r/min}$，载荷平稳，单向运转。试设计此蜗杆传动。

4.1.6　齿轮系传动比计算

由一对齿轮组成的齿轮机构是齿轮传动的最简单形式。在机械中，为了将输入轴的一种转速变换为输出轴的多种转速，或为了获得大的转动比，常采用由一系列相互啮合的齿轮。这种由一系列齿轮组成的传动系统称为齿轮系，简称轮系。

通常，根据轮系运动时各轮几何轴线是否固定，可将轮系分为定轴轮系、周转轮系、混合轮系 3 大类。

（1）定轴轮系　如图 4-52 所示，轮系在转动时，所有齿轮几何轴线位置都是固定不变的这种轮系，称为定轴轮系。

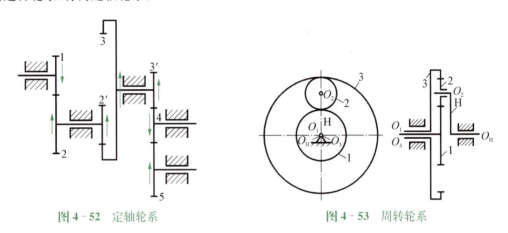

图 4-52　定轴轮系　　　　　　图 4-53　周转轮系

（2）周转轮系　如图 4-53 所示，轮系在运转时，齿轮 1，3 的几何轴线固定不动，而齿轮 2 的转轴装在构件 H 的端部，当构件 H 转动时，齿轮 2 既绕自身轴线 O_2 作自转，又随 O_2 绕齿轮 1，3 的轴线作公转。这种至少有一个齿轮的几何轴线绕其他齿轮固定轴线回转的轮系，称为周转轮系。齿轮 2 称为行星轮，支持行星轮的构件 H 称为系杆或行星架，齿轮 1 和 3 称为太阳轮。

周转轮系中，一般都是以太阳轮 1，3 和行星架 H 作为运动的输入和输出构件，故称它们是周转轮系的基本构件。根据周转轮系所具有的自由度数目的不同，周转轮系可进一步分为以下两类：

① 行星轮系。在图 4-53 所示的周转轮系中，若将太阳轮 3 固定，则整个轮系的自由度为 1，这种自由度为 1 的周转轮系，称为行星轮系。只要将轮系中一个构件作为原动件，整个轮系的运动规律即可确定。

② 差动轮系。在图 4-53 所示的周转轮系中，若太阳 1 和 3 均不固定，则整个轮系的自由度为 2，这种自由度为 2 的周转轮系，称为差动轮系。为使其具有确定的运动，需要有 2 个

原动件。

(3) 混合轮系。在工程实际中,除了采用单一的定轴轮系或单一的周转轮系外,常采用由定轴轮系和周转轮系(见图4-54(a))或由几个单一的周转轮系(见图4-54(b))组成的复杂轮系,通常把这种轮系称为混合轮系。

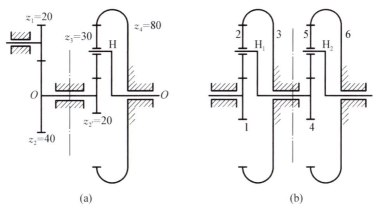

图 4-54 混合轮系

1. 钟表传动(定轴轮系)传动比计算

轮系中首轮1与末轮K的转速比称为轮系的传动比,用$i_{1K}=\dfrac{n_1}{n_K}$表示。一对相啮合的齿轮1、2,若齿轮1的转速为n_1,齿数为z_1;齿轮2的转速为n_2,齿数为z_2。则该对齿轮的传动比为$i_{12}=\dfrac{n_1}{n_2}=\pm\dfrac{z_2}{z_1}$。

表示齿轮传动的转向关系,可用齿数比前的正、负号表示(或用画箭头表示)。一对外啮合齿轮传动,两轮转向相反,取负号(或箭头方向相反);一对内啮合齿轮传动,两轮转向相同,取正号(或箭头指向相同)。

现以图4-52所示的轮系为例,讨论平面定轴轮系传动计算。设首轮为1,末轮为5,各轮的转速和齿数分别为n_1、n_2、$n_{2'}$、n_3、$n_{3'}$、n_4、n_5和z_1、z_2、$z_{2'}$、z_3、$z_{3'}$、z_4、z_5,轮系中各对齿轮传动比的计算为

$$i_{12}=\dfrac{n_1}{n_2}=-\dfrac{z_2}{z_1},\ i_{2'3}=\dfrac{n_{2'}}{n_3}=+\dfrac{z_3}{z_{2'}},\ i_{3'4}=\dfrac{n_{3'}}{n_4}=-\dfrac{z_4}{z_{3'}},\ i_{45}=\dfrac{n_4}{n_5}=-\dfrac{z_5}{z_4},\text{且}\ n_2=n_{2'},\ n_3=n_{3'}$$

将以上各式等号两边分别相乘,可得

$$i_{15}=i_{12}i_{2'3}i_{3'4}i_{45}=\dfrac{n_1}{n_2}\dfrac{n_{2'}}{n_3}\dfrac{n_{3'}}{n_4}\dfrac{n_4}{n_5}=\dfrac{n_1}{n_5}=(-1)^3\dfrac{z_2z_3z_4z_5}{z_1z_{2'}z_{3'}z_4}$$

上式表明,定轴轮系传动比的大小为所有从动轮齿数的连乘积与所有主动轮齿数的连乘积之比,也等于各对齿轮传动比的连乘积。其正、负号取决于轮系中外啮合的对数,当外啮合齿轮的对数为偶数时,取正号;外啮合齿轮的对数为奇数时,取负号。

另外，由以上传动比计算可见，式中不含齿轮 4 的齿数。这是因为齿轮 4 既是主动轮，又是从动轮，故在等式右边分子、分母中消失，这说明齿轮 4 的齿数不影响传动比的大小，但它可改变轮系的转向，这种齿轮称为惰轮。

以上结果推广到一般情况，平面定轴轮系传动比的一般表达式为

$$i_{1K} = \frac{n_1}{n_K} = (-1)^m \frac{\text{轮系中所有从动轮齿数的连乘积}}{\text{轮系中所有主动轮齿数的连乘积}}, \qquad (4-45)$$

式中，m 为外啮合圆柱齿轮的对数；n_1 为轮系中首轮的转速(r/min)；n_K 为轮系中末轮的转速(r/min)。

注意：$(-1)^m$ 仅仅适用于平面轮系，空间轮系的转向确定必须用画箭头的方法表示。

例 4-6 在图 4-55 所示的钟表传动示意图中，E 为擒纵轮，N 为发条盘，S,M 及 H 分别为秒针、分针和时针。设 $z_1=72$，$z_2=12$，$z_3=64$，$z_4=8$，$z_5=60$，$z_6=8$，$z_7=60$，$z_8=6$，$z_9=8$，$z_{10}=24$，$z_{11}=6$，$z_{12}=24$。求秒针与分针的传动比 i_{SM} 及分针与时针的传动比 i_{MH}。

解：由图可知，该轮系是平面定轴轮系，所以按 (4-45) 式计算传动比，即

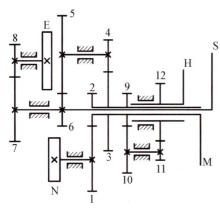

图 4-55 钟表传动示意图

$$i_{SM} = i_{63} = \frac{n_6}{n_3} = (-1)^2 \frac{z_5 z_3}{z_6 z_4} = \frac{60 \times 64}{8 \times 8} = 60,$$

$$i_{MH} = i_{912} = \frac{n_9}{n_{12}} = (-1)^2 \frac{z_{10} z_{12}}{z_9 z_{11}} = \frac{24 \times 24}{8 \times 6} = 12。$$

例 4-7 在图 4-56(a) 所示的轮系中，$z_1=16$，$z_2=32$，$z_3=20$，$z_4=40$，$z_5=2$(右旋蜗杆)，$z_6=40$，若 $n_1=800$ r/min。求蜗轮的转速 n_6，并确定各轮的转向。

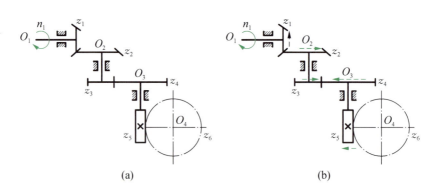

图 4-56 空间定轴轮系

解：因为轮系是空间定轴轮系，故只能用 (4-45) 式计算齿轮系的传动比，即

$$i_{16} = \frac{n_1}{n_6} = \frac{z_2 z_4 z_6}{z_1 z_3 z_5} = \frac{32 \times 40 \times 40}{16 \times 20 \times 2} = 80, \quad n_6 = \frac{n_1}{i_{16}} = \frac{800}{80} = 10(\text{r/min})。$$

各轮的转向,如图 4-56(b)所示。

2. 车床尾架传动(周转轮系)传动比计算

在周转轮系中,由于其行星轮系的运动不是绕定轴的简单运动,因此其传动比的计算与定轴轮系传动比计算不同。

(1) 周转轮系的转化轮系　周转轮系与定轴轮系的根本区别在于,周转轮系中存在着一个转动的系杆,因此使行星齿轮既有自传又有公转。如果能够使系杆固定不动,那么周转轮系就可以转化为定轴轮系。为此,假想给整个轮系加上一个公共的转速($-n_H$),根据相对运动原理可知,各机构之间的相对运动关系并不改变,但此时系杆的转速就变成了 $n_H - n_H = 0$,即系杆可视为固定不动,于是周转轮系就转化成一个假想的定轴轮系,称为周转轮系的转化轮系。

在图 4-57 所示周转轮系中,当给整个轮系加上一个($-n_H$)的公共转速后,其各个构件的转速变化情况如表 4-16 所示。

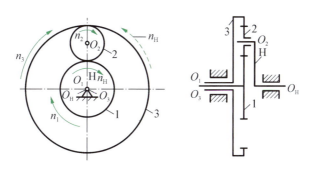

图 4-57　周转轮系加($-n_H$)

表 4-16　周转轮系转化机构中各构件的转速

构件代号	原有转速	在转化轮系中的转速(即相对系杆的转速)
1	n_1	$n_1^H = n_1 - n_H$
2	n_2	$n_2^H = n_2 - n_H$
3	n_3	$n_3^H = n_3 - n_H$
H	n_H	$n_H^H = n_H - n_H = 0$

表中,n_1^H,n_2^H,n_3^H 分别表示在系杆固定后,所得到转化机构中齿轮 1,2,3 的转速。由于 $n_H^H = 0$,所以上述周转轮系就转化为如图 4-58 所示定轴轮系。因此,该转化轮系的传动比就可以按照定轴轮齿的传动比计算。通过对转化轮系的传动比计算,即可得到周转轮系中各构件的真实转速与齿轮之间的关系,进而求出周转轮系的传动比。

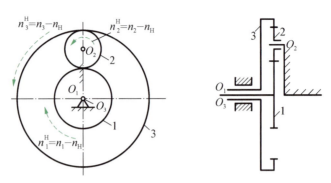

图 4-58 周转轮系的转化轮系

（2）周转轮系的传动比计算　如上所述，图 4-58 所示的周转轮系，其转化机构中齿轮 1 与齿轮 3 的传动比为

$$i_{13}^{H} = \frac{n_1^H}{n_3^H} = \frac{n_1 - n_H}{n_3 - n_H} = -\frac{z_2 z_3}{z_1 z_2} = -\frac{z_3}{z_1},$$

式中，"—"号表示转化轮系中齿轮 1 和齿轮 3 的转向相反。

根据上述原理，不难得出周转轮系中转化轮系的传动比的一般计算公式。设周转轮系中两个中心轮分别为 G 和 K，系杆为 H，则其转化机构传动比为

$$i_{GK}^{H} = \frac{n_G^H}{n_K^H} = \frac{n_G - n_H}{n_K - n_H} = (-1)^m \frac{G,K \text{间各从动轮的齿数连乘积}}{G,K \text{间各主动轮的齿数连乘积}}。\qquad (4-46)$$

应用(4-46)式时，必须注意以下几点：

① 视齿轮 G 为首轮，齿轮 K 为末轮，中间各轮的主从动地位，从齿轮 G 起按顺序判定。

② 将 n_G，n_K，n_H 的已知值代入(4-46)式，必须带有正号和负号。两构件转向相同时，取正号；两构件转向相反时，取负号。

③ i_{GK}^{H} 不等于 i_{GK}，i_{GK}^{H} 为转化机构中 G 与轮 K 的转速之比，其大小与正、负号应按转化的定轴轮系传动比的计算方法确定。而 i_{GK} 则是周转轮系中轮 G 和轮 K 的绝对转速之比，其大小及正、负号必须按计算结果判定。

④ 只有两轴平行时，两轴的转速才能代数相加减，故(4-46)式只适于齿轮 G，K 和系杆 H 轴线相平行的场合。(4-46)式也适应于由锥齿轮、蜗杆蜗轮等空间齿轮组成的周转轮系，不过两个太阳轮和系杆的轴线必须平行，且转化机构的传动比 i_{GK}^{H} 的正、负号必须用画箭头的方法确定。

例 4-8　图 4-59 所示为车床尾架传动简图，尾架顶尖有两种移动速度。在一般情况下，齿轮 1 与齿轮 4 啮合，这时手轮与丝杠联为一体，转速相同，尾架顶尖可快速移动。当在尾架套筒内装有钻头时，需要慢速移动钻头，这时齿轮 1 与齿轮 4 脱开啮合，并与齿

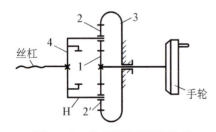

图 4-59　车床尾架行星齿轮系

轮 2 和齿轮 2′啮合(图中为啮合位置)组成行星轮系。其中,齿轮 4 联同丝杆为行星架,齿轮 3 与尾架固联。若已知各齿轮齿数 $z_1=17,z_3=51$。试确定当齿轮系行星齿轮系时,手轮与丝杆的转速关系。

解:齿轮 1 与手轮转速相同,行星架 H 与丝杆转速相同。那么,求手轮与丝杆的转速关系,就是求齿轮 1 与行星架 H 的转速关系,即

$$i_{13}^{H}=\frac{n_1^H}{n_3^H}=\frac{n_1-n_H}{n_3-n_H}=(-1)^1\frac{z_2 z_3}{z_1 z_2},$$

$$\frac{n_1-n_H}{0-n_H}=-\frac{51}{17},\ n_H=\frac{1}{4}n_1.$$

丝杆的转速为手轮转速的 1/4,达到钻头慢速移动的目的。

例 4-9 在图 4-60 所示的滚齿机差动行星齿轮机构中,4 个圆锥齿轮的齿数相等。分齿运动由齿轮 1 传入,附加运动(切制斜齿圆柱齿轮时,所需轮坯的附加转动)由行星架 H 传入,合成运动由齿轮 3 传出。若已知 $n_1=-1$ 转,$n_H=1$ 转。求转速 n_3 和传动比 i_{13}^H。

解:由(4-46)式,求得

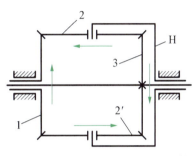

图 4-60 滚齿机差动行星齿轮机构

$$n_{13}^H=\frac{n_1-n_H}{n_3-n_H}=-\frac{z_3}{z_1}=-1。$$

整理并代入数据,得

$$n_3=2n_H-n_1=2\times 1-(-1)=3(\text{r/min})。$$

3. 电动卷扬机减速器(混合轮系)传动比计算

混合轮系传动比的计算是建立在定轴轮系和周转轮系传动比的计算基础上的。

其步骤是:首先把整个轮系划分为各周转轮系和定轴轮系;然后分别列出它们传动比的计算公式;最后再根据这些基本轮系的组成方式(即它们联系起来的条件),联立求解所需的传动比。

例 4-10 图 4-61 所示为电动卷扬机的卷筒机构。轮系置于卷筒内,结构紧凑。已知各轮的齿数为 $z_1=24,z_2=52,z_{2'}=21,z_3=78,z_{3'}=18,z_4=30,z_5=78$。动力由轮 1 输入,经卷筒 H 输出。求 i_{1H}。

解:首先划分轮系。从图中可以看出,双联齿轮 2-2′的几何轴线不固定,而是随着内齿轮 5 的转动绕中心轴线运动,它是一个双联行星齿轮。支持该行星齿轮的内齿轮 5,即为系杆 H;而与齿轮 2 和 2′分别啮合的齿轮 1 和齿轮 3,即为太阳轮;齿轮 1,2-2′,3,5(H)组成周

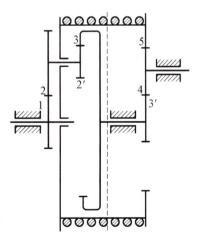

图 4-61 电动卷扬机减速器的运动简图

转轮系;齿轮 $3'$,4,5 组成定轴轮系。周转轮系的传动比为

$$n_{13}^{\mathrm{H}} = \frac{n_1-n_{\mathrm{H}}}{n_3-n_{\mathrm{H}}} = -\frac{z_2 z_3}{z_1 z_{2'}} = -\frac{52\times 78}{24\times 21},$$

定轴轮系的传动比为

$$i_{3'5} = \frac{n_{3'}}{n_5} = \frac{n_3}{n_{\mathrm{H}}} = -\frac{z_5}{z_{3'}} = -\frac{78}{18} = -\frac{13}{3}。$$

两式联立,求解得

$$i_{1\mathrm{H}} = \frac{n_1}{n_{\mathrm{H}}} = 43.9,$$

式中,$i_{1\mathrm{H}}$ 为正值,表示轮 1 与卷筒 H 的转向相同。

例 4-11 在图 4-62 所示的滚齿机差动行星齿轮机构运动简图中,各齿轮齿数 $z_1 = z_2 = z_3 = 30$,$z_4 = 1$(单线右旋),蜗轮齿数 $z_5 = 30$,当齿轮 1 的转速(分齿运动)$n_1 = 100\ \mathrm{r/min}$,蜗杆转速(附加运动)$n_4 = 2\ \mathrm{r/min}$ 时,试计算齿轮 3 的转速(合成运动)n_3。

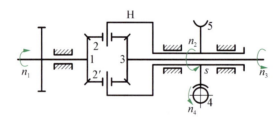

图 4-62 滚齿机差动行星齿轮机构

解:首先划分轮系。蜗杆 4 和蜗轮 5 组成定轴轮系,齿轮 1,2-2',3 和行星架 H 组成周转轮系。

定轴轮系的传动比为

$$i_{45} = \frac{n_4}{n_5} = \frac{z_5}{z_4},$$

周转轮系的传动比为

$$n_{13}^{\mathrm{H}} = \frac{n_1-n_{\mathrm{H}}}{n_3-n_{\mathrm{H}}} = -\frac{z_3}{z_1} = \frac{n_1-(-n_5)}{n_3-(-n_5)} = \frac{30}{30} = 1。$$

两式联立,解得

$$n_3 = -2n_5 - n_1 = -2\times\frac{z_4}{z_5}n_4 - n_1 = -2\times\frac{1}{30}\times 2 - 100 = -100.4(\mathrm{r/min}),$$

式中,n_3 为负值,表示齿轮 3 的转向与齿轮 1 的转向相反。

4. 轮系的应用

(1) **实现大传动比传动** 一对齿轮传动,一般传动比不大于5~7。当传动比大于8时,可采用定轴轮系的多级传动来实现。为了获得更大的传动比,可采用周转轮系。

例 4-12 图 4-63 所示的行星轮系中,已知各轮齿数 $z_1=100$,$z_2=101$,$z_{2'}=100$,$z_3=99$。试求传动比 i_{1H}。

解:由(4-46)式,得

$$i_{13}^H = \frac{n_1 - n_H}{0 - n_H} = (-1)^2 \frac{z_2 z_3}{z_1 z_{2'}} = \frac{101 \times 99}{100 \times 100} = \frac{9999}{10000},$$

$$i_{1H} = 1 - \frac{9999}{10000} = \frac{1}{10000}.$$

因此 $i_{1H} = 10000$。

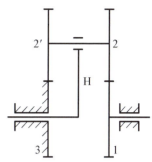

图 4-63 大传动比的行星轮系

本例说明,当行星架 H 转 10 000 转时,轮 2 只转一转。该轮系仅用两对齿数差不多的齿轮,便能获得很大的传动比,并且传动机构非常紧凑。但这种轮系传动效率很低,而且当中心轮 1 为主动轮时,将发生自锁。因此,这种大传动比行星轮系,通常只用于高转速的仪表中,或用作精密微调机构。

(2) **实现运动合成** 如前所述,差动轮系有两个自由度。利用差动轮系的这一特点,可将两个运动合成一个构件的运动输出。

图 4-64 所示为 Y38 滚齿机的差动轮系,它包含中心轮 1 和 3、行星轮 2、行星架 H 等构件。机构的自由度为 2。在滚切斜齿轮时,由齿轮 4 传来的运动输给中心轮 1,使其得到转速 n_1。由蜗轮 5 传来的运动输给转臂 H。这两个运动经过差动轮系合成后,变为中心轮 3 的转速 n_3 输出,使滚齿机工作台得到需要的转速。

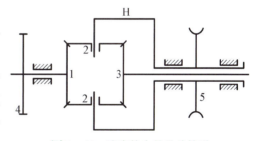

图 4-64 滚齿轮中的差动轮系

中心轮 1,3 的齿数相等,设轮 3 的输出转速为 n_3,则由(4-46)式可得

$$i_{13}^H = \frac{n_1 - n_H}{n_3 - n_H} = -\frac{z_3}{z_1} = -1。$$

由此可得 $n_3 = 2n_H - n_1$。

上式表明行星架 H 和中心轮 1 的两个输入转速 n_H,n_1,经差动轮系合成为齿轮 3 的一个转速 n_3。

(3) **实现运动的分解** 使用差动轮系还可以将一个基本构件的转动,按所需比例分解成另两个基本构件的不同转动。

如图 4-65(a)所示,为汽车后桥差速器简图。其中齿轮 3,4,5,2(H)组成一差动轮系。汽车发动机的运动,从变速器经传动轴传给齿轮 1,再带动齿轮 2 及固定在齿轮 2 上系

杆 H 转动。当汽车直线行驶时,要求两后轮的转速相等,即 $n_3 = n_5$。在差动轮系中,则

$$i_{35}^H = \frac{n_3 - n_H}{n_5 - n_H} = -\frac{z_5}{z_3} = -1, n_H = \frac{1}{2}(n_3 + n_5)。 \qquad ①$$

将 $n_3 = n_5$ 代入上式,得 $n_3 = n_5 = n_H = n_2$。即齿轮 3,5 和系杆 H 之间没有相对运动,整个差动轮系相当于同齿轮 2 固连在一起,成为一刚体,随齿轮 2 一起转动。此时,行星轮 4 相对于系杆没有转动。

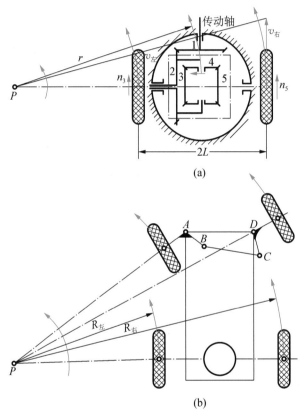

图 4-65 汽车后桥差速器

当汽车转弯时,前轮转向机构确定了后轴线上的转弯中心 P 点之后,如图 4-65(b)所示,使处于弯道内侧的左后轮转动一小圆弧,而处在弯道外侧的右后轮转动一大圆弧。即要求两后轮所走的路程不相等,因此齿轮 3,5 有不同的转速。汽车后桥上采用了上述差速器后,就能根据转弯半径的不同,自动改变两后轮的转速。

设汽车向左转弯,汽车两前轮在梯形转向机构 ABCD 的作用下向左偏转,其轴线与汽车两后轮的轴线相较于 P 点,4 个车轮均能绕 P 点作纯滚动。两个左侧车轮转得慢些,两个右侧车轮转的快些。由于两前轮是浮套在轮轴上的,故可适应任意转弯半径而与地面保持纯滚动;两个后轮是通过上述差速器来调整转速的。设两后轮中心距为 $2L$,弯道平均半径

为 r，由于两后轮的转速与弯道半径成正比，故由图可得

$$\frac{n_3}{n_5} = \frac{r-L}{r+L}。 \qquad ②$$

联立①、②两式，可求得汽车两后轮的转速分别为

$$n_3 = \frac{r-L}{r} n_H, \quad n_5 = \frac{r+L}{r} n_H。$$

这说明，当汽车转弯时，可利用上述差动器自动将传动轴的输入转速分解为两个后轮的不同转速。

这里需要特别说明的是，差动轮系可以将一个转动分解成另两个转动是有前提条件的，即这两个转动之间必须具有一个确定的关系。在上述汽车差速器的例子中，两后轮转动之间的确定关系，是由地面的约束条件确定的。

（4）实现执行构件的复杂传动　由于在周转轮系中，行星轮既自转又公转，工程实际中，一些装置直接利用了行星轮的这一特点，实现复杂动作。

图 4-66 所示为一种行星搅拌器的运动简图，其搅拌器与行星轮连在一体，从而增加搅拌效果。

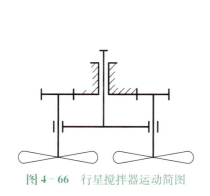

图 4-66　行星搅拌器运动简图

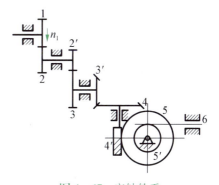

图 4-67　定轴轮系

学生操作题 1：在图 4-67 所示的轮系中，已知 $z_1=15$，$z_2=25$，$z_{2'}=15$，$z_3=30$，$z_{3'}=15$，$z_4=30$，$z_{4'}=2$，$z_5=30$，$z_{5'}=20$，$m=4\,\text{mm}$。若 $n_1=500\,\text{r/min}$，求齿条 6 的线速度 v 的大小和方向。

学生操作题 2：一差动轮系如图 4-68 所示，已知各轮齿数为：$z_1=16$，$z_2=24$，$z_3=64$。轮 1 与轮 3 的转速为 $n_1=1\,\text{r/min}$，$n_3=4\,\text{r/min}$，转向如图示。试求 n_H 和 i_{1H}。

学生操作题 3：在图 4-69 所示轮系中，各轮的齿数为：$z_1=48$，$z_2=48$，$z_{2'}=18$，$z_3=24$。又 $n_1=250\,\text{r/min}$，$n_3=100\,\text{r/min}$。求系杆的转速 n_H 的大小和方向。

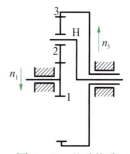

图 4-68　差动轮系

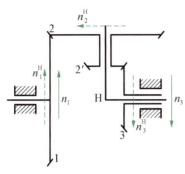
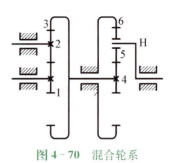

图 4-69 锥齿轮所组成的周转轮系　　　　图 4-70 混合轮系

学生操作题 4：在图 4-70 所示轮系中，各轮的齿数为：$z_1 = z_4 = 40$，$z_2 = z_5 = 30$，$z_3 = z_6 = 100$。试求 i_{1H}。

任务 4-2　带　传　动

带传动是一种常用的机械传动装置。如图 4-71 所示，它由主、从动轮和传动带组成。特点是传动平稳，噪声小，可缓冲吸振，有过载保护，可远距离传动，结构简单，制造、安装和维护方便；但传动比不准确，效率较低，寿命较短，且对轴的压力大，不适合用于高温、易爆及有腐蚀性介质的场合。适用于中心距较大、对传动比准确性要求不高，功率 $P < 100$ kW，$v = 5 \sim 25$ m/s，传动比 $i < 5$，以及有过载保护的场合，一般适于高速端。

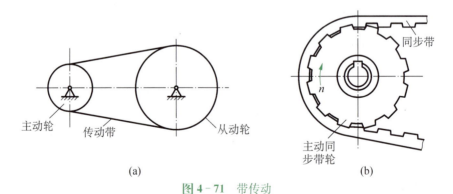

图 4-71 带传动

按工作原理的不同，带传动可分为摩擦型带传动（见图 4-71(a)）和啮合型带传动（见图 4-71(b)）两大类。

4.2.1　带传动概述

1. 带传动的类型、特点及应用

摩擦型带传动的类型、特点及应用，如表 4-17 所示。

表 4-17 常用摩擦带的类型、特点及应用

类型	截面图	截面形状	工作面	主要特点	应用场合
平带		矩形	内表面	结构简单、制造容易、效率高	用于中心距较大的传动、高速传动、物料输送等
V带		等腰梯形	两侧面	能比平带产生更大的摩擦力,传动比较大、结构紧凑	用于传递功率较大、中心距较小、传动比较大的场合
多楔带		矩形和等腰梯形组合	两侧面	兼有平带和V带的特点,相当于几根V带的组合,传递功率大、传动平稳、结构紧凑	用于要求结构紧凑的场合,特别是需要V带根数多或轮轴垂直于地面的场合
圆形带		圆形	外表面	结构简单	用于小功率传递

2. 带传动的受力及应力分析

(1) 带传动的受力分析　安装传动带时,需将传动带紧套在两个带轮的轮缘上。这时,传动带两边的拉力均等于 F_0,如图 4-72(a)所示。工作时,如图 4-72(b)所示,由于带与带轮间摩擦力的作用,带两边的拉力发生变化而不再相等。即带进入主动轮的一边被拉紧,拉力由 F_0 增加到 F_1,称为紧边;带进入从动轮的一边放松,拉力由 F_0 减至 F_2,称为松边。设带的总长度不变,则紧边拉力的增加量应等于松边拉力的减少量,即

$$F_1 - F_0 = F_0 - F_2, \quad F_0 = \frac{1}{2}(F_1 + F_2)。 \tag{4-47}$$

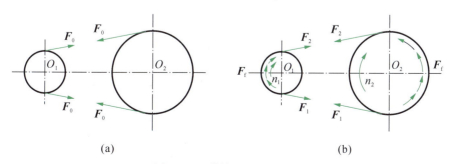

图 4-72 带传动的受力情况

带紧边和松边的拉力差,应等于带与带轮接触面上产生的摩擦力的总和 $\sum F_f$,称为带传动的有效拉力,也就是带所传递的圆周力 F,即

$$F = \sum F_f = F_1 - F_2 \text{。} \tag{4-48}$$

由(4-47)式、(4-48)式,可得

紧边拉力
$$F_1 = F_0 + \frac{F}{2},$$

松边拉力
$$F_2 = F_0 - \frac{F}{2} \text{。} \tag{4-49}$$

圆周力 F(N),带速 v(m/s)和传递功率 P(kW)之间的关系为

$$P = \frac{Fv}{1000} \text{。} \tag{4-50}$$

在一定条件下,当摩擦力达到极限值时,带的紧边拉力 F_1 与松边拉力 F_2 之间的关系可用柔韧体摩擦的欧拉方式来表示,即

$$\frac{F_1}{F_2} = e^{f\alpha}, \tag{4-51}$$

式中,F_1,F_2 为紧边和松边拉力(N);f 为带与轮之间的摩擦系数;α 为带在带轮上的包角(rad)。

由(4-49)式、(4-51)式,可得

$$F_1 = F \frac{e^{f\alpha}}{e^{f\alpha}-1}, \quad F_2 = F \frac{1}{e^{f\alpha}-1} \text{。} \tag{4-52}$$

(2) 带传动的应力分析　带传动时,带中产生的应力有拉应力、弯曲应力和由离心力产生的拉应力。

① 由拉力产生的拉应力 σ,有紧边拉应力 σ_1 和松边拉应力 σ_2,表示为

$$\sigma_1 = \frac{F_1}{A}, \quad \sigma_2 = \frac{F_2}{A} \text{。}$$

式中,A 为带的横截面面积(mm²)。

② 弯曲应力 σ_b。带绕过带轮时,因弯曲而产生弯曲应力,如图 4-73 所示,即

$$\sigma_b = \frac{2Ey}{d_d},$$

式中,E 为带的弹性模量(MPa);d_d 为 V 带轮的基准直径(mm);y 为从 V 带的节线到最外层的垂直距离(mm)。

③ 由离心力产生的拉应力 σ_c。当带沿带轮轮缘做圆周运动时,带上每一质点都受离心力作用。离心拉力为 $F_c = qv^2$,在带的所有横剖面上所产生的离心拉应力 σ_c 是相等的,即

$$\sigma_c = \frac{F_c}{A} = \frac{qv^2}{A},$$

式中,q 为每米带长的质量(kg/m);v 为带速(m/s)。

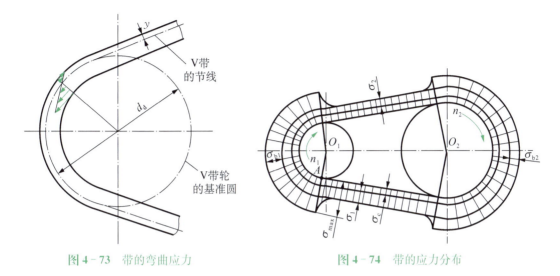

图 4-73　带的弯曲应力　　　　图 4-74　带的应力分布

图 4-74 所示为带的应力分布情况,带上的应力是变化的。最大应力发生在紧边与小轮的接触处,带中的最大应力为

$$\sigma_{\max} = \sigma_1 + \sigma_c + \sigma_{b1}。 \tag{4-53}$$

3. 带传动的弹性滑动和打滑

带是弹性体,受到拉力作用后将产生弹性变形。由于紧边和松边的拉力不同,弹性变形量也不同。如图 4-75 所示,带在绕过主动轮时,所受的拉力由 F_1 降至 F_2,伸长量也相应减小,带逐渐向后收缩,带的速度 v 低于主动轮的圆周速度 v_1,带与带轮之间产生了相对滑动。同样的相对滑动也将发生在从动带轮上,但情况相反,带将逐渐伸长,这时速度 v 高于从动带轮的圆周速度 v_2。这种由于带两边拉力不相等使带两边弹性变形不同,从而引起带与带轮间的相对滑动,称为弹性滑动。它在摩擦型带传动中是不可避免的。

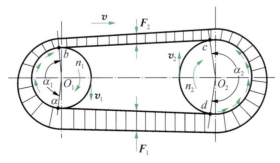

图 4-75　带的弹性滑动

由于带与轮面之间存在弹性滑动,这使得从动带轮的圆周速度 v_2 总是低于主动带轮的圆周速度 v_1。v_2 相对于 v_1 的降低率,称为带传动的滑动率 ε,有

$$\varepsilon = \frac{v_1 - v_2}{v_1} \times 100\% = \frac{\pi d_1 n_1 - \pi d_2 n_2}{\pi d_1 n_1} \times 100\%。 \qquad (4-54)$$

带传动的传动比为

$$i = \frac{n_1}{n_2} = \frac{d_{d2}}{d_{d1}(1-\varepsilon)}。 \qquad (4-55)$$

从动轮的转速为

$$n_2 = \frac{d_{d1}}{d_{d2}}(1-\varepsilon)n_1。 \qquad (4-56)$$

通常 ε 为 $1\%\sim 2\%$,在一般传动中可以不计。

带传动时,在一定的条件下,摩擦力的大小有一个极限值,即最大摩擦力 $\sum F_{\max}$。若带所需传递的圆周力超过这个极限值时,带与带轮将发生显著的相对滑动,这种现象称为打滑。经常出现打滑将使带的磨损加剧、传动效率降低,以致使传动失效,所以应避免出现打滑。

4. 带传动的失效形式及设计准则

带传动的主要失效形式是过载打滑和疲劳破坏。带传动的设计准则:在保证带不打滑的前提下,具有足够的疲劳强度和一定的使用寿命。

5. V 带和 V 带轮

(1) V 带的结构　标准普通 V 带都制成无接头的环状,截面为 V 字形。V 带由包布、顶胶、抗拉体和底胶组成,如图 4-76 所示。顶胶和底胶材料为橡胶,分别承受带弯曲时的拉伸和压缩。抗拉体是承受载荷的主体,分帘布芯和绳芯两种类型。帘布芯结构的 V 带抗拉体强度较高,制造方便;绳芯结构的 V 带柔韧性好,抗拉强度低,仅为帘布芯结构的 80%,但抗弯强度高。

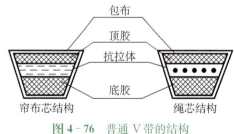

图 4-76　普通 V 带的结构

普通 V 带和窄 V 带的标记由带型、基准长度和标记号组成,见如下示例:

普通 V 带两侧楔角 φ 为 $40°$,相对高度 h/b_d 约为 0.7,按截面尺寸由小至大分为 Y、Z、A、B、C、D、E 7 种型号,如表 4-18 所示。

表 4-18　V 带的截面尺寸和线密度

型号	Y	Z	A	B	C	D	E
顶宽 b	6	10	13	17	22	32	38
节宽 b_d	5.3	8.5	11	14	19	27	32
高度 h	4.0	6.0	8.0	11	14	19	25
楔角 φ	40°						
每米质量 $q/(kg/m)$	0.04	0.06	0.10	0.17	0.30	0.60	0.87
截面积 A/mm	18	47	81	138	230	476	692

V 带绕在带轮上产生弯曲,顶胶伸长、底胶缩短,两者之间的中性层长度和宽度均保持不变,截面内中性层的宽度称为节宽,用 b_d 表示(见表 4-18)。在规定的张紧力作用下,V 带位于带轮基准直径上的周线长度为带的基准长度,用 L_d 表示。普通 V 带基准长度 L_d 的标准系列值和每种型号带的长度范围,如表 4-19 所示。

表 4-19　普通 V 带的长度系列和带长修正系数 K_L

基准长度 L_d/mm	K_L					基准长度 L_d/mm	K_L				
	Y	Z	A	B	C		Y	Z	A	B	C
200	0.81					1 250		0.98	0.93	0.88	
224	0.82					1 400		1.01	0.96	0.90	
250	0.84					1 600		1.04	0.99	0.92	0.83
280	0.87					1 800		1.06	1.01	0.95	0.86
315	0.89					2 000		1.08	1.03	0.98	0.88
355	0.92					2 240		1.10	1.06	1.00	0.91
400	0.96	0.79				2 500		1.30	1.09	1.03	0.93
450	1.00	0.80				2 800			1.11	1.05	0.95
500	1.02	0.81				3 150			1.13	1.07	0.97
560		0.82				3 550			1.17	1.09	0.99
630		0.84	0.81			4 000			1.19	1.13	1.02
710		0.86	0.83			4 500				1.15	1.04
800		0.90	0.85			5 000				1.18	1.07
900		0.92	0.87	0.82		5 600					1.09
1 000		0.94	0.89	0.84		6 300					1.12
1 120		0.95	0.91	0.86		7 100					1.15

续表

基准长度 L_d/mm	K_L					基准长度 L_d/mm	K_L				
	Y	Z	A	B	C		Y	Z	A	B	C
8 000					1.18	12 500					
9 000					1.21	14 000					
10 000					1.23	16 000					
11 200											

(2) V带轮的结构 带轮常用材料为铸铁(HT150或HT200),允许的最大速度为 25 m/s;高速带轮材料多为钢或铝合金;低速或传递较小功率时,也可采用塑料。带轮由轮缘、轮毂和轮辐 3 部分组成,如图 4-77 所示。

轮缘是带轮上具有轮槽的部分,轮槽的形状和尺寸与相应型号的传动带的截面尺寸相适应,如表 4-20 所示。其中,与 V 带节宽 b_d 相对应的带轮直径称为基准直径,用 d_d 表示。

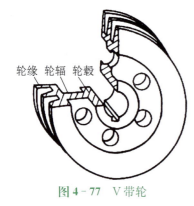

图 4-77 V带轮

表 4-20 V带轮的轮槽尺寸

槽型		Y	Z	A	B	C	D	E
b_d		5.3	8.5	11	14	19	27	32
h_{amin}		1.6	2.0	2.75	3.5	4.8	8.1	9.6
h_{fmin}		4.7	7.0	8.7	10.8	14.3	19.9	23.4
e		8 ± 0.3	12 ± 0.3	15 ± 0.3	19 ± 0.4	25.5 ± 0.5	37 ± 0.6	44.5 ± 0.7
f		7 ± 1	8 ± 1	10^{+2}_{-1}	12.5^{+2}_{-1}	17^{+2}_{-1}	24^{+3}_{-1}	29^{+4}_{-1}
δ_{min}		5	5.5	6	7.5	10	12	15
B		$B=(z-1)e+2f$ z 为轮槽数						
φ	32°	≤60						
	34°		≤80	≤118	≤190	≤315		
	36°	>60					≤475	≤600
	38°		>80	>118	>190	>315	>475	>600
		d_d						

根据带轮基准直径 d_d 的不同,带轮可制成实心式($d_d \leqslant 200$ mm)、腹板式($d_d < 400$ mm)、轮辐式($d_d > 400$ mm),如图 4-78 所示。

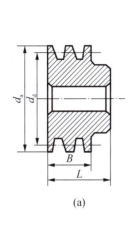
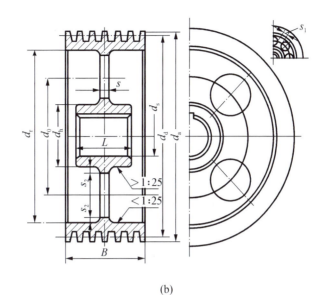
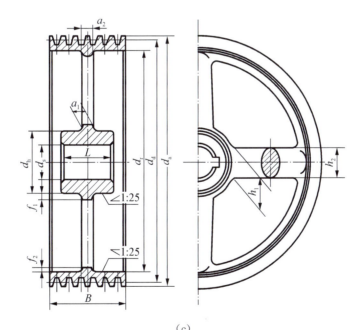

$$d_h = (1.8 \sim 2)d_s, \quad d_0 = \frac{d_h + d_r}{2}, \quad d_r = d_a - 2(H+\delta)$$

$$s = (0.2 \sim 0.3)B, \quad s_1 \geqslant 1.5s, \quad s_2 \geqslant 0.5s, \quad L = (1.5 \sim 2)d_s$$

$h_1 = 290\sqrt[3]{\dfrac{P}{nz}}$,$P$ 为传递功率(kW),n 为带轮转速(r/min),z 为轮辐数

$$h_2 = 0.8h_1, \quad a_1 = 0.4h_1, \quad a_2 = 0.8a_1, \quad f_1 = 0.2h_1, \quad f_2 = 0.2h_2$$

图 4-78 V带轮的结构

6. 带传动的张紧

（1）带传动的张紧　传动带在工作一段时间后，会因永久变形而松弛，使预紧力 F_0 减小，影响带传动的正常工作，此时需将带重新张紧。带传动常用张紧装置及方法如表 4-21 所示。

表 4-21　带传动常用张紧装置及方法

张紧方法		示意图	说明
用调节轴的位置张紧	定期张紧	摆动机座、销轴、调整螺母	用于垂直或接近垂直的传动 旋转调整螺母，使机座绕转轴转动，将带轮调到合适位置，使带获得所需的张紧力，然后固定机座位置
	定期张紧	调节螺钉　固定螺栓　导轨	用于水平或接近水平的传动 放松固定螺栓、旋转调节螺钉，可使带轮沿导轨移动，调节带的张紧力。当带轮调到合适位置，使带获得所需的张紧力，然后拧紧固定螺栓
	自动张紧	摆动机座	用于小功率传动 利用自重自动张紧传动带
用张紧轮张紧	定期张紧	张紧轮	用于固定中心距传动 张紧轮安装在带的松边。为了不使小带轮的包角减小过多，应将张紧轮尽量靠近大带轮

续 表

张紧方法	示意图	说明
自动张紧	(张紧轮，F_y，G)	用于中心距小、传动比大的场合,但寿命短,适宜平带传动 张紧轮可安装在带松边的外侧,并尽量靠近小带轮处,这样可以增大小带轮上的包角

（2）带传动的安装和维护　正确的安装和维护,可以延长带的使用寿命。因此,应注意以下几点：

① 安装时,应缩小中心距,将带套入轮槽后调整到合适的张紧程度,不要硬撬,以免损坏。

② 安装时,两带轮轴线必须平行,轮槽应对正,以免带磨损加剧。

③ 多根 V 带传动时,为使各根带受力均匀,同一组的传动带不仅公称长度应一样,而且还应具有相同的公差值。

应对带传动进行定期检查,对不能使用的旧带应及时更换。更换时,应全部同时更换,不能新旧传动带混合使用。

④ 为保证安全,带传动装置应装设防护罩。

⑤ 传动带应避免与酸、碱、油接触,以及不在 60° 以上的环境下工作,也应避免阳光直晒和雨水浸淋。

4.2.2　输送机用带传动设计

带传动设计时,已知条件为:传动的工作情况,功率 P,转速 n_1,n_2（或传动比 i）,以及空间尺寸要求。设计内容:确定 V 带的型号、长度 L 和根数 z、传动中心距 a 及带轮基准直径,画出带轮零件图等。下面以输送机用带传动为例,来说明带传动的设计方法和步骤。

例 4-13　设计一带式输送机中的普通 V 带传动。原动机为 Y100L2-4 异步电动机,其额定功率 $P=3\,\text{kW}$,转速 $n_1=1420\,\text{r/min}$,从动轮转速 $n_2=410\,\text{r/min}$,两班制工作,载荷变动较小,要求中心距 $a\leqslant 600\,\text{mm}$。

（1）确定计算功率 P_d 为

$$P_d = K_A P = 1.2 \times 3 \,\text{kW} = 3.6 \,\text{kW},$$

式中,P 为传递的名义功率（如电动机的额定功率）;K_A 为工作情况系数,如表 4-22 所示。

表 4-22 工作情况系数 K_A

工作情况		K_A					
		软启动			硬启动		
		每天工作小时数/h					
		<10	10~16	>16	<10	10~16	>16
载荷变动微小	离心式水泵和压缩机、轻型输送机等	1.0	1.1	1.2	1.1	1.2	1.3
载荷变动小	压缩机、发电机、金属切削机床、印刷机、木工机械等	1.1	1.2	1.3	1.2	1.3	1.4
载荷变动较大	制砖机、斗式提升机、起重机、冲剪机床、纺织机械、橡胶机械、重载输送机、磨粉机等	1.2	1.3	1.4	1.4	1.5	1.6
载荷变动大	破碎机、摩碎机等	1.3	1.4	1.5	1.5	1.6	1.8

（2）选择 V 带的型号。根据计算功率 $P_d = 3.6 \text{ kW}$ 和主动轮（通常是小带轮）转速 $n_1 = 1\,420 \text{ r/min}$，从图 4-79 中可选择 V 带型号为 A 型。

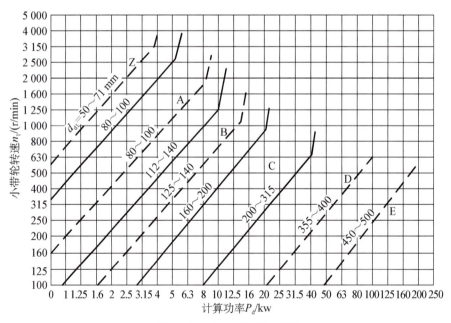

图 4-79 普通 V 带选型图

当所选取的结果在两种型号的分界线附近，可以两种型号同时计算，最后从中选择较好的方案。

（3）确定带轮基准直径 d_{d1} 和 d_{d2}，先从表 4-23 中，根据 $d_{d1} \geqslant d_{min}$ 的要求，取 $d_{d1} = 100 \text{ mm}$；再由 (4-56) 式计算得

$$d_{d2} = \frac{d_{d1}n_1}{n_2}(1-\varepsilon) = \frac{100 \times 1420}{410} \times (1-0.02) \text{ mm} = 339.4 \text{ mm},$$

并从表 4-23 中取 $d_{d2} = 355$ mm。

表 4-23 普通 V 带轮最小基准直径(摘自 GB/T10412—2002)

带型	Y	Z	A	B	C	D	E
$d_{d\min}$	20	50	75	125	200	355	500
d_d 的标准系列值	20 22.4 25 28 31.5 35.5 40 45 50 56 63 67 71 75 80 85 90 95 100 106 112 118 125 132 140 150 160 170 180 200 212 224 236 250 265 280 300 315 355 375 400 425 450 475 500 530 560 600 630 670 710 750 800 900 1 000 等							

(4) 验算带速。带速 v 过低,将使有效拉力 F 过大,即所需带的根数较多;带速 v 过高,将使带的应力循环次数增多,影响带的疲劳强度和寿命。带速 v 一般应在 5~25 m/s 之间,否则可通过改变小带轮的基准直径 d_{d1} 来调整带速,即

$$v = \frac{\pi d_{d1} n_1}{60 \times 1000} = \frac{3.14 \times 100 \times 1420}{60 \times 1000} \text{ m/s} = 7.44 \text{ m/s}。$$

带速 v 在 5~25 m/s 范围内,故合适。

(5) 确定中心距 a 和带的基准带长 L_d。按下式初步确定中心距 a_0,即由

$$0.7(d_{d1}+d_{d2}) \leqslant a_0 \leqslant 2(d_{d1}+d_{d2}), \tag{4-57}$$

$$0.7 \times (100+355) \text{mm} < a_0 < 2 \times (100+355) \text{mm},$$

取 $a_0 = 450$ mm;再由 a_0 根据下式计算 V 带的初选长度,即由

$$L_d' = 2a_0 + \frac{\pi(d_{d1}+d_{d2})}{2} + \frac{(d_{d2}-d_{d1})^2}{4a_0}, \tag{4-58}$$

得 $$L_d' = \left[2 \times 450 + \frac{3.14 \times (100+355)}{2} + \frac{(355-100)^2}{4 \times 450}\right] \text{mm} = 1650.5 \text{ mm}。$$

根据初选长度 L_d',从表 4-19 中选取相近的基准长度 L_d 作为所选带的长度,取 $L_d = 1\ 800$ mm,然后就可以计算出实际中心距 a,即

$$a \approx a_0 + \frac{L_d - L_0}{2} = 450 + \frac{1800-1650.5}{2} = 524.75,$$

取 $a = 525$ mm。

考虑到安装调整和带松弛后张紧的需要,应给中心距留出一定的调整余量。中心距的变动范围为

$$a_{\min} = a - 0.015 L_d, \quad a_{\max} = a + 0.03 L_d。 \tag{4-59}$$

由(4-59)式,得

$$a_{\min} = a - 0.015 L_d = (525 - 0.015 \times 1800) \text{ mm} = 498 \text{ mm},$$
$$a_{\max} = a + 0.03 L_d = (525 + 0.03 \times 1800) \text{ mm} = 579 \text{ mm}。$$

(6) 验算小带轮包角 α_1。根据下列验算,即由

$$\alpha_1 = 180° - \frac{d_{d2} - d_{d1}}{a} \times 57.3° \geqslant 120°, \tag{4-60}$$

得 $\alpha_1 = 180° - \dfrac{355-100}{525} \times 57.3° = 152.17° > 120°$,故合适。

若 α_1 过小,可增大中心距或设置张紧轮。

(7) 确定 V 带的根数 z。可根据下式确定,即

$$z \geqslant \frac{P_d}{[P_0]} = \frac{P_d}{(P_0 + \Delta P_0) K_\alpha K_L}。 \tag{4-61}$$

带的根数 z 不应过多,否则会使带受力不均匀。一般 $z < 10$。

查表 4-24 得 $P_0 = 1.29$ kW。查表 4-25 得 $\Delta P_0 = 0.1$ kW。查表 4-26 得 $K_\alpha = 0.924$。查表 4-19 得 $K_L = 1.01$。

表 4-24 单根普通 V 带的基本额定功率 P_0/kW

带型	d_{d1}/mm	n_1/(r/min)											
		700	800	950	1 200	1 450	1 600	1 800	2 000	2 200	2 400	2 600	2 800	3 200
Z	50	0.09	0.10	0.12	0.14	0.16	0.17	0.19	0.20	0.21	0.22	0.24	0.26	0.28
	56	0.11	0.12	0.14	0.17	0.19	0.20	0.23	0.25	0.28	0.30	0.32	0.33	0.35
	63	0.13	0.15	0.18	0.22	0.25	0.27	0.30	0.32	0.35	0.37	0.39	0.41	0.45
	71	0.17	0.20	0.23	0.27	0.30	0.33	0.36	0.39	0.43	0.46	0.48	0.50	0.54
	80	0.20	0.22	0.26	0.30	0.35	0.39	0.42	0.44	0.47	0.50	0.53	0.56	0.61
	90	0.22	0.24	0.28	0.33	0.36	0.40	0.44	0.48	0.51	0.54	0.57	0.60	0.64
A	75	0.40	0.45	0.51	0.60	0.68	0.73	0.78	0.84	0.88	0.92	0.96	1.00	1.04
	90	0.61	0.68	0.77	0.93	1.07	1.15	1.24	1.34	1.42	1.50	1.57	1.64	1.75
	100	0.74	0.83	0.95	1.14	1.32	1.42	1.54	1.66	1.76	1.87	1.96	2.05	2.19
	112	0.90	1.00	1.15	1.39	1.61	1.74	1.89	2.04	2.17	2.30	2.40	2.51	2.68
	125	1.07	1.19	1.37	1.66	1.92	2.07	2.26	2.44	2.59	2.74	2.86	2.98	3.16
	140	1.26	1.41	1.62	1.96	2.28	2.45	2.66	2.87	3.04	3.22	3.36	3.48	3.65
B	125	1.30	1.44	1.64	1.93	2.19	2.33	2.50	2.64	2.76	2.85	2.90	2.96	2.94
	140	1.64	1.82	2.08	2.47	2.82	3.00	3.23	3.42	3.58	3.70	3.78	3.85	3.83
	160	2.09	2.32	2.66	3.17	3.62	3.86	4.15	4.40	4.60	4.75	4.82	4.89	4.80
	180	2.53	2.81	3.22	3.85	4.39	4.68	5.02	5.30	5.52	5.67	5.72	5.76	5.52
	200	2.96	3.30	3.77	4.50	5.13	5.46	5.83	6.13	6.35	6.47	6.45	6.43	5.95
	224	3.47	3.86	4.42	5.26	5.97	6.33	6.73	7.02	7.19	7.25	7.10	6.95	6.05

续 表

带型	d_{d1}/mm	n_1/(r/min)												
		700	800	950	1 200	1 450	1 600	1 800	2 000	2 200	2 400	2 600	2 800	3 200
C	200	3.69	4.07	4.58	5.29	5.84	6.07	6.28	6.34	6.26	6.02	5.61	5.01	3.23
	224	4.64	5.12	5.78	6.71	7.45	7.75	8.00	8.06	7.92	7.57	6.93	6.08	3.57
	250	5.64	6.23	7.04	8.21	9.04	9.38	9.63	9.62	9.34	8.75	7.85	6.56	2.93
	280	6.76	7.52	8.49	9.81	10.72	11.06	11.22	11.04	10.48	9.50	8.08	6.13	—
	315	8.09	8.92	10.05	11.53	12.46	12.72	12.67	12.14	11.08	9.43	7.11	4.16	—
	355	9.50	10.46	11.73	13.31	14.12	14.19	13.73	12.59	10.70	7.98	4.32	—	—

表 4–25 单根普通 V 带的基本额定功率 ΔP_0

型号	传动比 i									带速 v/(m/s)$\leqslant$
	1.00~1.01	1.02~1.04	1.05~1.08	1.09~1.12	1.13~1.18	1.19~1.24	1.25~1.34	1.35~1.501.51	1.51~1.52~1.99	$\geqslant$2.00	
	ΔP_0/kW									

Z 带:
- 0.00 对应 1, 2, 3, 4, 5, 6.3, 7.5, 8.8, 10, 12.5, 15, 16.7
- 0.01 对应中间速度段
- 0.02 对应 18.3
- 0.02, 0.03, 0.04, 0.05, 0.06 对应 20 m/s 档

型号	1.00~1.01	1.02~1.04	1.05~1.08	1.09~1.12	1.13~1.18	1.19~1.24	1.25~1.34	1.35~1.51	1.52~1.99	≥2.00	v/(m/s)≤
A	0.00		0.01	0.02	0.02	0.03	0.03	0.04	0.04	0.05	2.5
			0.02	0.03	0.04	0.05	0.06	0.07	0.08	0.09	5
			0.02	0.03	0.04	0.05	0.06	0.08	0.09	0.10	6.7
			0.03	0.04	0.05	0.06	0.07	0.08	0.10	0.11	8.3
		0.02	0.03	0.05	0.06	0.07	0.08	0.10	0.11	0.13	10
		0.02	0.04	0.05	0.07	0.08	0.09	0.11	0.13	0.15	12.5
		0.02	0.04	0.06	0.08	0.09	0.11	0.13	0.15	0.17	15
		0.03	0.06	0.08	0.11	0.13	0.16	0.19	0.22	0.24	17.5
		0.03	0.07	0.10	0.13	0.16	0.19	0.23	0.26	0.29	20
B	0.00	0.01	0.01	0.02	0.03	0.04	0.04	0.05	0.06	0.06	5
		0.01	0.03	0.04	0.06	0.07	0.08	0.10	0.11	0.13	10
		0.02	0.05	0.07	0.10	0.12	0.15	0.17	0.20	0.22	11.7
		0.03	0.06	0.10	0.11	0.14	0.17	0.20	0.23	0.25	13.3
		0.03	0.07	0.10	0.13	0.17	0.20	0.23	0.26	0.30	15
		0.04	0.08	0.13	0.17	0.21	0.25	0.30	0.34	0.38	20
		0.05	0.10	0.15	0.20	0.25	0.31	0.36	0.40	0.46	22.5
		0.06	0.11	0.17	0.23	0.28	0.34	0.39	0.45	0.51	25
C	0.62	0.02	0.04	0.06	0.08	0.10	0.12	0.14	0.16	0.18	5
		0.03	0.06	0.09	0.12	0.15	0.18	0.21	0.24	0.26	7.5
		0.04	0.08	0.12	0.16	0.20	0.23	0.27	0.31	0.35	10
		0.05	0.10	0.15	0.20	0.24	0.29	0.34	0.39	0.44	12.5
		0.06	0.12	0.18	0.24	0.29	0.35	0.41	0.47	0.53	15
		0.00	0.07	0.14	0.21	0.27	0.34	0.41	0.48	0.55	17.5
		0.08	0.16	0.23	0.31	0.39	0.47	0.55	0.63	0.71	20
		0.09	0.19	0.27	0.37	0.47	0.56	0.65	0.74	0.83	25

表 4-26 包角系数 K_α

小带轮包角	180°	175°	170°	165°	160°	155°	150°	145°	140°	135°	130°	125°	120°	110°	100°	90°
K_α	1	0.99	0.98	0.96	0.95	0.93	0.92	0.91	0.89	0.88	0.86	0.84	0.82	0.78	0.74	0.69

由(4-61)式,得

$$z \geqslant \frac{3.6}{(1.29+0.1)\times 0.924 \times 1.01} = 2.78,$$

取 $z = 3$。

(8) 计算带的初拉力 F_0。保证带传动正常工作的单根 V 带的初拉力为

$$F_0 = 500 \times \frac{(2.5-K_\alpha)}{K_\alpha z v}P_d + qv^2 \text{。} \tag{4-62}$$

从表 4-18 中查得 $q = 0.10$ kg/m,由(4-62)式得

$$F_0 = \left[500 \times \frac{(2.5-0.924)\times 3.6}{0.924 \times 3 \times 7.44} + 0.10 \times 7.44^2\right] \text{N} = 143.1 \text{ N}。$$

(9) 计算轴上的压力 F_Q,如图 4-80 所示,则

$$F_Q = 2F_0 z \sin\frac{\alpha_1}{2} = 2 \times 143.1 \times 3 \times \sin\frac{152.17°}{2} \text{ N} = 833.4 \text{ N}。 \tag{4-63}$$

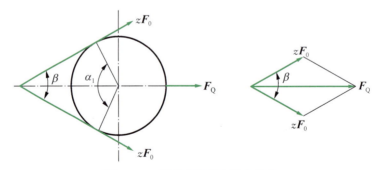

图 4-80 带传动作用在轴上的力

(10) 带轮的结构设计(略)。

4.2.3 同步带传动

1. 同步带传动的特点和应用

同步带以细钢丝绳或玻璃纤维绳为强力层,外覆聚氨酯或氯丁橡胶的环形带。由于带的强力层承载后变形小,且内周制成齿状使其与齿形的带轮相啮合,故带与带轮间无相对滑动,构成同步传动,如图 4-81 所示。

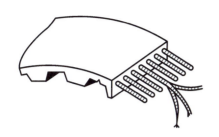 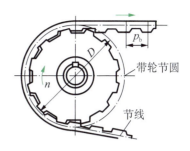

图 4-81 同步带结构与同步带传动

同步带传动的优点是：传动功率较大，可达 200 kW；传动效率高，可达 0.98；几乎不需要张紧力，故轴压力小；维护保养方便，能在高温、灰尘、积水及腐蚀介质中工作。其主要缺点是制造、安装精度要求高，且价格较贵。

目前，同步带传动主要用于中小功率、要求速比准确的传动中，如计算机、数控机床、纺织机械、烟草机械等。

2. 同步带的参数、类型和规格

（1）同步带的参数　主要有节矩 p_b、基本长度 L_P 和模数 m。

① 节距 p_b 与基本长度 L_P。在规定张紧力下，同步带相邻两齿对称中心线的距离，称为节距 p_b。同步带工作时原长度不变的周线称为节线，节线长度 L_P 为基本长度（公称长度）。轮上相应的圆称为节圆，显然有 $L_P = p_b z$。

② 模数 m。与齿轮一样，也规定模数 $m = p_b / \pi$。

（2）同步带的类型和规格　同步带有梯形齿和圆弧齿两类，如图 4-82 所示。梯形齿同步带有周节制和模数制两种。周节制梯形齿同步带已有国家标准（GB/T11361—2008）。圆弧齿同步带传动只有行业标准，圆弧齿同步带因其承载能力和疲劳寿命高于梯形齿而应用日趋广泛。同步齿型带传动设计见 GB/T11362—2008。

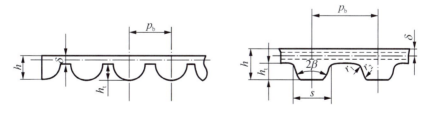

图 4-82 梯形齿和圆弧齿同步带

标准同步带的标记包括型号、节线长度代号、宽度代号和国标号。对称齿双面同步带在型号前加"DA"，交错齿双面同步带在型号前加"DB"，如图 4-83 所示。

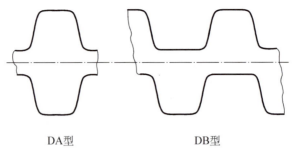

DA型　　　　DB型

图 4-83　对称双面齿和交错双面齿同步带

标记示例：

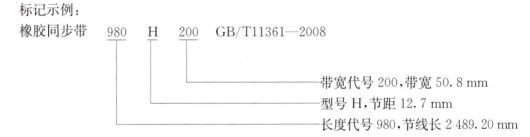

橡胶同步带　980　H　200　GB/T11361—2008

- 带宽代号 200，带宽 50.8 mm
- 型号 H，节距 12.7 mm
- 长度代号 980，节线长 2 489.20 mm

学生操作题 1：某车床主轴箱与三相异步电动机之间用 V 带传动。已知电动机功率 $P=5.5$ kW，转速 $n_1=1\ 440$ r/min，传动比 $i=2.1$，两班制工作，中心距约为 600 mm。试设计此 V 带传动。

学生操作题 2：试设计一普通 V 带传动。主动轮转速 $n_1=970$ r/min，从动轮转速 $n_2=320$ r/min，电动机功率 $P=4$ kW，两班制工作，载荷平稳。

任务 4-3　链　传　动

4.3.1　链传动概述

1. 链传动的组成、特点、类型及应用

链传动由装在平行轴上的链轮和跨绕在两链轮上的环形链条组成，以链条作中间挠性件，靠链条与链轮轮齿的啮合来传递运动和动力，如图 4-84 所示。其中，1 为主动链轮，2 为链条，3 为从动链轮。

与带传动相比，链传动能保持准确平均传动比，没有弹性滑动和打滑，需要张紧力小，能在温度较高、有油污等环境下工作。与齿轮传

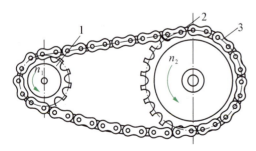

图 4-84　链传动简图

动相比,链传动的制造和安装精度要求较低、成本低廉,能实现远距离传动;但瞬时速度不均匀,瞬时传动比不恒定,传动中有一定的冲击和噪音。

链传动结构简单、耐用、维护容易,适用于中心距较大的场合。链传动的传动比 $i\leqslant 8$;中心距 $a\leqslant 5\sim 6$ m;传递功率 $P\leqslant 100$ kW;圆周速度 $v\leqslant 15$ m/s,无声链最大线速度可达 40 m/s(不适于在冲击与急促反向等情况);传动效率 $\eta=0.92\sim 0.96$。链传动广泛用于矿山机械、农业机械、石油机械、机床及摩托车中。

按工作特性可分为起重链、牵引链、传动链。输送链和起重链主要用在输送和起重机械中,一般机械中传递运动和动力常用的是传动链。

按照链条的结构不同,传动链主要有滚子链和齿形链两种,如图 4-85 所示。其中,齿形链结构复杂、价格较高,因此其应用不如滚子链广泛。一般所说的链传动是指滚子链传动,如图 4-85(a)所示。齿形链是由成组的齿形链板联结而成,如图 4-85(b)所示。其传动平稳、噪声小、承受冲击载荷的能力高,故常用于高速或运动精度和可靠性要求高的传动装置中。

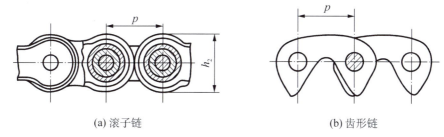

(a) 滚子链   (b) 齿形链

图 4-85 传动链

2. 滚子链和链轮

(1) 滚子链 如图 4-86 所示,滚子链由内链板 1、外链板 2、销轴 3、套筒 4 和滚子 5 组成。两内链板与套筒之间、两外链板与销轴之间,分别用过盈配合联结;滚子和套筒之间、套筒与销轴之间,采用间隙配合联结,它们之间可相对转动。链板一般制成 8 字形,以减少重量,并使各截面抗拉强度大致相等。

当传递的功率较大时,可采用双排链(见图 4-87)或多排链,排距用 p_t 表示。

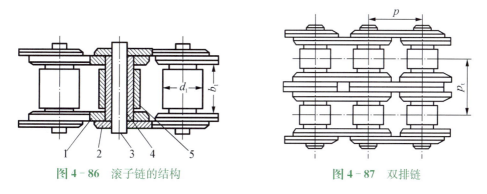

图 4-86 滚子链的结构   **图 4-87 双排链**

链条上的相邻两销轴中心之间的距离称为节距,用 P 表示,它是链条的主要参数。

将链联成环形时,滚子链的接头形式如图 4-88 所示;当链节数为偶数时,正好是内、外链板相接。当节距较大时,可用开口销锁紧,如图 4-88(a) 所示;当节距较小时,可用弹簧卡锁紧,如图 4-88(b) 所示。若链节数为奇数时,接头可用过渡链节,如图 4-88(c) 所示。过渡链节的弯曲链板受附加的弯曲应力,因此,链节数最好为偶数。

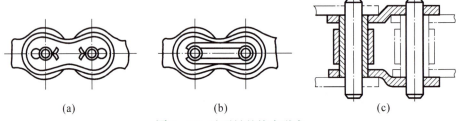

图 4-88 滚子链的接头形式

滚子链已有国家标准(GB/T1243—2006),标准规定滚子链分为 A,B 两个系列,我国主要采用 A 系列,其基本参数如表 4-27 所示。滚子链的标记为:

□□ — □ × □□ □□□□□□
链号　　排数　　链节数　　标准编号

例如,A 系列、8 号链、双排、88 节的滚子链标记为:08A—2×88GB/T1243—2006。

表 4-27 A 系列滚子链的基本参数和尺寸

链号	节距 p/mm	排距 p_t/mm	滚子外径 d_0/mm (最大)	内链节内宽 b_1/mm (最小)	销轴直径 d_2/mm (最大)	内链板高度 h_2/min (最大)	极限拉伸载荷			单排质量 q/(kg/m)
							单排 F_Q/N (最小)	双排 F_Q/N (最小)	三排 F_Q/N (最小)	
05B	8.00	5.64	5.00	3.00	2.31	7.11	4 400	7 800	11 100	0.18
06B	9.525	10.24	6.35	5.72	3.23	8.26	8 900	16 900	24 900	0.40
08A	12.70	14.38	7.95	7.85	3.96	12.07	13 800	27 600	41 400	0.60
08B	12.70	13.92	8.51	7.75	4.45	11.81	17 800	31 100	44 500	0.70
10A	15.875	18.11	10.16	9.40	5.08	15.09	21 800	43 600	65 400	1.00
12A	19.05	22.78	11.91	12.57	5.94	18.08	31 100	62 300	93 400	1.50
16A	25.40	29.29	15.88	15.75	7.92	24.13	55 600	111 200	166 800	2.60
20A	31.75	35.76	19.05	18.90	9.53	30.18	86 700	173 500	260 200	3.80
24A	38.10	45.44	22.23	25.22	11.10	36.20	124 600	249 100	373 700	5.60
28A	44.45	48.87	25.40	25.22	12.70	42.24	169 000	338 100	507 100	7.50
32A	50.80	58.55	88.58	31.55	14.27	48.26	222 400	444 800	667 200	10.10
40A	63.50	71.55	39.68	37.85	19.84	60.33	347 000	693 900	1 040 900	16.10
48A	76.20	87.83	47.63	47.35	23.80	72.39	500 400	1 000 800	1 501 300	22.60

（2）链轮　链轮的齿形已经标准化(GB/T1243—2006)，其端面齿形如图 4‑89 所示。链轮的主要尺寸，如表 4‑28 所示。

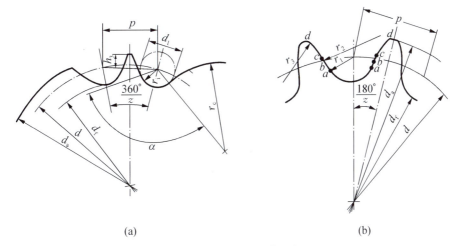

图 4‑89　滚子链链轮端面齿形

表 4‑28　滚子链链轮的主要尺寸

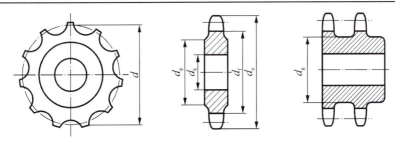

名　称	代号	计算公式	备　注
分度圆直径	d	$d = p/\sin\left(\dfrac{180°}{z}\right)$	
齿顶圆直径	d_a	$d_{a\max} = d + 1.25p - d_1$ $d_{a\min} = d + \left(1 - \dfrac{1.6}{z}\right)p - d_1$ 若为三圆弧一直线齿形，则 $d_a = p\left(0.54 + \cot\dfrac{180°}{z}\right)$	可在 $d_{a\max} \sim d_{a\min}$ 范围内任意选取，但选用 $d_{a\max}$ 时，应考虑采用展成法加工有发生顶切的可能性
齿根圆直径	d_f	$d_f = d - d_1$	
齿侧凸缘 （或排间槽）直径	d_g	$d_g \leqslant p\cot\dfrac{180°}{z} - 1.04h_2 - 0.76$ 式中，h_2 为内链板高度	

注：d_a，d_g 值取整数，其他尺寸精确到 0.01 mm。

链轮材料通常采用优质碳素钢或合金钢,并经过热处理。链轮的结构,如图 4-90 所示。小直径的链轮制成实心式,如图 4-90(a)所示;中等直径的链轮可制成孔板式,如图 4-90(b)所示;大直径的链轮可采用组合式结构,如图 4-90(c)所示。

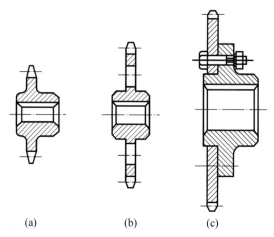

图 4-90 链轮的结构

3. 滚子链的工作情况分析

(1) 链传动的运动特性 链条绕上链轮后形成折线,如图 4-91 所示,因此链传动相当于一对多边形轮子之间的传动。设 z_1,z_2 为两链轮的齿数,p 为节距(mm),n_1,n_2 为两链轮的转速(r/min),则链条的平均速度(简称链速)为

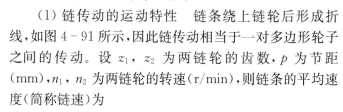

$$v = \frac{z_1 p n_1}{60 \times 1000} = \frac{z_2 p n_2}{60 \times 1000} \quad (4-64)$$

链传动的传动比为

$$i = \frac{n_1}{n_2} = \frac{z_2}{z_1} \quad (4-65)$$

图 4-91 链传动的运动分析

由以上两式求得的链速和传动比均为平均值。实际上,由于多边形效应,瞬时链速和瞬时传动比都是变化的。

为了便于分析,设链的主动边(紧边)处于水平位置,主动链轮以角速度 ω_1 回转。当链节与链轮轮齿在 A 点啮合时,链轮上该点的圆周速度的水平分量,即为链节上该点的瞬时速度,其值为

$$v = \frac{1}{2} d_1 \omega_1 \cos \beta_1$$

任一链节从进入啮合到退出啮合,β_1 角在 $-180°/z \sim +180°/z$ 的范围内变化。

当 $\beta_1=0°$，链速最大，即

$$v_{\max}=\frac{1}{2}d_1\omega_1;\qquad(4-66)$$

当 $\beta_1=\pm 180°/z$ 时，链速最小，即

$$v_{\min}=\frac{1}{2}d_1\omega_1\cos\frac{180°}{z}。\qquad(4-67)$$

由此可知，当主动轮以角速度 ω_1 等速转动时，链条瞬时速度 v 周期性地由小变大，又由大变小，每个节距变化一次。同理，链条在垂直于链节中心线方向的分速度 $v'=\frac{1}{2}d_1\omega_1\sin\beta_1$，也做周期性变化，使链条上、下抖动。

由于链速是变化的，工作时不可避免地要产生振动和动载荷，加剧磨损。当链轮齿数增加时，则 β_1 相应减小，速度波动、冲击、振动和噪音都会减小。所以，链轮的最小齿数不宜太少，通常取主动链轮（即小链轮）的齿数大于17。

(2) 链传动的受力分析　链传动工作时，紧边和松边的拉力不相等。若不考虑动载荷，则紧边所受的拉力 F_1 为工作拉力 F、离心拉力 F_c 和悬垂拉力 F_y 之和，即

$$F_1=F+F_c+F_y。$$

松边拉力为　$F_2=F_c+F_y$。其中，工作拉力为

$$F=\frac{1000P}{v}。$$

式中，P 为链传动传递的功率(kW)；v 为链速(m/s)。

离心拉力为

$$F_c=qv^2。$$

式中，q 为每米链的质量(kg/m)，如表 4-27 所示。

悬垂拉力为

$$F_y=K_y qga。$$

式中，a 为链传动的中心距(m)；g 为重力加速度，$g=9.81\text{ m/s}^2$；K_y 为下垂度 $y=0.02a$ 时的垂度系数。K_y 值与两链轮轴线所在平面与水平面的倾斜角 β 有关。垂直布置时 $K_y=1$，水平布置时 $K_y=7$；对于倾斜布置的情况，$\beta=30°$ 时 $K_y=6$，$\beta=60°$ 时 $K_y=4$，$\beta=75°$ 时 $K_y=2.5$。

链作用在轴上的压力 F_Q 可近似取为 $F_Q=(1.2\sim 1.3)F$，有冲击和振动时取大值。

4. 链传动的失效形式

(1) 链板疲劳破坏　由于链条受变应力的作用，经过一定的循环次数后，链板会发生疲劳破坏。在正常润滑条件下，疲劳强度是限定链传动承载能力的主要因素。

(2) 滚子、套筒的冲击疲劳破坏　链节与链轮啮合时，滚子与链轮间会产生冲击。高速时，冲击载荷较大，使套筒与滚子表面发生冲击疲劳破坏。

(3) 销轴与套筒的胶合　当润滑不良或速度过高时，销轴与套筒的工作表面摩擦发热较大，而使两表面发生粘附磨损，严重时则产生胶合。

(4) 链条铰链磨损　链在工作过程中，销轴与套筒的工作表面会因相对滑动而磨损，导致链节伸长，容易引起跳齿和脱链。

(5) 过载拉断　在低速（$v<6$ m/s，按静强度设计）重载或瞬时严重过载时，链条可能被拉断。

5. 链传动的布置、张紧和润滑

(1) 链传动的布置　链传动的合理布置应遵循以下原则：

① 两链轮的回转平面应在同一平面内；

② 两链轮中心连线最好在水平面内或与水平面成 45° 以下的倾角，应避免垂直布置；

③ 通常使链条的紧边在上，松边在下，以免松边垂度过大时与轮齿相干涉或与紧、松边相碰。

(2) 链传动的张紧　链传动工作时应保持合适的松边垂度，若垂度过大，将引起啮合不良或振动现象，所以必须张紧。最常见的张紧方法是调整中心距法。当中心距不可调整时，可采用拆去 1~2 个链节的方法进行张紧或设置张紧轮。张紧轮常位于松边，如图 4-92 所示。张紧轮可以是链轮也可以是滚轮，其直径与小链轮相近。

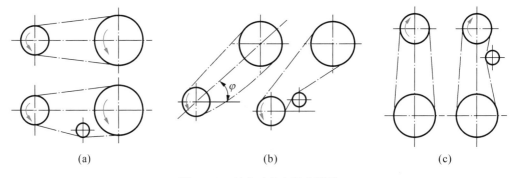

(a)　　　　　　　　(b)　　　　　　　　(c)

图 4-92　链传动的布置和张紧

(3) 链传动的润滑　链传动的润滑可缓和冲击、减少摩擦和磨损，延长链条的使用寿命。常见的润滑方法，如图 4-93 所示。

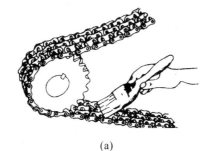
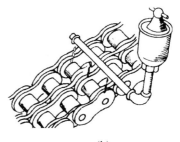

(a)　　　　　　　　(b)

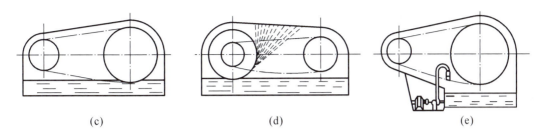

图 4-93 润滑方式选择图

4.3.2 输送机用链传动设计

链传动在不同的条件下工作，有不同的失效形式，因而设计计算也有不同的方法。对于 $v \geqslant 6$ m/s 的链传动，一般按功率曲线设计计算；对 $v < 6$ m/s 的链传动，按静强度设计计算。

下面以输送机用链传动为例来说明链传动的设计方法和步骤。

例 4-14 设计一链式输送机中的滚子链传动。已知由电动机输入的功率 $P = 7.5$ kW，转速 $n_1 = 720$ r/min，要求传动比 $i = 3$，中心距不大于 650 mm，传动水平布置，载荷平稳。

（1）选择链轮齿数 z_1，z_2。链轮的齿数越少，瞬时链速变化越大，而且链轮直径也较小。当传递功率一定时，链和链轮轮齿的受力也会增加。为使传动平稳，小链轮齿数不宜过少，但如齿数过多，又会造成链轮尺寸过大。而且，当链条磨损后，也容易从链轮上脱落。滚子链传动的小链轮齿数 z_1 应根据链速 v 和传动比 i，可从表 4-29 中选取；然后按 $z_2 = i z_1$，选取大链轮的齿数，并控制 $z_2 \leqslant 120$。

根据传动比 $i = 3$，估计链速 v 在 3~8 m/s 范围，从表 4-29 中选取小链轮齿数 $z_1 = 21$，大链轮齿数 $z_2 = i z_1 = 3 \times 21 = 63 < 120$，合适。

表 4-29 小链轮齿数

链速 v/(m/s)	0.6~3	3~8	>8
z_1	≥15~17	≥19~21	>23~25

注：z_1 优先选用 17，19，21，23，25，28，38，57，76，95，114。

（2）确定计算功率 P_c。已知载荷平稳、电动机拖动，从表 4-30 中查得 $K_A = 1.0$，计算功率为

$$P_c = K_A P = 1.0 \times 7.5 = 7.5 \text{ (kW)}。$$

表 4－30　工作情况系数 K_A

工作机		原动机		
载荷性质	应用举例	电动机汽轮机	内燃机	
			液压传动	机械传动
载荷平稳	载荷变动小的带式输送机、链式输送机、离心泵、离心式鼓风机和载荷不变的机械	1.0	1.0	1.2
中等冲击载荷	离心式压缩机、粉碎机、载荷有变动的输送机、一般机床、压气机、一般工程机械	1.3	1.2	1.4
较大冲击载荷	冲床、破碎机、矿山机械、石油机械、振动机械和受冲击的机械	1.5	1.4	1.7

(3) 确定中心距 a 和链节数 L_p。若链传动中心距过小，则小链轮上的包角也小，同时啮合的链轮齿数也减少；若中心距过大，则易使链条抖动。一般可取中心距 $a = (30 \sim 50)p$，最大中心距 $a_{max} \leqslant 80p$。

链的长度以链节数 L_p（节距 p 的倍数）来表示。与带传动相似，链节数 L_p 与中心距 a 之间的关系为

$$L_p = \frac{2a}{p} + \frac{z_1 + z_2}{2} + \left(\frac{z_2 - z_1}{2\pi}\right)^2 \cdot \frac{p}{a} \quad (4-68)$$

初定中心距 $a_0 = (30 \sim 50)p$，取 $a_0 = 30p$，由 (4-68) 式得

$$L_p = \frac{2a_0}{p} + \frac{z_1 + z_2}{2} + \left(\frac{z_2 - z_1}{2\pi}\right)^2 \frac{p}{a_0}$$

$$= \frac{2 \times 30p}{p} + \frac{21 + 63}{2} + \left(\frac{63 - 21}{2\pi}\right)^2 \frac{p}{30p} = 103.49。$$

计算出的 L_p 应圆整为整数，最好取为偶数，取 $L_p = 104$。如已知 L_p 时，也可由 (4-68) 式计算出实际中心距 a，即

$$a = \frac{p}{4}\left[\left(L_p - \frac{z_1 + z_2}{2}\right) + \sqrt{\left(L_p - \frac{z_1 + z_2}{2}\right)^2 - 8\left(\frac{z_2 - z_1}{2\pi}\right)^2}\right]。$$

通常中心距设计成可调的；若中心距不能调节而又没有张紧装置时，应将计算的中心距减小 2～5 mm。使链条有小的初垂度，以保持链传动的张紧。

(4) 确定链条型号和节距 p。链的节距 p 是决定链的工作能力、链及链轮尺寸的主要参数，正确选择 p 是链传动设计时要解决的主要问题。链的节距越大，承载能力越高，但其运动不均匀性和冲击就越严重。因此，在满足传递功率的情况下，应尽可能选用较小的节距。高速重载时，可选用小节距、多排链。

首先确定系数小链轮齿数系数 K_z、链长系数 K_L、多排链系数 K_p。根据链速估计链传动可能产生链板疲劳破坏，从表 4-31 中，查得小链轮齿数系数 $K_z = 1.11$；从链长系数图 4-94 中，

查得 $K_L = 1.01$；考虑传递功率不大，故选单排链，从表 4-32 中查得 $K_p = 1.0$。

表 4-31 小链轮齿数系数 K_z 和 K_z'

z_1	17	19	21	23	25	27	29	31	33	35
K_z	0.887	1.00	1.11	1.23	1.34	1.46	1.58	1.70	1.82	1.93
K_z'	0.846	1.00	1.16	1.33	1.51	1.69	1.89	2.08	2.29	2.50

表 4-32 多排链系数 K_p

排数	1	2	3	4	5	6
K_p	1.0	1.7	2.5	3.3	4.0	4.6

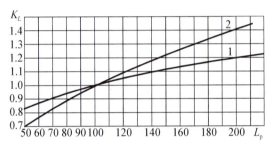

1—链板疲劳，2—滚子、套筒冲击疲劳

图 4-94 链长系数 K_L

所能传递的额定功率为

$$P_0 = \frac{P_c}{K_z K_L K_p} = \frac{7.5}{1.11 \times 1.01 \times 1.0} = 6.69 \text{ (kW)}。$$

从图 4-95 中选择滚子链型号为 10 A，链节距 $p = 15.875$ mm。由图证实工作点落在曲线顶点左侧，主要失效形式为链板疲劳，前面假设成立。

(5) 验算链速为

$$v = \frac{z_1 p n_1}{60 \times 1000} = \frac{25 \times 15.875 \times 720}{60 \times 1000} = 4 \text{(m/s)}。$$

链速在估计范围之内。

(6) 确定链长 L 和中心距 a，其中：

链长 $L = \dfrac{L_p \times p}{1000} = \dfrac{104 \times 15.875}{1000} = 1.651$ (m)。

中心距 $a = \dfrac{p}{4}\left[\left(L_p - \dfrac{z_1 + z_2}{2}\right) + \sqrt{\left(L_p - \dfrac{z_1 + z_2}{2}\right)^2 - 8\left(\dfrac{z_2 - z_1}{2\pi}\right)^2}\right]$

$= \dfrac{15.875}{4}\left[\left(104 - \dfrac{21 + 63}{2}\right) = \sqrt{\left(104 - \dfrac{21 + 63}{2}\right)^2 - 8\left(\dfrac{63 - 21}{2\pi}\right)^2}\right]$

$= 480.39 (\text{mm})$。

$a < 650$ mm,符合题目要求。

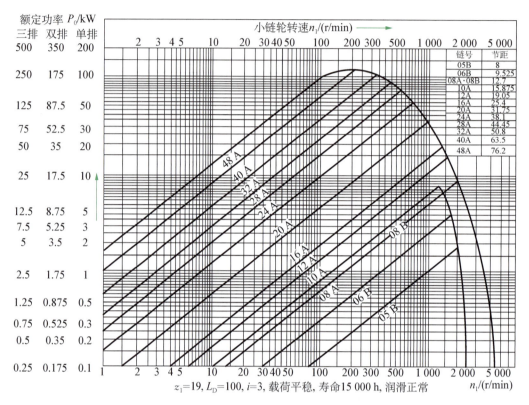

图 4-95 滚子链的额定功率曲线

（7）求作用在轴上的力,其中：

工作拉力 $F = 1000 \dfrac{P}{v} = 1000 \dfrac{7.5}{4} = 1875(\text{N})$。

因载荷平稳,取压轴力系数为1.2,则压轴力为

$$F_Q = 1.2F = 1.2 \times 1875 = 2250(\text{N})$$ 。

（8）选择润滑方式。根据链速 $v = 4$ m/s,节距 $p = 15.875$ mm,按图 4-96 选择油浴或飞溅润滑方法。

（9）结构设计（略）。

学生操作题 1：一滚子链传动由发动机驱动,发动机的额定功率 $P = 17$ kW,链轮的转速 $n_1 = 970$ r/min, $n_2 = 194$ r/min,载荷平稳,两班制工作。试设计此链传动。

学生操作题 2：设计一链式运输机中的滚子链传动。已知传递功率 $P = 15$ kW,电动机转速 $n_1 = 970$ r/min,速比 $i = 3$,载荷平稳。

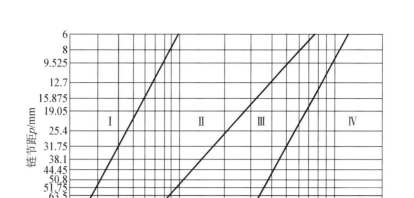

Ⅰ—人工定期润滑；Ⅱ—滴油润滑；Ⅲ—油浴或飞溅润滑；Ⅳ—压力喷油润滑

图 4-96　推荐的润滑方式

任务 4-4　螺 旋 传 动

螺旋传动是利用螺杆和螺母组成的螺旋副来实现传动的。它主要用于将回转运动变为直线运动，或将直线运动变为回转运动，同时传递运动或动力。

（1）按螺旋传动的用途分类　可分为：

① 传力螺旋。以传递动力为主，要求用较小的力矩转动螺杆（或螺母）而使螺母（或螺杆）产生轴向运动和较大的轴向力，这个轴向力可以用来做起重和加压等工作。例如，起重器、千斤顶、加压螺旋等。其特点是低速、间歇工作，传递轴向力大、自锁。图 4-97 所示为起重器。

② 传导螺旋。以传递运动为主，并要求具有很高的运动精度，常用作机床刀架或工作台的进给机构。其特点是速度高、连续工作、精度高。图 4-98 所示为车床进给螺旋机构。

③ 调整螺旋。用于调整并固定零件或部件之间的相对位置。例如，机床、仪器及测试装置中的微调螺旋。其特点是受力较小，且不经常转动。图 4-99 所示为虎钳钳口调节机构。

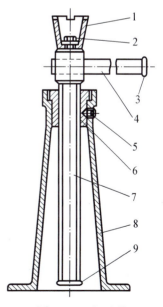

图 4-97　起重器

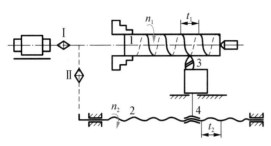
图4-98 车床进给螺旋机构图4-2车床进给螺旋机构

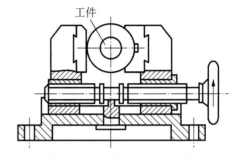
图4-99 虎钳钳口调节机构

(2)按其螺旋副的摩擦性质分类 螺旋传动可分为：

① 滑动螺旋——滑动摩擦。滑动螺旋的优点是构造简单、传动比大、承载能力高、加工方便、传动平稳、工作可靠、易于自锁。缺点是磨损快、寿命短、低速时有爬行现象（滑移）、摩擦损耗大、传动效率低（30%～40%）、传动精度低。

② 滚动螺旋——滚动摩擦。滚动螺旋传动是在具有圆弧形螺旋槽的螺杆和螺母之间连续装填若干滚动体（多用钢球），当传动工作时，滚动体沿螺纹滚道滚动，并形成循环。按循环方式有内循环、外循环两种，如图4-100所示。

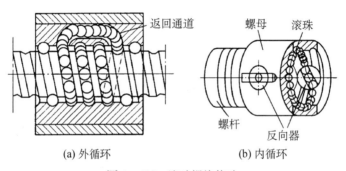

(a) 外循环　　　　(b) 内循环

图4-100 滚动螺旋传动

特点是传动效率高（可达90%）、起动力矩小、传动灵活平稳，低速不爬行、同步性好、定位精度高、正逆运动效率相同，可实现逆传动。缺点是不自锁，需附加自锁装置、抗振性差、结构复杂、制造工艺要求高、成本较高。

③ 静压螺旋——液体摩擦。静压螺旋是靠外部液压系统提供压力油，压力油进入螺杆与螺母螺纹间的油缸，促使螺杆、螺母、螺纹牙间产生压力油膜而分隔开，如图4-101所示。

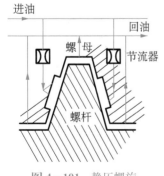

图4-101 静压螺旋

特点：摩擦系数小、效率高、工作稳定，无爬行现象、定位精度高、磨损小、寿命长。但螺母结构复杂（需密封），需一稳压供油系统，成本较高。适用于精密机床中进给和分度机构。

4.4.1 滑动螺旋传动的设计计算

1. 材料

螺杆的材料要求有足够的强度,常用 35,45 号钢;需要经热处理以达到高硬度的重要螺杆,如机床丝杠等,则常用合金钢,如 65Mn,40Cr,T12,20CrMnTi 等材料。

螺母材料除要求有足够的强度以外,还要求在与螺杆材料配合时摩擦系数小和耐磨。常用的材料有铸造青铜,如 ZCuSn10Pb1,ZCuSn5Pb5Zn5;重载低速时,用强度较高的铸造青铜 ZCuAl10Fe3 或铸造黄铜 ZCuZn25Al6Fe3Mn3;低速轻载的螺旋传动,也可用耐磨铸铁。

2. 耐磨性计算

滑动螺旋中磨损是最主要的一种失效形式,它会引起传动精度下降、空间加大,并使强度下降。影响磨损的因素有工作面的比压、螺纹表面质量、滑动速度和润滑状态等。

所以,耐磨性计算主要限制螺纹工作面上比压 P,要求小于材料的许用比压 $[P]$(见表 4-33),即耐磨性条件为

$$P = \frac{F}{\pi d_2 h z} \leqslant [P]。 \tag{4-69}$$

表 4-33 螺旋接触面上的许用压力 $[P]$ (单位:MPa)

螺杆材料	螺母材料	$[P]$	速度范围/(m/min)
钢	青铜	18~25	低速
钢	钢	7.5~13	
钢	铸铁	13~18	<2.4
钢	青铜	11~18	<3.0
钢	铸铁	4~7	
钢	耐磨铸铁	6~8	6~12
钢	青铜	7~10	
淬火钢	青铜	10~13	
钢	青铜	1~2	>15

式中,F 为最大轴向载荷(N);d_2 为螺纹中径(mm);h 为螺纹接触高度(mm),梯形螺纹和矩形螺纹 $h=0.5p$,锯齿形螺纹 $h=0.75p$,p 为螺距;z 为螺纹的旋合圈数,当螺母高度为 H 时,$z=H/p$。

将 $z=H/p$ 和 $K=H/d_2$ 代入(4-69)式,得设计公式为

$$d_2 \geqslant \sqrt{\frac{FP}{\pi K h [P]}}。 \tag{4-70}$$

3. 自锁性验算

螺旋副的自锁条件为

$$\lambda = \arctan\frac{L}{\pi d_2} = \arctan\frac{np}{\pi d_2} \leqslant \varphi_v - 1°, \qquad (4-71)$$

式中,λ 为螺旋升角;L 为导程;φ_v 为螺旋副的当量升角。

4. 螺杆的强度计算

螺杆工作时,同时受压力(拉力)F 与扭矩 T 的复合作用,应按第四强度理论计算其危险截面的当量应力,即

$$\sigma_c = \sqrt{\sigma^2 + 3\tau^2} = \sqrt{\left(\frac{F}{A}\right)^2 + \left(\frac{T}{W_T}\right)^2} \leqslant [\sigma], \qquad (4-72)$$

式中,A 为螺杆危险截面面积,$A = \frac{\pi d_1^2}{4}(\mathrm{mm}^2)$,$d_1$ 为螺纹小径(mm);T 为螺纹力矩,$T = F\tan(\lambda+\varphi_v)\frac{d_2}{2}(\mathrm{N\,mm})$;$W_T$ 为螺杆抗扭截面系数,$W_T = \frac{\pi d_1^3}{16}(\mathrm{mm}^3)$;$[\sigma]$ 为螺杆材料的许用应力,$[\sigma] = \sigma_S/S(\mathrm{MPa})$。

5. 螺母的螺纹牙强度计算

由于螺母材料的强度通常低于螺杆材料的强度,因此螺纹牙受剪和弯曲均在螺母上。将螺母一圈螺纹沿螺纹大径处展开,即可视为一悬壁梁。螺纹牙根部危险剖面的抗弯强度校核公式为

$$\sigma_b = \frac{3Fh_1}{\pi Db^2 z} \leqslant [\sigma_b]; \qquad (4-73)$$

抗剪强度校核公式为

$$\tau = \frac{F}{\pi Dbz} \leqslant [\tau]。 \qquad (4-74)$$

式中,σ_b 为螺母螺纹的弯曲应力(MPa);τ 为螺母螺纹的切应力(MPa);D 为螺母螺纹的大径(mm);h_1 为螺纹高度(mm);b 为螺纹牙底宽度(mm),梯形螺纹 $b=0.65p$,矩形螺纹 $b=0.5p$,锯齿形螺纹 $b=0.74p$;$[\sigma_b]$ 为螺母螺纹的许用弯曲应力(MPa),如表 4-34 所示;$[\tau]$ 为螺母螺纹的许用切应力(MPa),如表 4-34 所示。

表 4-34 螺纹牙的许用弯曲应力和许用切应力 (单位:MPa)

材料	钢	青铜	铸铁	耐磨铸铁
许用弯曲应力$[\sigma_b]$	(1~1.2)	40~60	45~55	50~60
许用切应力$[\tau]$	0.6	30~40	40	40

注:① $[\sigma] = \sigma_b/(3\sim5)$,$\sigma_b$ 为钢的屈服点;② 静载时,许用应力应取大值。

6. 螺杆的稳定性计算

当螺杆较细长,且受较大轴向压力时,可能会双向弯曲而失效。螺杆相当于细杆,螺杆

所承受的轴向压力 F 小于其临界压力 F_{ca}，即

$$\frac{F_{ca}}{F} \geqslant 2.5 \sim 4 。 \tag{4-75}$$

4.4.2 滚动螺旋传动简介

在螺杆与螺母之间设有封闭循环滚道，在滚道间填充钢珠，使螺旋副的滑动摩擦变为滚动摩擦，从而减少摩擦，提高传动效率，这种螺旋传动称为滚动螺旋传动，又称滚珠丝杆副。

1. 滚珠丝杆副的结构、特点及应用

如图 4-102 所示，滚珠丝杆副主要由丝杆 1、螺母 3、滚珠 4 和反向器 2 组成。在丝杆外圆和螺母内孔上分别开出断面呈半圆形的螺旋槽，丝杆与螺母内孔用间隙配合，两构件上的螺旋槽配合成断面呈圆形的螺旋滚道，在此通道中充入钢珠就使两构件联结起来，构成滚珠丝杆副。

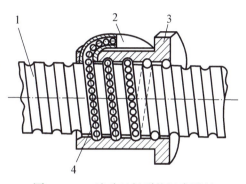

图 4-102 滚珠丝杆副的组成原理

滚珠丝杆副螺旋面间为滚动摩擦，具有摩擦阻力小、效率高、运动平稳、传动精度高、寿命长等特点。它广泛应用于汽车、拖拉机的转向机构，飞机机翼和起落架的控制，水闸的升降机构，数控机床进给装置等。缺点是结构复杂、制造困难、不具有自锁性，有些机构为防止逆转需另加自锁机构。

2. 滚珠丝杆副的标注方法

滚珠丝杆副根据其结构、规格、精度和螺旋方向等特征，用汉语拼音字母、数字和文字按下列格式进行标注：

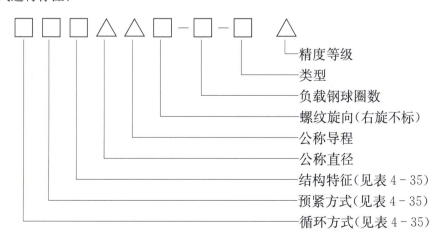

表4-35 滚珠丝杆副的旋向、预紧、循环及结构特征的代号

项目		代号	项目		代号
结构特征	导珠管理入式	M	预紧方式	变导程预紧	B
	导珠管凸出式	T		增大钢球直径预紧	Z
内循环方式	浮动式	F		无预紧	W
	固定式	G	双螺母	齿差预紧	C
外循环方式	插管式	C		螺帽预紧	L
螺纹旋向	左旋(右旋不标)	LH		垫片预紧	D

注：预紧方式中"单螺母"对应变导程预紧、增大钢球直径预紧、无预紧。

3. 滚动螺旋传动设计计算的说明

由于滚动螺旋传动的精度要求高，且制造比较复杂，所以均由专业厂生产，使用者在设计时通常以选择性计算或校验为主。

一般情况下，滚珠丝杆副的承载能力取决于其抗疲劳能力，故首先应按寿命条件及额定动载荷选择或校核其基本参数，同时检验其载荷是否超过额定静载荷。当转速很低时，可仅按额定静载荷确定或校核其尺寸；当转速较高时，还应考虑丝杆的临界转速，但不论转速高低，一般均应对丝杆进行强度、刚度和稳定性校验。

有关滚动螺旋传动设计计算的方法、步骤及有关参数的确定，可查阅相关手册或资料。

任务4-5 二级减速器综合训练

图4-103所示为带式运输机上的二级斜齿圆柱齿轮减速器。

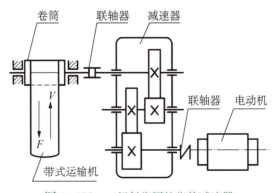

图4-103 二级斜齿圆柱齿轮减速器

4.5.1 设计要求与数据

已知该减速器工作时有轻震，经常满载，空载起动，单向运转，单班制工作。运输带允许

速度误差为5%。减速器小批量生产,使用期限为5年。原始数据及题号,如表4-36所示。

表4-36 原始数据及题号

原始数据	题号						
	A-1	A-2	A-3	A-4	A-5	A-6	A-7
运输带拉力 $F/10^3$ N	2	1.8	2.4	2.2	1.6	2.1	2.6
卷筒直径 D/mm	300	350	300	300	400	350	300
运输带速度 v/(m/s)	0.9	1.1	1.2	0.9	1.5	1.2	1

4.5.2 设计内容

设计内容主要是:设计该带式运输机上的二级斜齿圆柱齿轮减速器。要求完成以下工作。

(1) 减速器装配图一张。

(2) 零件工作图两张:

① 轴类零件(低速轴);

② 盘类零件(低速级大齿轮)。

(3) 设计计算说明书若干页,应包括以下内容:

① 设计任务,原始数据。

② 传动方案的设计,电动机选择,各级转速、扭矩。

③ 传动零件的设计计算(带传动、齿轮传动、蜗杆传动等)。

④ 轴承的选择,低速轴轴承的寿命计算。

⑤ 轴的设计计算。按扭矩估算最小轴径,对低速轴进行强度校核。

⑥ 轴承润滑方法的选择、说明。

⑦ 联轴器的选择及校核计算。

⑧ 键的选择及校核计算。

⑨ 减速器的主要尺寸、装配技术要求等。

⑩ 主要参考资料。

4.5.3 设计步骤

1. 传动装置的总体方案设计

(1) 传动方案的分析 传动装置的设计方案一般用运动简图表示,能直观地反映工作机、传动装置和原动机三者间的运动和力的传递关系。满足工作机性能要求的传动方案,可以由不同传动机构类型,以不同的组合形式和布置顺序构成。

① 传动方案的确定从以下几个方面考虑:

a. 可靠性;

b. 结构是否简单；

c. 尺寸是否紧凑；

d. 加工是否方便；

e. 成本是否低廉；

f. 传动效率；

g. 使用维护是否便利；

h. 工作条件。

② 常用传动机构的布置原则：

a. 带传动的承载能力较小，传动平稳，缓冲吸振能力较强，宜布置在高速级。

b. 链传动运转不均匀，有冲击，宜布置在低速级。

c. 蜗杆传动效率较低，但传动平稳，当与齿轮副组成传动机构时，宜布置在高速级。

d. 开式齿轮传动的工作环境一般较差，润滑条件不好，因而磨损严重，寿命较短，应布置在低速级。

e. 斜齿轮传动的平稳性较直齿轮传动好，常用在高速级或要求传动平稳的场合。

（2）电动机的选择　计算、确定以下指标。

① 计算电动机的容量。计算方法参见《机械设计课程设计》指导书。

② 计算电动机的转速。计算方法参见《机械设计课程设计》指导书。

③ 确定电动机的型号。

计算结果列于表 4-37 中。

表 4-37　电动机计算结果

电动机型号	额定功率 P	实际输出功率 P_d	额定转速 n_m	轴伸直径 D	轴伸长度 E	轴中心高 H

（3）计算总传动比及分配各级传动比　总传动比为

$$i_a = \frac{n_m}{n}。 \tag{4-76}$$

分配传动比原则：

① 高速级的传动比大于低速级，但高速级的传动比不能超过低速级传动比的两倍，否则会使高速级大齿轮与低速轴相碰。

② 在两对齿轮配对材料相同（即两级齿面许用接触应力相近）、两级齿宽系数相等情况下，其传动比分配，可从图 4-104 中选择。

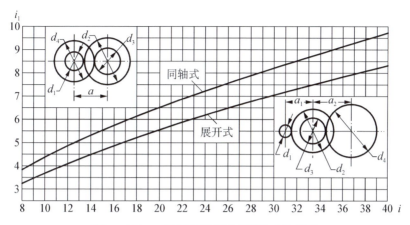

图 4-104　二级圆柱齿轮减速器传动比分配

传动比分配结果列于表 4-38 中。

表 4-38　传动比分配结果

设计结果			
总传动比 i	带传动或联轴器传动比 i_0	高速级传动比 i_1	低速级传动比 i_2

（4）计算各轴的转速、功率及转矩　各轴的转速、功率及转矩计算方法参见《机械设计课程设计》指导书，计算结果列于表 4-39 所示。

表 4-39　各轴的转速、功率及转矩计算结果

计算结果						
轴名	功率 P/kW		转矩 $T/(\text{kN}\cdot\text{m})$		转速 $n/(\text{r/min})$	传动比	效率 η
	输入	输出	输入	输出			
电机轴							
Ⅰ轴							
Ⅱ轴							
Ⅲ轴							
卷筒轴							

2. 传动零件的设计计算

设计减速器的装配图前，必须先计算各级传动件的参数，确定其尺寸，并选好联轴器的类型和规格。为使设计减速器的原始条件比较准确,一般先计算减速器的外传动件,如带传动、链传动和开式齿轮传动等,然后计算其内传动件。

(1) 选择联轴器的类型和规格　传动装置中一般有两个联轴器,一个是联结电动机与减速器高速轴的联轴器,另一个是联结减速器低速轴与工作机轴的联轴器。前者由于转速较高,为了减小起动载荷、缓和冲击,应选用具有较小转动惯量的弹性联轴器,如弹性柱销联轴器等。后者由于所联结的转速较低,传递的转矩较大,减速器与工作机常不在同一底座上,而要求有较大的轴向偏移,常选用无弹性元件的挠性联轴器或刚性联轴器,如齿轮联轴器、十字滑块联轴器等。

对于标准联轴器,按传递扭矩的大小和转速选择型号。选择时注意,该型号最大、最小孔径尺寸必须与两联结轴相适应。

(2) 设计减速器外传动零件　设计方法参见任务 4-1～4-3。设计时注意事项:

① 带传动,采用普通 V 带或窄 V 带传动。

a. 检查带轮尺寸与传动装置外廓尺寸的相互关系,如装在电机轴上的小带轮直径与电机中心高是否对称,其轴孔直径与电机轴径是否一致,大带轮是否过大与机架相碰。

b. 带轮的结构型式主要取决于带轮直径的大小。带轮直径与电动机的中心高应相称,带轮轴孔的直径、长度应与电机轴的直径、长度对应,大带轮的外圆半径不能过大,否则会与机器底座相干涉等。

c. 带轮直径确定后,应验算实际传动比和大带轮的转速,并以此修正减速器的传动比和输入转矩。

② 链传动:

a. 应使链轮的直径、轴孔尺寸等与减速器、工作机相适应。应由所选链轮的齿数计算实际传动比,并考虑是否需要修正实际传动比。

b. 如果选用的单列链尺寸过大,则应该选双列链。画链轮结构图时,只需要画其轴面齿形图。

③ 开式齿轮传动:

a. 开式齿轮传动一般布置在低速级,常采用直齿齿轮。因开式齿轮的传动润滑条件差、磨损严重,因此只需计算轮齿的弯曲强度,再将计算模数增大 10%～20%。

b. 应选用耐磨性好的材料作为齿轮材料。选择大齿轮的材料时,应考虑毛坯尺寸和制造方法,如当齿轮尺寸超过 50 mm 时,应采用铸造毛坯。

c. 由于开式齿轮的支承刚度小,其齿宽系数应取小些。

(3) 设计减速器内传动零件　主要是齿轮和轴的计算。

① 齿轮的设计,应选择正确的设计准则,计算出减速器各齿轮的参数,主要有模数、齿数、螺旋角、齿轮宽度、传动中心距,并计算出各齿轮的主要尺寸。计算中应注意以下问题:

a. 选择齿轮材料时,通常先估计毛坯的制造方法。当齿轮直径 $d \leqslant 500$ mm 时,可以采用锻造或铸造毛坯;当 $d > 500$ mm 时,多用铸造毛坯。小齿轮根圆直径与轴径接近时,若齿轮与轴制成一体,则所选材料应兼顾轴的要求。材料种类选定后,根据毛坯尺寸确定材料机械性能，以进行齿轮强度设计。在计算出齿轮尺寸后，应检查与所定机械性能是否相符，必要时，应对计算作必要的修改；同一减速器中的各级小齿轮（或大齿轮）的材料应尽可能一致，以减少材料牌号和工艺要求。

b. 齿轮传动的计算方法，由工作条件和材料的表面硬度来确定。要注意当有短期过载作用时，要进行过载静强度校验计算。

c. 根据齿宽系数 $\phi_{d1}=b/d_1$ 求齿宽 b 时，b 应是一对齿轮的工作宽度，为易于补偿齿轮轴向位置误差，应使小齿轮宽度大于大齿轮宽度，因此大齿轮宽度取 b，而小齿轮宽度取 $b_1=b+(5\sim10)$mm，齿宽数值应圆整。

d. 齿轮传动的几何参数和尺寸有严格的要求，应分别进行标准化、圆整或计算其精确值。例如，模数必须标准化，中心距和齿宽尽量圆整，啮合尺寸（节圆、分度圆、齿顶圆以及齿根圆的直径、螺旋角、变位系数等）必须计算精确值，长度尺寸准确到小数点后 2~3 位（单位为mm），角度准确到秒。圆整中心距时，对直齿轮传动，可以调整模数 m 和齿数 z；对斜齿轮传动，可以调整螺旋角 β。

e. 齿轮结构尺寸，如轮缘内径 D_1、轮辐厚度 C_1、轮辐孔径 d_0、轮毂直径 d 和长度 L 等，按参考资料给定的经验公式计算，但都应尽量圆整，以便于制造和测量。

注意：各级大、小齿轮几何尺寸和参数的计算结果应及时整理并列表，同时画出结构简图，以备装配图设计时应用。

f. 按工作机所需电动机功率 P_d 计算，而不按电动机额定功率 P_{ed} 计算。

g. 设计传动零件时，应按<u>主动轴</u>的输出功率计算。

② 齿轮计算步骤为：

a. 选择材料、确定许用应力。

b. 确定计算准则，即齿面接触强度计算准则确定 a，轮齿弯曲强度计算准则确定 m_n。

c. 确定基本参数，计算主要尺寸。

d. 校核另一强度。

e. 验算圆周速度。

第一、第二对齿轮计算结果列于表 4-40。

表 4-40 第一（第二）对齿轮的计算结果

第一对（圆柱）齿轮设计结果						
模数 m_n	小齿轮齿数 z_1	大齿轮齿数 z_2	螺旋角 β	中心距 a	小齿轮宽度 b_1	大齿轮宽度 b_2
小齿轮分度圆直径 d_1	小齿轮齿顶圆直径 d_{a1}	小齿轮齿根圆直径 d_{f1}	大齿轮分度圆直径 d_2	大齿轮齿顶圆直径 d_{a2}	大齿轮齿根圆直径 d_{f2}	

③ 轴的设计。设计轴时,应按其输入功率计算。计算步骤为:

a. 选择轴的材料与热处理。

b. 按扭转强度((3-25)式)初步估算轴的最小直径。

注意:该公式算出的直径对外伸轴是该轴的最小直径(同时该直径又要与联轴器孔径相匹配),对非外伸轴是该轴的最大直径。

同时,也可用经验公式来估算直径。对高速轴按电动机的直径 D 估算,即

$$d = (0.8 \sim 0.9)D,$$

对各级低速轴的轴径可按同级齿轮中心距 a 估算,即

$$d = (0.3 \sim 0.4)a。$$

c. 确定轴上零件的定位、配合及装拆等要求,确定其他轴段的直径及长度。

3. 减速器结构设计

(1) 减速器结构尺寸 图 4-105 所示为减速器的示意图。减速器的机体由机座和机盖组成。为安装方便,机座和机盖的分界面通常与各轴中心线所在的平面重合,这样可将轴

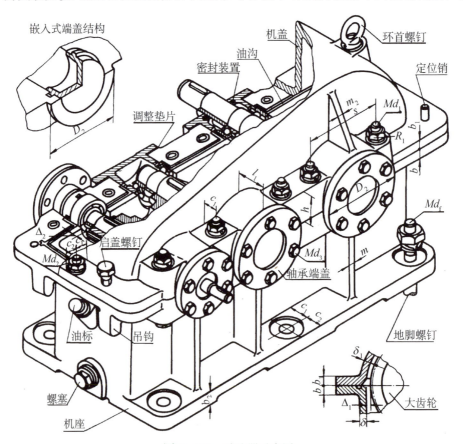

图 4-105 减速器示意图

承、齿轮等轴上零件在体外安装在轴上,再放入机座轴承孔内,然后合上机盖。机座与机盖的相对位置由定位销确定,并用螺栓联结紧固。机盖凸缘上两端各有一螺纹孔,用于拧入启盖螺钉。机体内常用机油润滑,机盖上有观察窗,其上设有通气孔,能使机体内膨胀气体自由逸出;机座上设有标尺,用于检查油面高度。为放出机体内油污,在机座底部有放油螺塞。为了便于搬运,在机体上装有环首螺钉或耳钩。机体上的轴承盖用于固定轴、调整轴承游隙,并承受轴向力。在输入、输出端的轴承盖孔内放有密封装置,防止杂物渗入及润滑油外漏。若轴承利用稀油飞溅润滑,还常在基座的剖分面上做出输油沟,使由齿轮运转时飞溅到机盖上的油沿机盖内壁流入此油沟导入轴承。

减速器机体是用以支持和固定轴系零件,是保证传动零件的啮合精度、良好润滑及密封的重要零件,其重量约占减速器总重量的50%。因此,机体结构对减速器的工作性能、加工艺、材料消耗、重量及成本等有很大影响,设计时必须全面考虑。设计减速器的箱体结构时,可参阅《机械设计课程设计》指导书。

(2)减速器机体设计　主要有:
① 机体功用:支持和固定轴系零件。
② 机体材料:铸铁。
③ 机体结构:剖分式。
(3)减速器结构尺寸确定　参见《机械设计课程设计》指导书。
(4)轴系装配方案设计　主要从以下几方面考虑。
① 轴承支承方式的选择。
② 轴承的类型的选择。
③ 轴承的润滑方式和润滑剂。
④ 轴承的密封方式。
⑤ 轴上零件的装拆、定位、固定。

4. 装配工作图的设计和绘制

装配工作图表达了机器总体结构的设计构思、部件的工作原理和装配关系,也表达出各零件间的相互位置、尺寸及结构形状。它是绘制零件工作图、进行部件装配、调试及维护的技术依据。减速器的装配工作图可按以下步骤进行设计:
① 装配工作图设计的准备。
② 绘制装配草图。
③ 进行传动件的结构设计、轴承端盖的结构设计,选择轴承的润滑和密封方式。
④ 设计减速器的箱体和附件。
⑤ 检查装配草图。
⑥ 完成装配图。

(1)装配图设计的准备阶段　在画装配图之前,应通过翻阅资料、装拆减速器、看录像等,搞清楚减速器各零部件的作用、类型和结构。画装配图时,应选好比例尺,布置好图面位置。画草图的比例尺与正式图相同。还要注意减速器的以下数据:

① 电动机型号，电动机输出轴的轴径、轴伸长度，电动机的中心高。
② 联轴器的型号、孔径范围、孔宽和装拆尺寸要求。
③ 传动零件的中心矩、分度圆直径、齿顶圆直径及轮齿的宽度。
④ 滚动轴承的类型。
⑤ 箱体的结构方案，所推荐箱体结构的有关尺寸。

(2) 装配图设计的第一阶段　这一阶段主要进行轴的结构设计，确定轴承的型号和位置，找出轴承支点和轴系上作用力的作用点，从而对轴和轴承进行验算。主要包括：
① 确定各传动件的轮廓及相对位置。
② 箱体内壁位置的确定。
③ 轴承座端面位置的确定。
④ 初步计算轴径。
⑤ 轴的结构设计。

(3) 装配图设计的第二阶段　这一阶段的主要工作是进行传动零件的结构设计和轴承的组合设计。主要包括：
① 传动零件的结构设计。
② 轴承的组合设计：
a. 轴承端盖结构。
b. 轴组件的轴向固定和调整。
c. 滚动轴承的润滑和密封。

(4) 装配图设计的第三阶段　这一阶段的主要任务是进行减速器箱体及附件的设计。主要包括：
① 减速器箱体的结构设计。进行减速器箱体的结构设计时，应考虑以下几个方面：
a. 箱体要有足够的刚度。
b. 箱体应有可靠的密封，且便于传动件的润滑和散热。
c. 箱体结构要有良好的工艺性。
d. 箱体的形状应力求匀称、美观。
② 减速器附件的结构设计：
a. 窥视孔和窥视孔盖。
b. 放油螺塞。
c. 油标。
d. 通气器。
e. 起盖螺钉。
f. 定位销。
g. 吊环螺钉、吊耳和吊钩。

(5) 装配草图的检查　检查的主要内容：
① 总体布置方面。

② 计算方面。
③ 轴系结构方面。
④ 箱体和附件结构方面。
⑤ 绘制规范方面。

(6) 完成装配图　这一阶段是最终完成课程设计的关键阶段,应认真完成其中的每一项内容。这一阶段的主要任务如下:
① 标注必要的尺寸。
② 写明减速器的技术特性。
③ 编写技术要求。
④ 对全部零件进行编号。
⑤ 编制零件明细栏及标题栏。
⑥ 检查装配工作图。

5. 减速器零件工作图的设计

零件工作图是零件制造、检验和制定工艺规程的基本技术文件。它既要反映出设计意图,又要考虑到制造的可能性和合理性。因此,零件工作图应包括制造和检验零件所需全部内容,如图形、尺寸及其公差、表面粗糙度、形位公差、对材料及热处理的说明及其他技术要求、标题栏等。

(1) 零件工作图的设计要点　主要有以下几点:
① 每个零件必须单独绘制在一个标准图幅中,合理安排视图,尽量采用1∶1比例尺,用各种视图把零件各部分结构形状及尺寸表达清楚。如有必要细部结构(如环形槽、圆角等),可用放大的比例尺另行表示。
② 零件的基本结构及主要尺寸应与装配图一致,不应随意更改。如必须更改,应对装配图作相应的修改。
③ 标注尺寸时,要选好基准面,标出足够的尺寸而不重复,并且要便于零件的加工制造,应避免在加工时作任何计算。大部分尺寸最好集中标注在最能反映零件特征的视图上。
④ 零件的所有表面都应注明表面粗糙度等级,如较多表面具有同样粗糙度等级,可集中在图纸右上角标注,并加"其他"字样,但只允许就一个粗糙度如此标注。粗糙度等级的选择,可参看有关手册,在不影响正常工作的情况下,尽量取低的等级。
⑤ 零件工作图上要标注必要的形位公差,它是评定零件质量的重要指标之一,其具体数值及标注方法可参考有关手册和图册。
⑥ 对传动零件还要列出主要几何参数、精度等级及偏差表。

此外,还要在零件工作图上提出必要的技术要求,因它是在图纸上不便用图形或符号表示,而在制造时又必须保证的条件和要求。

(2) 轴类零件工作图的设计要点　这类零件系指圆柱体形状的零件,如轴、套筒等。
① 视图。一般只需一个视图,在有键槽和孔的地方,增加必要的剖视或剖面。对于不

易表达清楚的局部,如退刀槽、中心孔等,必要时应绘制局部放大图。

② 标注尺寸。标注径向尺寸时,凡有配合处的直径,都应标出尺寸偏差。首先应选好基准面,并尽量使尺寸的表注反映加工工艺的要求,不允许出现封闭的尺寸链(但必要时,可以标注带有括号的参考尺寸)。

键槽的尺寸偏差及标注方法可查手册。

在零件工作图上对尺寸及偏差相同的直径应逐一标注,不得省略;对所有倒角、圆角都应标注无遗,或在技术要求中说明。

③ 表面粗糙度。轴的各个表面都要加工,其表面粗糙度可查手册选择。

④ 形位公差。

⑤ 技术要求。轴类零件图的技术要求包括:

a. 对材料的机械性能和化学成分的要求,允许的代用材料等。

b. 对材料表面机械性能的要求,如热处理方法、热处理后的硬度、渗碳深度及淬火深度等。

c. 对加工的要求,如是否要保留中心孔,若要保留中心孔,应在零件图上画出或按国标加以说明。与其他零件一起配合加工的(如配钻或配铰等),也应说明。

d. 对于未注明的圆角、倒角的说明,个别部位的修饰加工要求,以及对较长的轴要求毛坯校直等。

(3) 齿轮类零件工作图的设计要点　主要有以下几点:

① 视图。这类零件图一般用两个视图表示。为了表达齿形的有关特征及参教,必要时应画出局部剖视图。

② 标注尺寸。各径向尺寸以轴的中心线为基准标出,齿宽方向的尺寸以端面为基准标出。齿轮类零件的分度圆直径虽不能直接测量,但它是设计的基本尺寸,应该标注。这类零件的轴孔是加工、测量和装配时的重要基准。尺寸精度要求高,应标出尺寸偏差。齿顶圆的偏差值与该直径是否作为测量基准有关,可查手册标出。齿根圆是根据其他参数加工的结果,在图纸上不标注。所有轴、孔的键槽尺寸按规定标注。

③ 表面粗糙度。可参考有关手册。

④ 齿坯形位公差的推荐项目。

⑤ 啮合特性。误差检验项目和具体数值。查齿轮公差标准或有关于册。

⑥ 技术要求:

a. 对铸件、锻件或其他类型坯件的要求。

b. 对材料的机械性能和化学成分的要求及允许代用的材料。

c. 对材料表面机械性能的要求,如热处理方法、处理后的硬度、渗碳深度及淬火深度等。

d. 对未注明倒角、圆角半径的说明。

e. 对大型或高速齿轮的平衡试验要求

(4) 机体零件工作图的设计要点　主要有以下几点:

① 视图。一般用 3 个基本视图表示。为表示机体内部和外部结构尺寸，常需增加一些局部剖视图或局部视图。当两孔不在一条轴线上时，可采用阶梯剖视图表示。对于油尺孔、螺栓孔、销钉孔、放油孔等细部结构，可采用局部剖视图表示。

② 标注尺寸。机体的尺寸标注较轴类零件和齿轮类零件复杂、形状多样、尺寸繁多。标注尺寸时，既要考虑铸造、加工工艺及测量的要求，又要多而不乱，一目了然，为此，必须注意以下几点：

a. 机体尺寸可分为形状尺寸和定位尺寸。形状尺寸是机体各部位形状大小的尺寸，如壁厚、各种孔径及其深度、圆角半径、槽的深度、螺纹尺寸及机体长高宽等。这类尺寸应直接标出，而不应有任何运算。

定位尺寸是确定机体各部位相对于基准的位置尺寸，如孔的中心线、曲线的中心位置及其他有关部位的平面等与基准的距离。定位尺寸都应从基准（或辅助基准）直接标注。

b. 要选好基准。最好采用加工基准作为标注尺寸的基准，这样便于加工和测量。

c. 对于影响机器工作性能的尺寸应直接标出，以保证加工准确性，如机体孔的中心距及其偏差，按齿轮中心距极限偏差 $\pm f_a$ 注出。

d. 标注尺寸要考虑铸造工艺特点。机体大多为铸件，因此标注的尺寸要便于木模制作。

e. 配合尺寸都应标出其偏差。标注尺寸时，应避免出现封闭尺寸链。

f. 所有圆角、例角、拔模斜度等都必须标注或在技术要求中说明。

③ 表面粗糙度。机体的表面粗糙度 R_a 荐用值可从手册中查出。

④ 形位公差。

⑤ 技术要求：

a. 机盖与机座的轴承孔应用螺栓联结，并装入定位销后镗孔。

b. 剖分面上的定位销孔加工，应将机盖和机座固定后配钻、配铰。

c. 时效处理及清砂。

d. 机体内表面需用煤油清洗，并涂防腐漆。

e. 铸造斜度及圆角半径。

f. 机体应进行消除内应力的处理。

6. 编写编制设计说明书和准备答辩

计算说明书是设计计算的整理和总结，是图纸设计的理论根据，而且是审核设计的技术文件之一。因此，编写计算说明书是设计工作的一个重要组成部分。

(1) 计算说明书的基本内容　计算说明书的内容视设计任务而定，对于传动装置设计内容大致包括：

① 目录（标题及页次）。

② 设计任务书。

③ 传动方案的拟定（简要说明附传动方案简图）。

④ 电动机的选择。
⑤ 传动装置运动和动力参数计算(计算电动机所需功率,选择电动机,分配各级传动比,计算各轴转速、功率和扭矩)。
⑥ 传动零件的设计计算。
⑦ 轴的计算(包括强度校核)。
⑧ 链联结的选择和计算。
⑨ 滚动轴承的选择和计算。
⑩ 联轴器的选择。
⑪ 参考资料(资料的编号[x]及书名、作者、出版单位、出版年月)。

说明书还可以包括一些其他技术说明,如装配、拆卸、安装时的注意事项,将采取的重要措施:啮合件及轴承的润滑方法和润滑剂的选择、散热和冷却,等等。

(2) 准备答辩　答辩是课程设计的最后一个环节,是检查学生实际掌握知识的情况和设计的成果,判定设计成绩的一个重要方面。答辩前,要认真整理和检查全部图纸和说明书,进行系统、全面的回顾和总结。搞清设计中每一个数据、公式的使用,弄懂图纸上的结构设计问题,每一线条的画图依据以及技术要求等其他问题。最后把图纸叠好,说明书装订好,放在图纸袋内准备答辩。

思考题与习题

一、思考题

1. 什么是标准齿轮？一个标准齿轮有哪些参数标准化了？
2. 一对直齿圆柱齿轮正确啮合的条件是什么？连续传动的条件是什么？
3. "一个直齿圆柱齿轮的齿数如少于17,那么它肯定会根切",这个说法是否正确？为什么？
4. 齿轮传动有哪几种失效形式？各种失效形式常在哪种情况下发生？
5. 与齿轮传动比较,蜗杆传动有哪些特点(优点和缺点)？
6. 蜗杆传动热平衡计算中,若温升过高可采用什么措施解决？
7. 轮系有哪些功用？
8. V带为什么比平带的承载能力强？
9. 传动带工作时,有哪些应力？如何分布？最大应力点在哪里？
10. 带的传动能力与哪些因素有关？
11. 弹性滑动和打滑有什么区别？
12. 带传动的失效形式和设计准则是什么？
13. 滚子链的结构是怎样的？
14. 链节距和排数对承载能力有什么影响？
15. 简述螺旋传动的基本类型、特点和应用场合。

二、习题

1. 一标准直齿圆柱齿轮的 $\alpha = 20°$,$h_a^* = 1$,问齿数为多少时齿根圆大于基圆? 齿数为多少时齿根圆小于基圆?($\cos 20° = 0.9397$,$\sin 20° = 0.3420$,$h_a^* = 1$,$C^* = 0.25$)

2. 有两组正常齿制标准齿轮,压力角 $\alpha = 20°$。

   (a) $\begin{cases} m_1 = 2 \text{ mm}, & z_1 = 20, \\ m_2 = 2 \text{ mm}, & z_2 = 50; \end{cases}$ (b) $\begin{cases} m_1 = 2 \text{ mm}, & z_1 = 50, \\ m_2 = 5 \text{ mm}, & z_2 = 20。 \end{cases}$

   (1) 试比较同一组内两齿轮的齿形;
   (2) 同一组内两齿轮能否用同一把齿轮滚刀加工?

3. 某机床上一对标准斜齿圆柱齿轮已报废,测得 $z_1 = 25$,$z_2 = 70$,全齿高 $h = 9$ mm,在机床上测得该对齿轮的中心距 $a = 200$ mm。为配换新齿轮,试确定该对齿轮的端面模数 m_t、法向模数 m_n、分度圆直径 d、齿顶圆直径 d_a 及螺旋角 β。

4. 有一对标准直齿圆柱齿轮传动,如两齿轮的材料、热处理、齿数、齿宽、传递功率和载荷系数均保持不变,而把小齿轮的转速从 $n_1 = 960$ r/min 降低到 $n_1 = 730$ r/min。试问改变齿轮的哪个参数才能保持具有原来的弯曲强度? 该参数的现在值与原来值之比等于多少?

5. 一对标准直齿圆柱齿轮传动,已知 $z_1 = 20$,$z_2 = 40$,小轮材料为 45Cr 钢,大轮材料为 45#钢,许用应力是 $[\sigma_H]_1 = 600$ MPa,$[\sigma_H]_2 = 500$ MPa,$[\sigma_F]_1 = 179$ MPa,$[\sigma_F]_2 = 144$ MPa,齿形系数 $Y_{F1} = 2.8$,$Y_{F2} = 2.4$。
   试问:(1) 哪个齿轮的接触强度弱?   (2) 哪个齿轮的弯曲强度弱? 为什么?

6. 斜齿圆柱齿轮传动的转向和旋向如题图 4-1 所示,分别标出这对齿轮啮合时所受的圆周力、径向力和轴向力的方向。

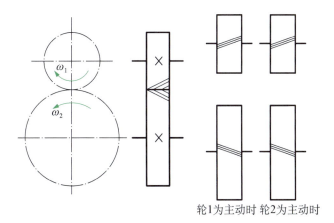

题图 4-1

7. 一蜗杆蜗轮传动,已知 $z_1 = 1$,$z_2 = 35$,并测得 $p_{a1} = 15.708$ mm,$d_{a1} = 50$ mm。试求:
   (1) 蜗杆蜗轮的模数 m;   (2) 蜗杆特性系数 q、中圆柱直径 d_1 及螺旋线升角 λ_1;
   (3) 蜗轮的螺旋角 β_2 和分度圆直径 d_2;   (4) 该传动的中心距 a。

8. 判断题图 4-2 所示定轴轮系中蜗轮 6 的转向(标在图中)。

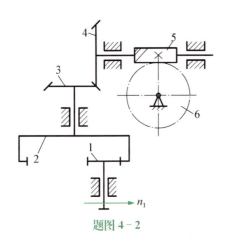

题图 4-2

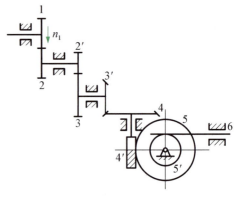

题图 4-3

9. 在题图 4-3 所示的轮系中,已知 $z_1=15$,$z_2=25$,$z_{2'}=15$,$z_3=30$,$z_{3'}=15$,$z_4=30$,$z_{4'}=2$,$z_5=30$,$z_{5'}=20$,$m=4\text{ mm}$。若 $n_1=500\text{ r/min}$,求齿条 6 的线速度 v 的大小和方向。

10. 在题图 4-4 所示的轮系中,已知 $z_1=z_{2'}=25$,$z_2=z_3=20$,$z_H=100$,$z_4=20$。求传动比 i_{14}。

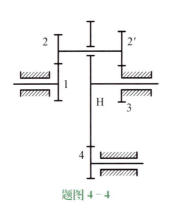

题图 4-4

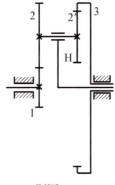

题图 4-5

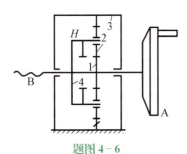

题图 4-6

11. 在题图 4-5 所示的差动轮系中,设已知各轮齿数为 $z_1=15$,$z_2=25$,$z_{2'}=20$,$z_3=60$,$n_1=200\text{ r/min}$,$n_3=50\text{ r/min}$。当(1)n_1 与 n_3 转向相同时;(2)n_1 与 n_3 转向相反时,求系杆 H 的转速 n_H 的大小和方向。

12. 题图 4-6 所示为车床尾座套筒的进给机构。手轮 A 为输入构件,带动套筒的螺杆 B 为输出构件。A 处于图示位置时,B 作慢速进给;A 处于与内齿轮 4 啮合位置时,B 作快速退回。已知,$z_1=z_2=z_4=16$,$z_3=25$。单线螺杆 B 的螺距 $P=4\text{ mm}$。求手轮转动 1 周时,螺杆慢速移动和快速退回的距离各为多少?

13. 带传动传递的功率 $P = 5$ kW, $n_1 = 350$ r/min, $D_1 = 450$ mm, $D_2 = 650$ mm, 中心距 $a = 1\,500$ mm, 当量摩擦系数 $f_v = 0.2$。求带速 v_1、小带轮包角 α_1 及紧边拉力 F_1。
14. V 带传动, 传递功率为 7.5 kW, 带速 $v = 10$ m/s, 若已知紧边拉力与松边拉力满足 $F_1 = 2F_2$。求紧边拉力 F_1 及有效圆周力 F_e。
15. 试设计某车床上电动机和床头箱间的普通 V 带传动。已知电动机的功率 $P = 4$ kW, 转速 $n_1 = 1\,440$ r/min, 从动轴的转速 $n_2 = 680$ r/min, 两班制工作, 根据机床结构, 要求两带轮的中心距在 950 mm 左右。
16. 已知有一套筒滚子链传动, 链节距 $p = 19.05$ mm, 主动链轮齿数 $z_1 = 15$, 从动链轮齿数 $z_2 = 25$, 链轮转速 $n_1 = 500$ r/min, 中心距 $a = 650$ mm。试求:
    (1)平均链速 v_m;(2)最大链速 v_{max}、最小链速 v_{min};(3)链速的波动率。
17. 设计一往复式压气机上的滚子链传动。已知电动机转速 $n_1 = 960$ r/min, $P = 5.5$ kW, 从压气机的转速 $n_2 = 330$ r/min。试确定大小链轮的齿数、链节距、中心距、链节数, 以及作用在轴上的压力 F_Q。

附　　录

附表 1　常用向心轴承的径向基本额定动载荷 C_r 和径向额定静载荷 C_{0r}　　　　kN

轴承内径 mm	深沟球轴承（60000 型）								圆柱滚子轴承$\left(\begin{array}{l}\text{N0000 型}\\ \text{NF0000 型}\end{array}\right)$							
	(1)0		(0)2		(0)3		(0)4		10		(0)2		(0)3		(0)4	
	C_r	C_{0r}	C_r	C_{0r}	C_r	C_{0r}	C_r	C_{0r}	C_r	C_{0r}	C_r	C_{0r}	C_r	C_{0r}	C_r	C_{0r}
10	4.58	1.98	5.10	2.38	7.65	3.48										
12	5.10	2.38	6.82	3.05	9.72	5.08										
15	5.58	2.85	7.65	3.72	11.5	5.42					7.98	5.5				
17	6.00	3.25	9.58	4.78	13.5	6.58	22.5	10.8			9.12	7.0				
20	9.38	5.02	12.8	6.65	15.8	7.88	31.0	15.2	10.5	8.0	12.5	11.0	18.0	15.0		
25	10.0	5.85	14.0	7.88	22.2	11.5	38.2	19.2	11.0	10.2	14.2	12.8	25.5	22.5		
30	13.2	8.30	19.5	11.5	27.0	15.2	47.5	24.5			19.5	18.2	33.5	31.5	57.2	53.0
35	16.2	10.5	25.5	15.2	33.2	19.2	56.8	29.5			28.5	28.0	41.0	39.2	70.8	68.2
40	17.0	11.8	29.5	18.0	40.8	24.0	66.5	37.5	21.2	22.0	37.5	38.2	48.8	47.5	90.5	89.8
45	21.0	14.8	31.5	20.5	52.8	31.8	77.5	45.5			39.8	41.0	66.8	66.8	102	100
50	22.0	16.2	35.0	23.2	61.8	38.0	92.2	55.2	25.0	27.5	43.2	48.5	76.0	79.5	120	120
55	30.2	21.8	43.2	29.2	71.5	44.8	100	62.5	35.8	40.0	52.8	60.2	97.8	105	128	132
60	31.5	24.2	47.8	32.8	81.8	51.8	108	70.0	38.5	45.0	62.8	73.5	118	128	155	162

附表 2　常用角接触球轴承的径向基本额定动载荷 C_r 和径向额定静载荷 C_{0r}　　kN

轴承内径 mm	70000C 型($\alpha=15°$)				70000AC 型($\alpha=25°$)				70000B 型($\alpha=40°$)			
	(1)0		(0)2		(1)0		(0)2		(0)2		(0)3	
	C_r	C_{0r}	C_r	C_{0r}	C_r	C_{0r}	C_r	C_{0r}	C_r	C_{0r}	C_r	C_{0r}
10	4.92	2.25	5.82	2.95	4.75	2.12	5.58	2.82				
12	5.42	2.65	7.35	3.52	5.20	2.55	7.10	3.35				
15	6.25	3.42	8.68	4.62	5.95	3.25	8.35	4.40				
17	6.60	3.85	10.8	5.95	6.30	3.68	10.5	5.65				
20	10.5	6.08	14.5	8.22	10.0	5.78	14.0	7.82	14.0	7.85		
25	11.5	7.46	16.5	10.5	11.2	7.08	15.8	9.88	15.8	9.45	26.2	15.2
30	15.2	10.2	23.0	15.0	14.5	9.85	22.0	14.2	20.5	13.8	31.0	19.2
35	19.5	14.2	30.5	20.0	18.5	13.5	29.0	19.2	27.0	18.8	38.2	24.5
40	20.0	15.2	36.8	25.8	19.0	14.5	35.2	24.5	32.5	23.8	46.2	30.5
45	25.8	20.0	38.5	28.5	25.8	19.5	36.8	27.2	36.0	26.2	59.5	39.8
50	26.2	22.0	42.8	32.0	25.2	21.0	40.8	30.5	37.5	29.0	68.2	48.0
55	37.2	30.5	52.8	40.5	35.2	29.0	50.5	38.5	46.2	36.0	78.8	56.5
60	38.2	32.8	61.0	48.5	36.2	31.5	58.2	46.2	56.0	44.5	90.0	66.3

注：*尺寸系列代号括号中的数字通常省略。

附表 3　常用圆锥滚子轴承的径向基本额定动载荷 C_r 和径向额定静载荷 C_{0r}　　kN

轴承代号	轴承内径 mm	C_r	C_{0r}	α	轴承代号	轴承内径 mm	C_r	C_{0r}	α
30203	17	20.8	21.8	12°57′10″	30303	17	28.2	27.2	10°45′29″
30204	20	28.2	30.5	12°57′10″	30304	20	33.0	33.2	11°18′36″
30205	25	32.2	37.0	14°02′10″	30305	25	46.8	48.0	11°18′36″
30206	30	43.2	50.5	14°02′10″	30306	30	59.0	63.0	11°51′35″
30207	35	54.2	63.5	14°02′10″	30307	35	75.2	82.5	11°51′35″
30208	40	63.0	74.0	14°02′10″	30308	40	90.8	108	12°57′10″
30209	45	67.8	83.5	15°06′34″	30309	45	108	130	12°57′10″
30210	50	73.2	92.0	15°38′32″	30310	50	130	158	12°57′10″
30211	55	90.8	115	15°06′34″	30311	55	152	188	12°57′10″
30212	60	102	130	15°06′34″	30312	60	170	210	12°57′10″

参考文献

[1] 陈立德. 机械设计基础[M]. 北京:高等教育出版社,2006.
[2] 史艺农. 工程力学[M]. 西安:西安科技电子大学出版社,2006.
[3] 张久成. 机械设计基础[M]. 北京:机械工业出版社,2006.
[4] 孙建东,李春书. 机械设计基础[M]. 北京:清华大学出版社,2007.
[5] 张京辉. 机械设计基础[M]. 西安:西安电子科技大学出版社,2005.
[6] 濮良贵,纪名刚. 机械设计[M]. 北京:高等教育出版社,2006.
[7] 李海萍. 机械设计基础[M]. 北京:机械工业出版社,2008.
[8] 杨黎明. 机构选型与运动设计[M]. 北京:国防工业出版社,2007.
[9] 韩玉成,王少岩. 机械设计基础[M]. 北京:电子工业出版社,2009.
[10] 王世辉. 机械设计基础[M]. 重庆:重庆大学出版社,2005.
[11] 陈静. 机械设计基础[M]. 北京:人民邮电出版社,2007.
[12] 周玉丰. 机械设计基础[M]. 北京:机械工业出版社,2009.
[13] 蔡泰信. 理论力学教与学[M]. 北京:高等教育出版社,2007.
[14] 霍振生. 机械技术应用基础[M]. 北京:机械工业出版社,2003.
[15] 岳大鑫. 机械设计基础[M]. 西安:西安电子科技大学出版社,2008.
[16] 濮良贵. 工业机械设计[M]. 北京:高等教育出版社,2006.
[17] 卜祥安. 机械设计基础[M]. 北京:北京师范大学出版社,2008.

图书在版编目(CIP)数据

机械设计/钱袁萍,陈在铁主编. —3 版. —上海:复旦大学出版社,2021.11(2024.12 重印)
ISBN 978-7-309-14671-4

Ⅰ.①机… Ⅱ.①钱…②陈… Ⅲ.①机械设计-高等职业教育-教材 Ⅳ.①TH122

中国版本图书馆 CIP 数据核字(2019)第 226540 号

机械设计(第三版)
钱袁萍　陈在铁　主编
责任编辑/张志军

复旦大学出版社有限公司出版发行
上海市国权路 579 号　邮编:200433
网址:fupnet@fudanpress.com　http://www.fudanpress.com
门市零售:86-21-65102580　　团体订购:86-21-65104505
出版部电话:86-21-65642845
上海丽佳制版印刷有限公司

开本 787 毫米×1092 毫米　1/16　印张 18.25　字数 410 千字
2024 年 12 月第 3 版第 2 次印刷

ISBN 978-7-309-14671-4/T·659
定价:45.00 元

如有印装质量问题,请向复旦大学出版社有限公司出版部调换。
版权所有　　侵权必究